高等学校教材

SHEJI GONGCHENG ZHITU

# 设计工程制图

主　编　白　珍　冯　强

副主编　李文燕　贾关军

西北工业大学出版社

【内容简介】 本书是依据教育部高等学校工程图学教学指导委员会 2010 年制定的《普通高等学校工程图学课程教学基本要求》，针对独立学院非机械类工程制图教学的需要以及应用型人才培养的目标编写而成的。全书分上、下篇，共 10 章，主要内容有制图基本知识、正投影基本知识、组合体、轴测图、形体表达方法、零件图、标准件和常用件、装配图、房屋建筑工程施工图以及建筑装饰施工图。

本书可作为普通高等院校本科类、高职高专类、职业类学校机械类工程制图课程的教学用书，也可供函授大学、电视大学、网络学院、成人高校等的相关专业选用。

图书在版编目(CIP)数据

设计工程制图/白珍，冯强主编 . —西安:西北工业大学出版社,2017.6(2024.8 重印)
ISBN 978 - 7 - 5612 - 5262 - 8

Ⅰ.①设… Ⅱ.①白… ②冯… Ⅲ.①工程制图—高等学校—教材 Ⅳ.①TB23

中国版本图书馆 CIP 数据核字(2017)第 146228 号

策划编辑:雷 军
责任编辑:何格夫

出版发行:西北工业大学出版社
通信地址:西安市友谊西路 127 号 邮编:710072
电 话:(029)88493844 88491757
网 址:www.nwpup.com
印 刷 者:西安五星印刷有限公司
开 本:787 mm×1 092 mm 1/16
印 张:20
字 数:487 千字
版 次:2017 年 6 月第 1 版 2024 年 8 月第 2 次印刷
定 价:68.00 元

# 前　言

本书是针对普通高等学校培养应用型人才的目标,根据教育部高等学校工程图学教学指导委员会 2010 年制定的《普通高等学校工程图学课程教学基本要求》及最新发布的《机械制图》《技术制图》等相关国家标准,结合近年来生产实际的需要,总结多年的教学改革成果及经验编写而成的。

本书分上、下篇,共 10 章,主要内容有制图基本知识、正投影基本知识、组合体、轴测图、形体表达方法、零件图、标准件和常用件、装配图、房屋建筑工程施工图以及建筑装饰施工图。本书重点叙述空间与平面间的绘图和读图的基本原理和方法,绘图基础部分包含工程图样国家标准规定以及不同结构形体的各种表达方法与技巧,工程图样部分包含机械零部件图样的阅读,零件的装配与拆装画法和建筑施工图、建筑装饰图的绘制与识读。

本书具有以下特点:

(1)根据普通高等学校培养应用型人才的培养模式要求,在内容上遵循少而精、突出应用性的原则,力求按照学生的认知发展规律,满足学生空间想象能力培养的基本要求,加强读图能力训练与培养,具有实用性。

(2)在每章的开始给出本章的【主要内容】【学习目标】【学习重点】和【学习难点】,以便于学生学习时有的放矢、抓住重点。

(3)采用工程制图最新的标准资料,并将与课程相结合的相关国家标准编排在附录之中,以便于学生查阅,培养学生贯彻工程制图规范的意识。

(4)结合工程实例,突出应用性和实践性。

本书由白珍、冯强主编。具体编写分工:西北工业大学明德学院白珍编写第 1～4 章,冯强编写第 5 章、第 9 章和第 10 章,李文燕编写第 6 章和第 8 章;靖边县职教中心贾关军编写第 7 章和附录。

在本书编写过程中参考了国内的一些同类教材,特向有关编著者表示衷心的感谢。

由于水平有限,书中不妥之处恳请读者批评指正。

编　者

2017 年 2 月

# 目　录

## 上篇　制图基础

# 下 篇　工 程 应 用

# 上篇 制图基础

# 第1章 制图基本知识

**【主要内容】**

(1)常用制图工具的使用和维护。

(2)基本制图标准介绍,如图幅、图线、字体、图样比例和尺寸标注等。

(3)用尺规绘制椭圆、正多边形及圆弧连接的方法与步骤。

(4)平面图形的图形分析、尺寸分析及作图方法。

**【学习目标】**

(1)熟悉丁字尺、图板、圆规的正确使用方法,能根据绘图选用软硬合适的铅笔。

(2)熟记常用绘图纸 A3 和 A4 的规格、尺寸,掌握长仿宋体的书写要领,写好长仿宋字。

(3)掌握各种线型及相互交接处的画法,掌握图样比例的概念和应用。

(4)掌握尺寸的标注要求。

(5)能根据已知条件对平面图形进行图形分析和尺寸分析,并熟练掌握该操作。

**【学习重点】**

(1)常用制图工具的使用和维护。

(2)基本制图标准,如图幅、图线、字体、图样比例和尺寸标注等。

(3)平面图形的绘图步骤及方法。

**【学习难点】**

(1)制图标准和规范中有关线型、图幅、尺寸标注的相关规定。

(2)几何图形、平面图形的绘制。

图样作为工程语言,是技术人员表达设计思想、进行技术交流的工具,同时也是指导生产的重要技术文件。由于对图样的规范性要求很高,因此对于图纸、图线、字体、作图比例及尺寸标注等,均以国家标准的形式进行了相关的规定,每个制图者都必须严格遵守。另外,本章对工具的使用、绘图方法与步骤、基本几何作图和徒手绘图技能等进行了介绍。

# 1.1 基本制图标准

设计工程制图中的统一规范,就是相关的国家标准(简称国标,代号 GB/T 或 GB)《技术制图》及《机械制图》。其具体内容与国际标准《技术制图》基本一致。

国家标准简称"国标",代号为"GB"。例如 GB/T 14689—2008,其中 T 为推荐性标准,14689 为该标准的顺序编号,2008 表示该标准颁布的年代号。下面介绍在国标中有关设计工程制图的一些基本规定。

### 一、图纸幅面和图框格式（GB/T 14689—2008）

**1. 图纸幅面**

图纸幅面指的是由图纸的宽度与长度组成的图画。绘制技术图样时，应优先选用表1-1所规定的基本幅面（GB/T 14689—2008）。

表 1-1　图纸基本幅面尺寸　　　　　　　　　单位：mm

| 幅面代号 | A0 | A1 | A2 | A3 | A4 |
|---|---|---|---|---|---|
| $B \times L$ | 841×1 189 | 594×841 | 420×594 | 297×420 | 210×297 |
| $e$ | 20 | | | 10 | |
| $c$ | 10 | | | 5 | |
| $a$ | 25 | | | | |

必要时，允许选用规定的加长幅面，这些幅面的尺寸是由基本幅面的短边成整数倍数的增加得出的，如图1-1所示。图中粗实线为基本幅面，细实线和虚线所示的均为加长幅面。

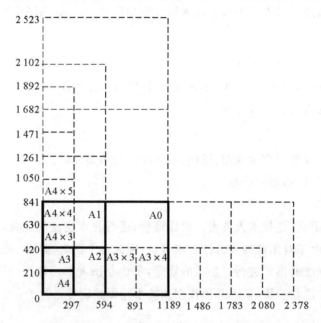

图 1-1　图纸的基本幅面和加长幅面

**2. 图框格式**

在图纸上，图框必须用粗实线画出。其格式分为留装订边和不留装订边两种，如图1-2和图1-3所示。对于同一产品的图样，只能采用一种格式。

**3. 对中符号**

为了使图样和缩微摄影时定位方便，对各号图纸，均应在图纸各边长的中点处分别画出对中符号。

对中符号用粗实线绘制,线宽不小于 0.5 mm,长度从纸边界开始至伸入图框内约 5mm,如图 1-4 所示。当对中符号处在标题栏范围内时,则伸入标题栏部分省略不画,如图 1-4(b)所示。对中符号位置误差不大于 0.5 mm。

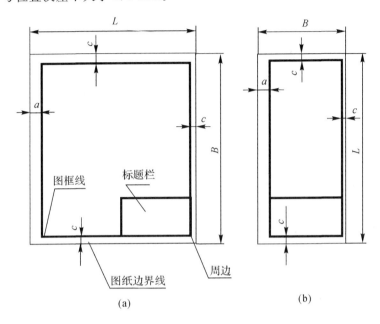

(a)　　　　　　　　　　　　　(b)

图 1-2　留装订边的图框格式

(a)留装订边的横向;　(b)留装订边的纵向

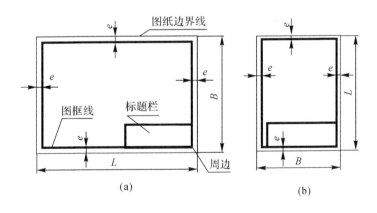

(a)　　　　　　　　　　　　　(b)

图 1-3　不留装订边的图框格式

(a)不留装订边的横向;　(b)不留装订边的纵向

**4.方向符号**

对按规定使用预先印制的图纸时,为了明确绘图与看图方向,应在图纸的下边对中符号处画出一个方向符号,如图 1-4 所示。

方向符号是用细实线绘制的等边三角形,其大小和位置如图 1-4(c)所示。

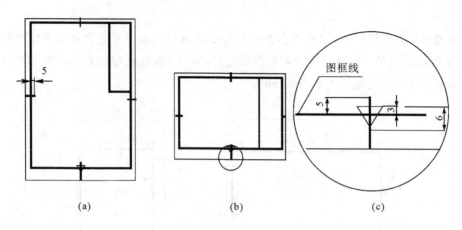

图 1-4 对中符号和方向符号

(a)(b)对中符号和方向符号； (c)方向符号放大图

5.标题栏

每张图纸上都必须画出标题栏,用来填写设计单位、设计者、审核者、图名、编号、绘图比例等综合信息,它是图样的重要组成内容,如图 1-2 和图 1-3 所示。

标题栏的基本要求、内容、尺寸和格式在国家标准中有详细规定,各设计单位根据各自需要格式有所不同。在制图课程学习期间,标题栏可以采用图 1-5 所示格式。

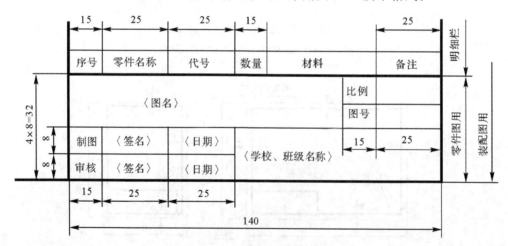

图 1-5 学生用标题栏及明细栏格式

6.明细栏

装配图中一般应有明细栏,格式如图 1-5 所示。明细栏一般由序号、名称、代号、数量、材料、备注等组成,也可按实际需要增减。更详细的要求可参照有关标准(GB/T 10609.2—2009)。

明细栏应配置在标题栏的上方,由下而上顺序填写,格数视需要而定,若往上延伸位置不够时,可紧靠标题栏左边再自下而上延续。当不能在装配图本页上方配置明细栏时,可作为装配图的续页按 A4 幅面单独给出,其顺序应由上而下延伸,但应在明细栏的下方配置标题栏,填写与装配图相一致的名称和代号,还可以连续加页。

## 二、比例

比例由国家标准 GB/T 14690—1993《技术制图》规定,它是所画图形与实物对应要素的线性尺寸之比。

绘图时,优先使用表 1-2 规定的系列,必要时也可选用表中括号内的比例。

**表 1-2　标准比例系列**

| 原值比例 | 1:1 |
| --- | --- |
| 缩小比例 | (1:1.5)　1:2　(1:2.5)　(1:3)　(1:4)　1:5　(1:6)　$1:1\times10^n$<br>$(1:1.5\times10^n)$　$1:2\times10^n$　$(1:2.5\times10^n)$　$(1:3\times10^n)$　$(1:4\times10^n)$　$1:5\times10^n$<br>$(1:6\times10^n)$ |
| 放大比例 | 2:1　(2.5:1)　(4:1)　5:1　$1\times10^n:1$　$2\times10^n:1$　$(2.5\times10^n:1)$　$(4\times10^n:1)$<br>$5\times10^n:1$ |

注:$n$ 为正整数。

比例可分为原值比例、缩小比例、放大比例三种。比值为 1 的比例为原值比例,比值小于 1 的比例为缩小比例,比值大于 1 的比例为放大比例。选取比例时应注意以下几点:

(1)比例要规范化,不可随意确定。

(2)画图时应尽量采用 1:1 的比例(即原值比例),以便直接从图样中看出机件的真实大小。

(3)图样无论是放大还是缩小,图样上标注的尺寸均为机件的实际大小,而与采用的比例无关。

绘制同一物体的各个视图时,应尽可能采用相同的比例,并在标题栏的"比例"一栏中标明。当某个视图需要采用不同的比例时,可在视图名称的下方或右侧标注比例,如图 1-6 所示为以不同比例绘制的同一图形。

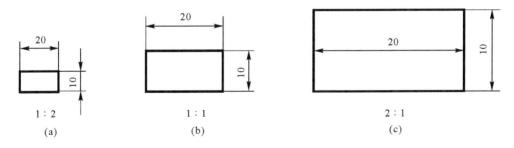

图 1-6　用不同比例绘制的同一图形
(a)1:2;　(b)1:1;　(c)2:1

## 三、字体

工程图样上除了表达物体形状的图形外,还会有一些文字(汉字或英文)、数字(阿拉伯数字或罗马数字),用以说明物体的大小、技术要求等。

**1. 字体书写要求**

图样上的字体(GB/T 14691—1993)书写必须做到:

(1)字体工整、笔画清楚、间隔均匀、排列整齐。

(2)汉字应写成长仿宋体,并采用我国国务院正式公布的简化字。汉字字高不应小于 3.5 mm,其字宽一般为 $h/\sqrt{2}$。

(3)字体的高度称为号数,公称尺寸系列为 1.8 mm,2.5 mm,3.5 mm,5 mm,7 mm, 10 mm,14 mm,20 mm。如需更大的字,其字高应按 $\sqrt{2}$ 的比率递增。

(4)数字和字母分为 A 型和 B 型,A 型字体的笔画宽度为字高的 1/14,B 型字体的笔画宽度为字高的 1/10。在同一张图上,只允许选用一种形式的字体。

(5)字母和数字可写成斜体或直体。斜体字字头向右倾斜,与水平基准线成 75°。

**2. 字体示例**

字体示例如图 1-7 所示。

图 1-7　字体示例

3. 综合应用规定

用作指数、分数、极限偏差、注脚等的数字及字母，一般应采用小一号的字体。图样中的数字符号、物理量符号、计量单位符号，以及其他符号、代号，应分别符合国家有关法令和标准的规定，如图 1－8 所示。

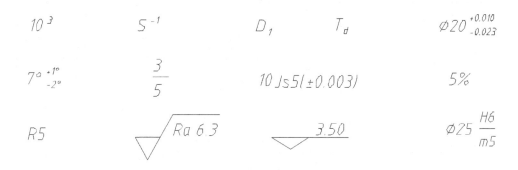

图 1－8　综合应用示例

**四、图线及其画法**

国家标准 GB/T 4457.4—2002《机械制图　图样画法　图线》规定了机械制图中所用图线的一般规则。

1. 图线的宽度

所有线型的图线宽度（$b$）应按图样的类型和尺寸大小在下列数系中选择：0.13 mm，0.18 mm，0.25 mm，0.35 mm，0.5 mm，0.7 mm，1 mm，1.4 mm，2 mm。该数系的公比为 $1 : \sqrt{2}(\approx 1 : 1.4)$。

在工程图样中，粗线、中粗线和细线线宽的比例为 4：2：1；在机械图样中，采用粗、细两种线宽，它们之间的比例为 2：1。在同一图样中，同类图线的宽度应一致。

在学校学生绘图练习中，粗实线线宽一般采用 0.5 mm 或 0.7 mm。

2. 图线的形式及应用

图样中常用的图线有粗实线、细实线、细虚线、细点画线、细双点画线、波浪线等形式，它们的名称、线型、线宽以及一般应用见表 1－3（摘自 GB/T 4457.4—2002）。

绘图实践中尤其要注意细点画线的应用，它一般表示机件的对称中心线、轴线等，因此对称机件一般都要在其对称处画出细点画线；另外要注意，粗实线一般表示机件上存在且可见的轮廓线，细实线不表示轮廓线，而细虚线并不代表不存在，它表示的是机件上存在的轮廓线，只不过看不见而已。图线应用举例如图 1－9 所示。

3. 图线的画法和要求

（1）同一图样中同类图线的宽度应基本一致。虚线、点画线、双点画线的线段长度和间隙应大致相等，可采用图 1－10（a）所示的规格；而且它们在同一张图纸上与粗实线之间一定要画得粗细分明，即肉眼看上去就能很清楚地区分开来。

（2）除非另有规定，两条平行线之间的距离应不小于粗实线宽度的两倍，其最小距离不得小于 0.7 mm。

（3）虚线与各图线相交时，应以线段相交；虚线作为粗实线的延长线时，实虚变换处要空开，如图 1 - 10(b)所示。

**表 1 - 3　基本线型及应用**

| 图线名称 | 线型 | 线宽 | 一般应用 |
|---|---|---|---|
| 细实线 | ——————— | $b/2$ | 过渡线、尺寸线、尺寸界线、指引线和基准线、剖面线、重合剖面的轮廓线、短中心线、螺纹牙底线、表示平面的对角线、零件成形前的弯折线、辅助线、投影线、网格线、重复要素表示线，齿轮的齿根线…… |
| 波浪线 | ～～～ | $b/2$ | 断裂处的边界线<br>视图和剖视的分界线 |
| 双折线 | ——／\／—— | $b/2$ | 断裂处的边界线<br>视图和剖视的分界线 |
| 粗实线 | ——————— | $b$ | 可见棱边线、可见轮廓线、相贯线、螺纹牙顶线、螺纹长度终止线、齿顶圆(线)、剖切符号用线 |
| 细点画线 | — · — · — | $b/2$ | 轴线、对称中心线、分度圆(线)、孔系分布的中心线、剖切线 |
| 细虚线 | - - - - - - | $b/2$ | 不可见棱边线<br>不可见轮廓线 |
| 细双点画线 | — ·· — ·· — | $b/2$ | 相邻辅助零件的轮廓线、可动零件的极限位置的轮廓线、重心线、延伸公差带表示线、轨迹线…… |

注：在一张图样上一般采用一种中断线线型，即采用波浪线或双折线。

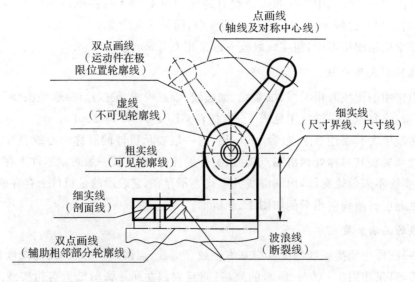

图 1 - 9　图线应用举例

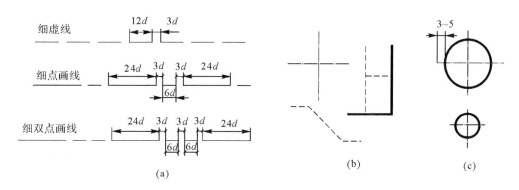

图 1-10　建议采用的图线规格

（4）绘制圆的对称中心线时，圆心应为线段的交点。点画线的首末两端应是长划，而不应是短划，且应超出圆外 2～5 mm。在较小的图形上绘制点画线有困难时，可用细实线代替。如图 1-10（c）所示。

（5）在较小的图形上绘制点画线有困难时，可用细实线代替。

（6）当两种或两种以上图线重叠时，应按以下顺序优先画出所需的图线：可见轮廓线→轮廓线→轴线和对称中心线→双点画线。

（7）图线不得与文字、数字或符号重叠、相交。若不可避免时，图线应在重叠、相交处断开，以保证文字、数字或符号的清晰，因为机件制造时是以数字表示的尺寸、文字或符号表示的技术要求为准进行加工的。

**五、尺寸标注**

在图样中，由图线绘制的图形只能表达机件的形状，而机件的大小则要由标注的尺寸确定。国家标准（GB/T 4457.4—2003）对尺寸标注的基本方法做了一系列的规定，在绘图过程中应严格遵守。

1.基本规则

（1）机件的真实大小应以图样上所注的尺寸数值为依据，与图形大小及图形准确度无关。

（2）图样中（包括技术要求和其他说明）的尺寸，以毫米（mm）为单位时，不需标注计量单位的代号或名称；如采用其他单位，则必须注明相应计量单位的代码或名称。如 50 cm，60°等。

（3）图样所标尺寸为所示机件最后完工尺寸，否则应另加说明。

（4）机件的每一尺寸，在图样中只标注一次，并应标在该结构最清晰的视图上。

2.尺寸的组成

一个完整的尺寸包括尺寸线、尺寸界线、尺寸起止符和尺寸数字，如图 1-11 所示。

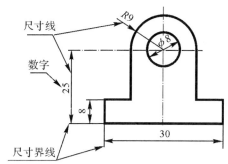

图 1-11　尺寸的组成

常见尺寸标注的规定和示例见表 1-4。

**表 1-4　常见尺寸标注的规定和示例**

| 基本规定 | 标注示例 |
|---|---|
| 尺寸界线用细实线绘制,并应由图形的轮廓线、轴线或对称中心线处引出;也可以利用轮廓线、轴线或对称中心线作尺寸界线 | 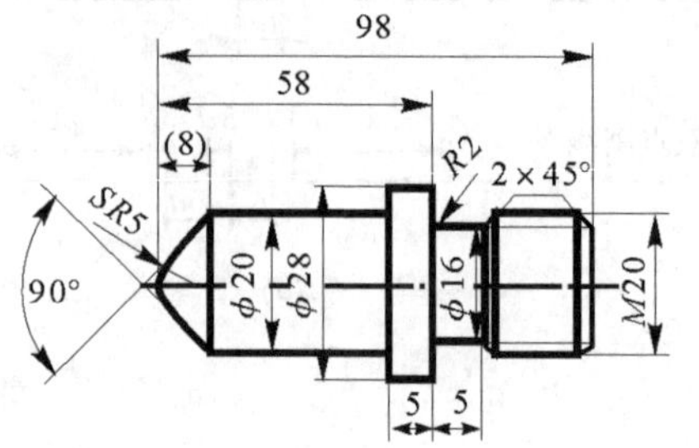 |
| 尺寸数字应按图例所示的方向注写,并尽可能避免在图示 30°范围内标注尺寸,当无法避免时可按图示的形式标注 | 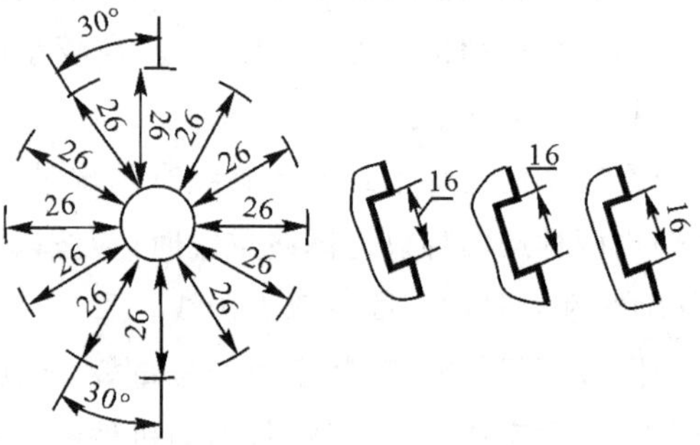 |
| 线性尺寸的数字一般应注写在尺寸线的上方,也允许注写在尺寸线的中断处;<br>　对于非水平方向的数字,可水平地注写在尺寸线的中断处,但优先采用本表图示的形式;<br>　同一图样中尽可能用一种形式 | 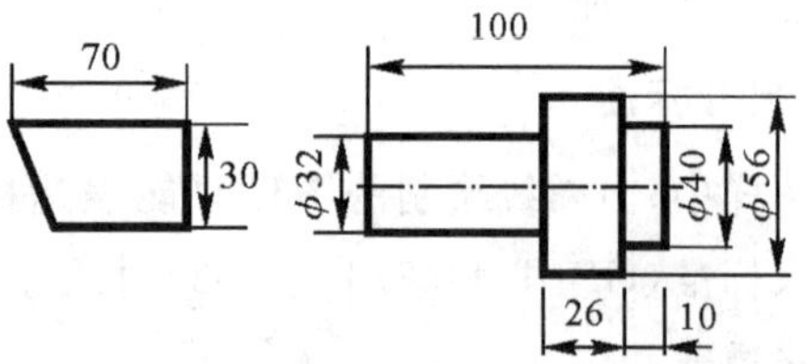 |
| 角度数字一律写成水平方向,一般写在尺寸线的中断处,当位置不够时也可写成图示形式;<br>　位置不够时,也可以用引出法标注 | 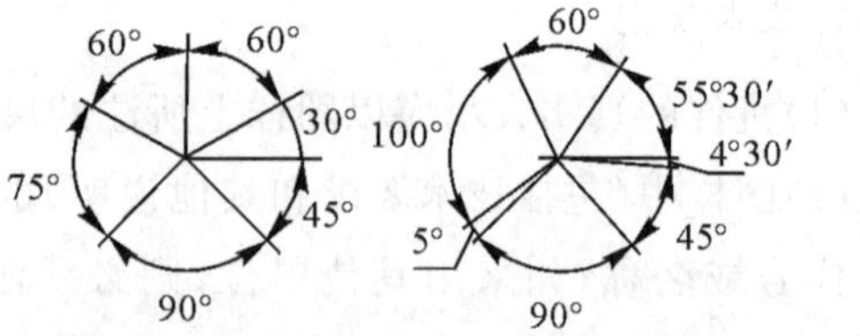 |
| 尺寸数字不可被任何图线通过,否则,必须将该图线断开 | 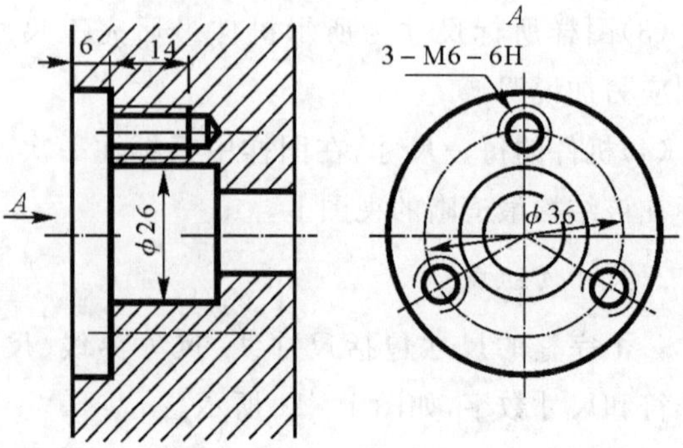 |

续 表

| 基本规定 | 标注示例 |
| --- | --- |
| 标注角度时，尺寸线应画成圆弧，其圆心是该角的顶点；<br>当对称机件的圆形只画一半或略大于一半时，尺寸线应略超过对称中心线或断裂处的边界线，此时仅在尺寸线的一端画出箭头 | 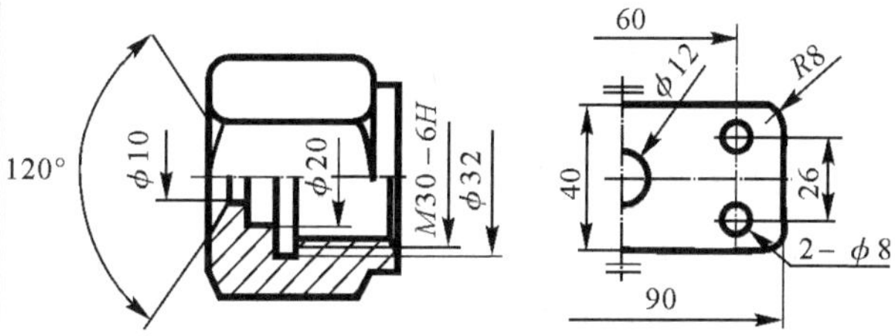 |
| 标线性尺寸时，尺寸线必须与所标线段平行；<br>尺寸线不能用其他图线代替，一般也不得与其他图线重合或画在其延长线上 | 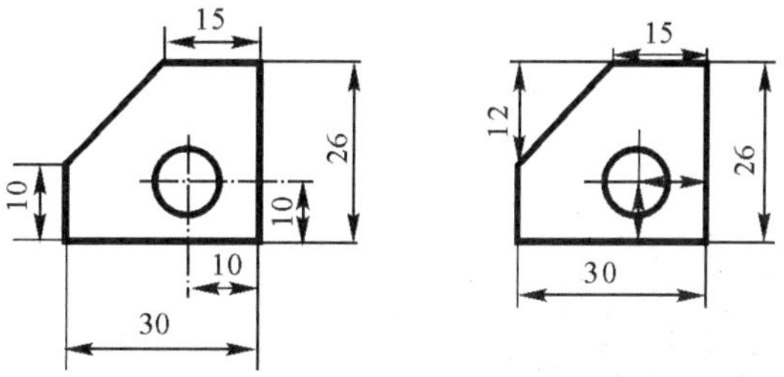<br>正确　　　　错误 |
| 应避免尺寸线相交 | 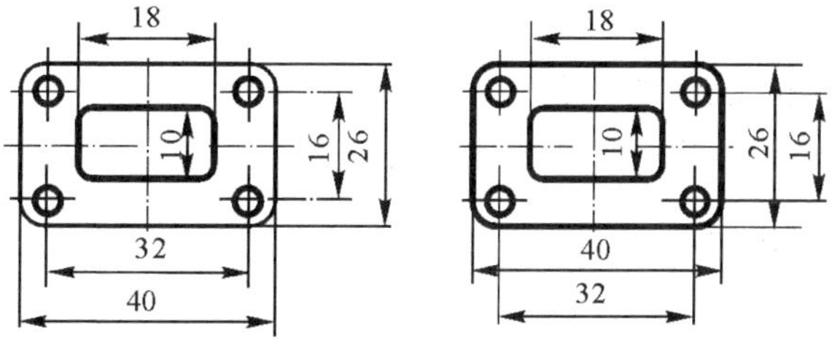<br>正确　　　　错误 |
| 尺寸起止符的形式。①箭头：箭头的形式如图所示，适用于各种类型的图样；②斜线：斜线用细实线绘制。其方向和画法如图所示。<br>当尺寸线与尺寸界线相互垂直时，同一张图样只能采用一种尺寸起止符的形式 | 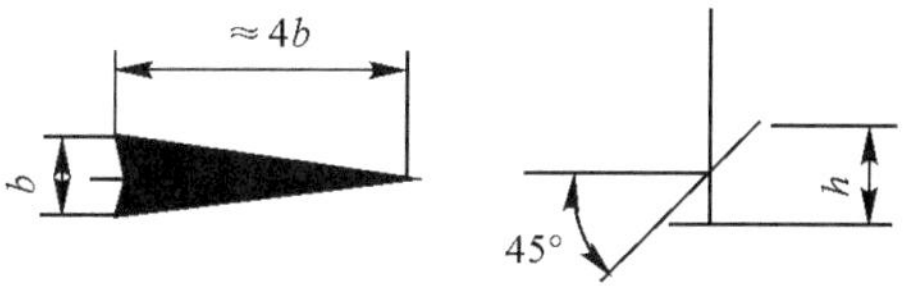 |
| 尺寸界线一般与尺寸线垂直，必要时才允许倾斜；<br>圆的直径和圆弧半径的尺寸线的终端应画成箭头；<br>标注直径时，应在尺寸前加“$\phi$”，半径前加“$R$”；标注球面的直径或半径时，应在符号“$\phi$”或“$R$”前再加注符号“$S$” | 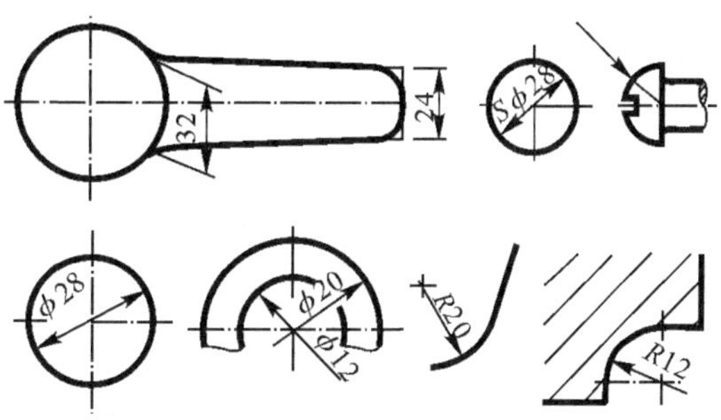 |

### 续 表

| 基本规定 | 标注示例 |
|---|---|
| 当圆弧的半经过大或在图纸范围内无法标出其圆心位置时,按图(b)的标注形式标注; 若不需要标出其圆心位置时,按图(c)的形式标注 | 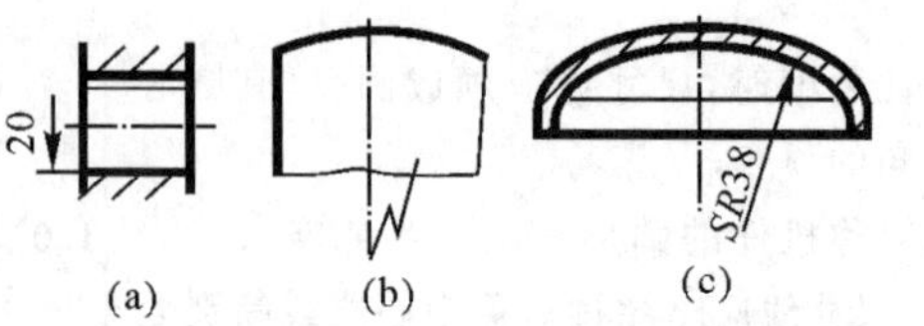 (a)　(b)　(c) |
| 标注弧角、弦长和弧长时,尺寸界线应平行于该弦的垂直平分线,标注弧线长度时,尺寸线用圆弧,并在尺寸数字上方加注符号"⌒";当有几段同心弧时,可用箭头指出,见右图图例 | 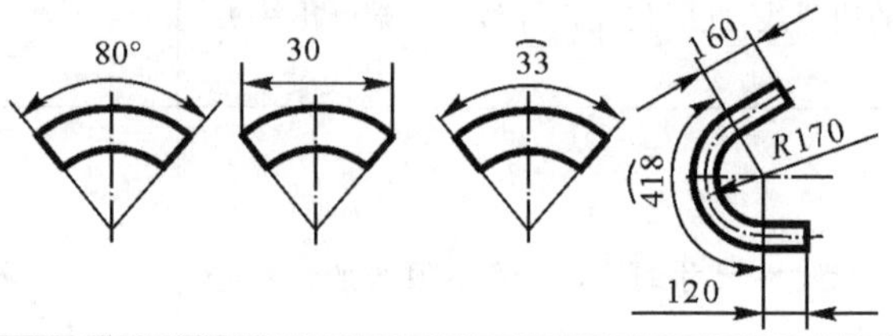 80°　30　⌒33　160　⌒418　R170　120 |
| 在采用箭头,位置又不够的情况下,允许用圆点或斜线代替箭头; 在没有足够的位置画箭头或注写数字时,按图示形式标注 | 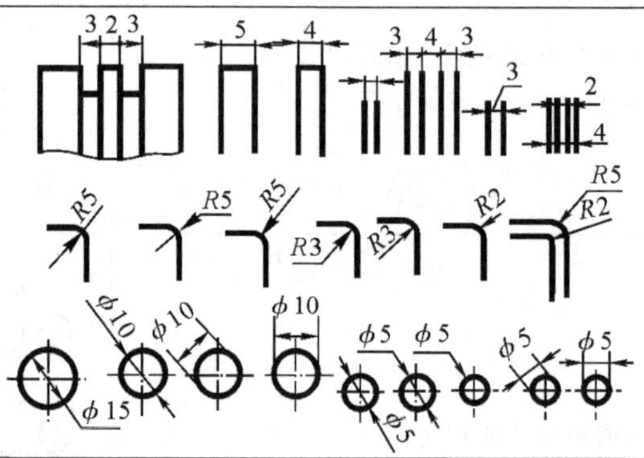 |
| 标注剖面为正方形结构时,可在正方形边长尺寸数字前加注符号"□",或用"B×B"标注(B 为正方形的边长) | 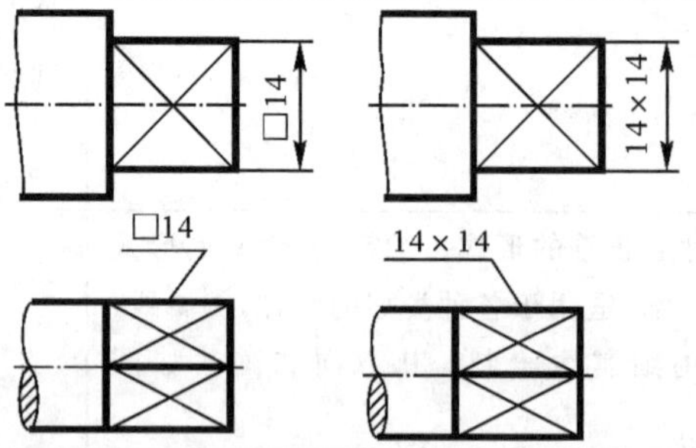 □14　14×14 |
| 标注板状零件的厚度时,可在尺寸数字前加注符号"t" | 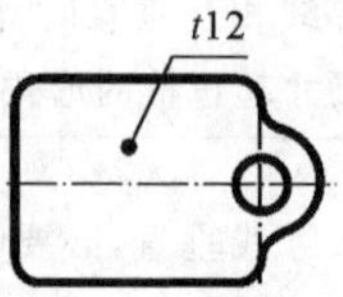 t12 |
| 斜度和锥度的符号画法与标注如图示。符号的方向应与斜度和锥度的方向一致。符号的线宽 $d = h/10$($h$ 为字体高度) | 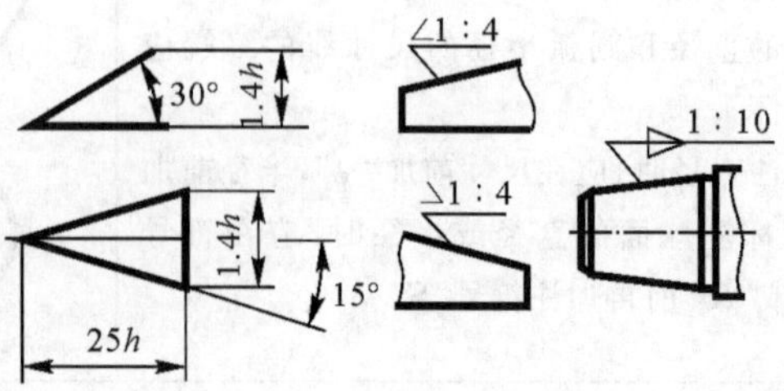 30°　1.4h　1:4　1:10　1.4h　1:4　15°　25h |

3.标注尺寸的一般符号

标注尺寸时应尽可能用符号和缩写词(见表 1 - 5)。

表 1 - 5　标注尺寸的一般符号

| 名称 | 直径 | 半径 | 球直径球半径 | 厚度 | 正方形 | 45°倒角 | 深度 | 沉孔或锪平 | 埋头孔 | 均布 | 弧度 |
|------|------|------|--------------|------|--------|---------|------|-----------|--------|------|------|
| 符号或缩写词 | $\phi$ | $R$ | $S\phi$ $SR$ | $t$ |  | $C$ | $\top$ | $\sqcup$ | $\vee$ | EQS | $\frown$ |

# 1.2　制图工具及其使用方法

尽管计算机绘图已经普遍应用于工程设计等各个领域,但手工绘图仍然还是工程技术人员必须要掌握的基本技能,而正确使用制图工具能有效提高手工绘图的质量和速度,所以熟练掌握制图工具的使用方法是每一名工程技术人员所必备的基本素质。下面介绍几种常用的制图工具及其使用方法。

1. 铅笔

绘制工程图样时,一般要选择专用的绘图铅笔。在绘图铅笔的一端印有 B,HB,H 等型号表示其铅芯的软、硬程度。B 前的数字越大表示铅芯越软,画出来的线就越黑;H 前的数字越大表示铅芯越硬,画出来的线就越淡;HB 表示铅芯软硬适中。绘图时根据不同使用要求,一般应备有以下几种硬度不同的铅笔:

H 或 2H——用于画底稿线;

HB 或 B——用于注写文字,画细实线、细点画线、虚线、细双点画线等;

B 或 2B——用于描深粗实线。

由于圆规画圆时不便用力,因此描深圆弧时使用的圆规上的铅芯,一般比描深直线时使用的铅笔上的铅芯要软一级。

画线前,描深直线用的铅笔和描深圆弧用的圆规上的铅芯都要磨成扁平状,并使其断面厚度和要画的粗实线宽度 $b$ 大致相等,这样能使同一图面上所有可见轮廓线保持粗细均匀,以保证图纸质量;其余线型的铅芯则可磨成圆锥形,以便于写字和画细线,如图 1 - 12 所示。画线时,力量和速度要均匀,尽量一笔到底,切忌短距离来回涂画,以保证图线质量。

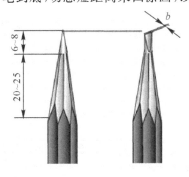

图 1 - 12　铅芯的形状

2. 图板和丁字尺

图板是手工绘图时用来铺放图纸的垫板,其四周为硬木镶边,较短的两边为导向边,要求比较平直;而中间板面由比较平整、稍有弹性的软木材料制成。图板有不同大小的规格,可根据需要选用。

丁字尺由尺头和尺身组成,尺身正面上方的边为工作边。

丁字尺主要用来画水平线。画图时,应用左手握住尺头,使其始终紧靠图板左侧的导边作上下移动,右手握铅笔,沿丁字尺工作边自左向右画水平线,如图 1-13(a)所示;丁字尺还可与三角板配合使用,画铅垂线、斜线,画图时,应将三角板一直角边紧靠丁字尺工作边,自下向上画线,如图 1-13(b)所示。

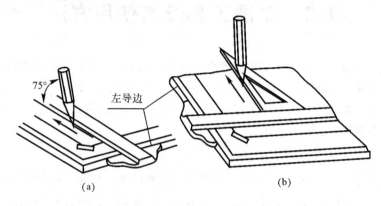

图 1-13　图板和丁字尺

(a)画水平线;　(b)画铅垂线

3. 圆规和分规

圆规是画圆和圆弧的工具。圆规的一个脚上装有钢针,称为针脚,用来定圆心;另一个脚可装铅芯,称为笔脚,用来画线。在使用前应先调整针脚,使针尖略长于铅芯,笔脚上的铅芯应削成楔形,以便画出粗细均匀的圆弧。画图时,应使圆规向前进方向稍微倾斜;画较大的圆时,应使圆规两脚都与纸面垂直;若要画更大直径的圆时,则要加装延长杆,如图 1-14 所示。

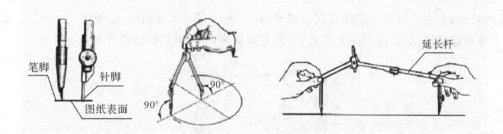

图 1-14　圆规的用法

分规是用于等分和量取线段的工具,它两脚都为针脚。使用前,应检查分规两针脚的针尖在并拢后能否平齐;等分线段时,应以分规的两针脚交替为轴进行截取,如图 1-15 所示。

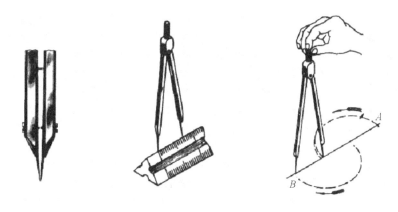

图 1 - 15　分规的用法

4. 三角板

一副三角板有两块,一块是 45°三角板,另一块是 30°和 60°三角板。除了直接用它们来画直线外,也可配合丁字尺画与水平线成 15°倍角的各种倾斜线。用一块三角板能画与水平线成 30°,45°,60°的倾斜线,用两块三角板能画与水平线成 15°,75°,105°和 165°的倾斜线,如图 1 - 16 所示。

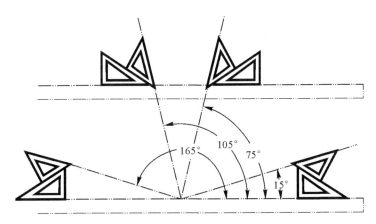

图 1 - 16　用两块三角板配合画倾斜线

5. 曲线板

曲线板是用来描绘非圆曲线的常用工具。描绘曲线时,应先用铅笔轻轻地把各点光滑地连接起来,然后在曲线板上选择曲率合适部分进行连接并描深。每次描绘曲线段不得少于三点,连接时应留出一小段不描,作为下段连接时光滑过渡之用,如图 1 - 17 所示。

6. 其他制图工具

除了上述工具之外,在绘图时,还需要准备削铅笔的小刀、橡皮、固定图纸用的胶带纸、测量角度的量角器、擦图片(修改图线时用它遮住不需要擦去的部分)、砂纸(磨铅笔用)等,如图 1 - 18 所示。

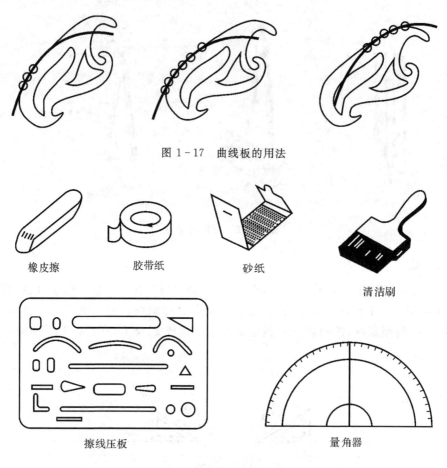

图 1-17　曲线板的用法

橡皮擦　　　　胶带纸　　　　砂纸

清洁刷

擦线压板　　　　　　量角器

图 1-18　其他绘图工具

# 1.3　几 何 作 图

绘制设计工程图样时,常常用到一些平面几何的作图原理、方法以及图样与尺寸标注相关联的几何分析问题,在这里作为预备知识进行介绍。

**一、斜度**

斜度(见图 1-19)是指一直线或平面对另一直线或平面的倾斜程度,其大小用两直线或平面夹角的正切来度量。在图上标注为 1:$n$,并在其前加斜度符号∠,且符号的方向与斜度的方向一致。

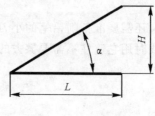

图 1-19　斜度概念

$$斜度＝\tan\alpha＝H/L＝1：n$$

斜度的画法和标注过程如图 1-20 所示。

(1)作出长 5 份,高 1 份的斜线(见图 1-20(b)),确定斜度线上一点 $P$。

(2)过点 $P$ 作该斜线的平行线 $AB$(见图 1-20(c))。

(3)画圆角,擦去多余线条,按国标要求加粗线型并标注(见图 1-20(d))。

斜度符号应配置在基准线上方,如图 1-20(d)所示。基准线应通过引出线与斜线相连。图形符号的方向应与斜线方向一致。

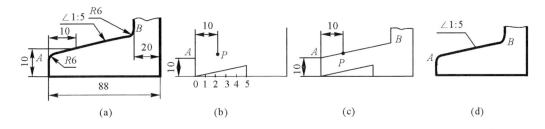

图 1-20  斜度的作图步骤与标注

(a)已知;(b)作长 5 高 1 的斜线和点 $P$;(c)过点 $P$ 作斜线的平行线;(d)加粗与标注

## 二、锥度

锥度(见图 1-21)是指正圆锥体底圆的直径与其高度之比或圆锥台体两底圆直径之差与其高度之比。在图样上标注锥度时,用 $1：n$ 的形式,并在前加锥度符号 ▷,符号的方向与锥度方向一致。

$$锥度＝D/L＝(D-d)/l＝2\tan\alpha＝1：n$$

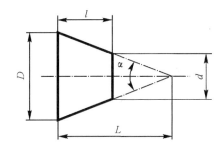

图 1-21  锥度概念

锥度的作图方法和过程如图 1-22 所示。

(1)作出锥底为 1 份,高 6 份的锥(见图 1-22(b))。

(2)分别过点 $A$ 和点 $B$ 作锥两边的平行线(见图 1-22(c))。

(3)擦去多余线条、按国标要求加粗线型并标注(见图 1-22(d))。

锥度符号应配置在基准线上,表示圆锥的图形符号和锥度应靠近圆轮廓标注,基准线应通过引出线与圆锥的轮廓素线相连。基准线应与圆锥的轴线平行,图形符号的方向应与圆锥方向一致,如图 1-22(d)所示。

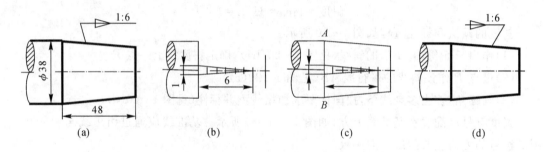

图 1-22 锥度的作图步骤与标注

(a)已知; (b)作长 6 高 1 的锥; (c)过点 $A,B$ 作锥的平行线; (d)加粗与标注

### 三、圆弧连接

下面介绍圆弧连接的作图原理和方法。

作圆弧连接的关键是求出连接弧的圆心和连接点即切点的位置,然后便可按指定的要求作出连接的圆弧。

与已知直线相切的圆弧(半径为 $R$)圆心轨迹是一条直线,该直线与已知直线平行,且距离为 $R$。从求出的圆心向已知直线作垂直线,垂足就是切点 $K$。

与已知圆弧($O_1$ 为圆心,$R_1$ 为半径)相切的圆弧($R$ 为半径)圆心轨迹为已知圆弧的同心圆,该圆的半径 $R_x$,要根据相切情况而定:当两圆外切时,$R_x = R_1 + R$;当两圆内切时,$R_x = |R_1 - R|$。其切点 $K$ 在两圆的连心线与圆弧的交点处。

典型圆弧连接的作图方法和步骤见表 1-6。

表 1-6 圆弧连接的作图方法和步骤

| 内容与步骤 | (1) 求连接弧的圆心 $O$ | (2) 分别求出两个切点 $T_1$ 和 $T_2$ | (3) 以 $O$ 为圆心,从 $T_1$ 画弧到 $T_2$ |
|---|---|---|---|
| 作半径为 $R$ 的圆弧内接两已知直线 $L_1$ 和 $L_2$ | | | |
| 作半径为 $R$ 的圆弧连接已知直线 $L$,并外切已知圆弧 $O_1$ | | | |
| 作半径为 $R$ 的圆弧同时外切两已知圆弧 $O_1$ 和圆弧 $O_2$ | | | |

续 表

| 内容与步骤 | （1）求连接弧的圆心 $O$ | （2）分别求出两个切点 $T_1$ 和 $T_2$ | （3）以 $O$ 为圆心，从 $T_1$ 画弧到 $T_2$ |
|---|---|---|---|
| 作半径为 $R$ 的圆弧同时内切两已知圆弧 $O_1$ 和圆弧 $O_2$ | | | |
| 作半径为 $R$ 的圆弧与已知圆弧 $O_1$ 外切，同时与圆弧 $O_2$ 内切 | | | |

作已知两圆外公切线的作图方法和过程如图 1-23 所示。

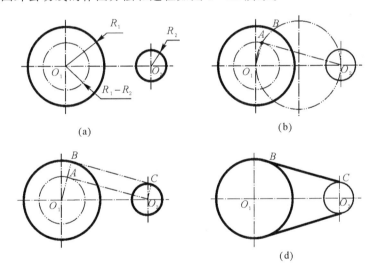

图 1-23　两圆外公切线的画法

（1）以圆 $R_1$ 与圆 $R_2$ 的半径差为半径作出圆 $R_1-R_2$（见图 1-23(a)）。

（2）以圆 $R_1$ 与圆 $R_2$ 的圆心距为直径作辅助圆，与圆 $R_1-R_2$ 相交于 $A$ 点（见图1-23(b)）。

（3）连 $O_1A$ 并延长交圆 $R_1$ 于 $B$ 点，过 $O_2$ 作 $O_1B$ 的平行线交圆 $R_2$ 于 $C$ 点（见图1-23(c)）。

（4）连 $BC$ 即为圆 $R_1$ 与圆 $R_2$ 的一条外公切线，同理作下面另一条外公切线（见

图1-23(d))。

### 四、等分已知线段

等分已知线段的几何作图方法和步骤如图1-24所示。

(1) 已知直线段 $AB$(见图1-24(a))。

(2) 过点 $A$ 作任意线 $AM$,以适当整数长为单位,在 $AM$ 上量取 $1 \sim N$ 个等分点(见图1-24(b))。

(3) 连接 $NB$,过 $1,2,3,\cdots,K$ 各点作 $NB$ 的平行线,即可将 $AB$ 线段 $N$ 等分(见图1-24(c))。

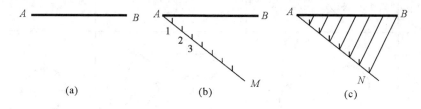

图 1-24  等分已知直线段 $AB$

将两平行线之间的距离五等分的几何作图方法和步骤如图1-25所示。

(1) 已知平行线 $AB$ 和 $CD$(见图1-25(a))。

(2) 置直尺上的刻度 0 于 $CD$ 上,摆动尺身,使刻度 5 落在 $AB$ 上,截得 $1,2,3,4,5$ 共五个等分点(见图1-25(b))。

(3) 过各等分点作 $AB$ 或 $CD$ 的平行线,即为所求(见图2-20(c))。

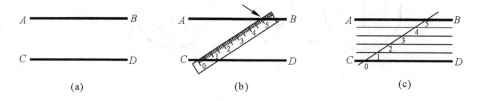

图 1-25  分两平行线之间的距离为五等分

### 五、等分圆周和作正多边形

已知外接圆直径,用圆规和直尺作其内接正五边形的方法和步骤如图1-26所示。

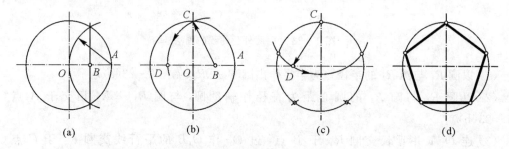

图 1-26  正五边形的画法

(1) 画外接圆,取半径 $OA$ 的中点 $B$(见图 1-26(a))。

(2) 以 $B$ 为圆心,$BC$ 为半径画弧得点 $D$(见图 1-26(b))。

(3)$CD$ 即为五边形边长,用其等分圆周得五个顶点(见图 1-26(c))。

(4) 连接五个顶点即成正五边形(见图 1-26(d))。

已知外接圆直径,用丁字尺和三角板作其内接正六边形的方法和步骤如图 1-27 所示。

(1) 作外接圆两顶点 $A$ 和 $D$(见图 1-27(a))。

(2) 沿 30° 三角板的斜边过 $A$ 和 $D$ 点画线,与圆周交于 $B$ 和 $E$ 两点(见图 1-27(b))。

(3) 将 30° 三角板反转,同理作图得 $C$ 和 $F$ 两点(见图 1-27(c))。

(4) 连接六个顶点即成正六边形(见图 1-27(d))。

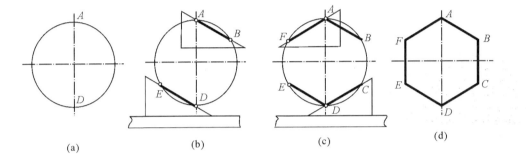

(a)　　　　　　　(b)　　　　　　　(c)　　　　　　　(d)

图 1-27　用丁字尺和三角板画圆内接正六边形

已经外接圆直径 $AK$ 和 $PQ$,用圆规和直尺作其内接七边形的方法和步骤如图 1-28 所示。

(1) 将已知直径 $AK$ 七等分。

(2) 以 $K$ 点为圆心,$AK$ 为半径画弧,交直径 $PQ$ 的延长线于 $M$ 和 $N$。

(3) 自 $M$ 和 $N$ 分别向 $AK$ 上的各偶数点(或奇数点)作直线并延长,交于圆周上,依次连接各点,得正七边形。

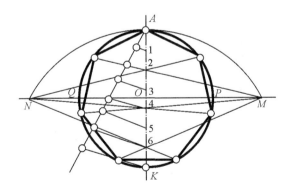

图 1-28　画圆内接正七边形

**六、椭圆的画法**

这里介绍椭圆的一种近似画法——四心圆法,其作图方法和步骤如图 1-29 所示。

(1) 已知椭圆的长轴 $AB$ 和短轴 $CD$(见图 1-29(a))。

（2）以 $O$ 为圆心，$OA$ 为半径画弧交短轴于点 $E$，再以 $C$ 点为圆心，$CE$ 为半径画弧交 $AC$ 于点 $F$（见图 1 - 29(b)）。

（3）作线段 $AF$ 的垂直平分线，与长、短轴分别相交于 $O_1$ 和 $O_2$，再取 $O_1$ 和 $O_2$ 的对称点 $O_3$ 和 $O_4$（见图 1 - 29(c)）。

（4）连接 $O_1O_2$，$O_2O_3$，$O_3O_4$，$O_4O_1$，分别以 $O_1$ 和 $O_3$ 为圆心，$O_1A$ 为半径画圆弧；再分别以 $O_2$ 和 $O_4$ 为圆心，$O_2C$ 为半径画圆弧，即得近似椭圆（见图 1 - 29(d)）。

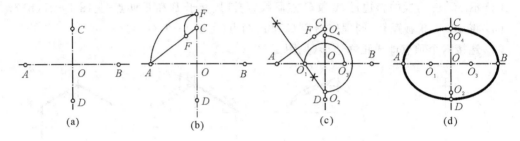

| (a) | (b) | (c) | (d) |

图 1 - 29　用四心圆法画近似椭圆

# 1.4　平面图形的分析和画法

平面图形由若干条线段（直线或曲线）连接而成，而每条线段都有各自的尺寸和位置。作图时需要分析该图形的组成及其线段的性质，从而确定作图的步骤。

### 一、平面图形的尺寸分析

图形中的尺寸按其作用可分为定形尺寸和定位尺寸两种。

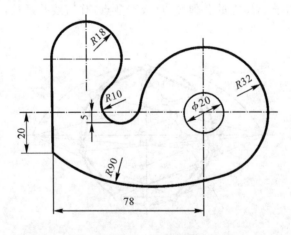

图 1 - 30　平面图形

### 1. 定形尺寸

确定图形中各部分几何形状大小的尺寸，称为定形尺寸。它的改变只引起形状大小的改变，如直线段的长度、圆的直径、圆弧的半径等，图 1 - 30 中的 $R90$，$R18$，$R10$，$R32$，$\phi20$ 等均为定形尺寸。

**2. 定位尺寸**

确定各几何形状之间相对位置的尺寸,称为定位尺寸。它的改变只引起相对位置的改变。图 1-30 中的 78 是确定 $R32$,$\phi20$ 圆心位置在 $X$ 方向的定位尺寸;20 是确定 $R90$ 圆弧起点位置的定位尺寸;5 是确定 $R10$ 在 $Y$ 方向的定位尺寸。

**3. 尺寸基准**

标注尺寸要有起点,即所谓尺寸基准。同一几何对象基准选择不同,其尺寸也不同。平面图形的尺寸一般用水平线作竖直方向($Y$)尺寸的基准,竖直线作水平方向($X$)尺寸的基准。对称轴、圆心也可以作尺寸基准,如图 1-30 所示的平面图形主要以 78 的宽度线作水平方向($X$)尺寸的基准。

**二、平面图形的线段分析**

**1. 已知线段**

具有完整的定形和定位尺寸的线段为已知线段。根据给定的尺寸就能把线段直接画出。如知道圆心的定位尺寸和直径(半径),该圆(弧)就是已知线段。图 1-30 中直径为 $\phi20$ 的圆、半径为 $R32$ 的圆弧是已知线段(圆弧)。

**2. 中间线段**

只有定形尺寸,而定位尺寸不全的线段为中间线段。作图时,需根据它与一端相邻线段的连接关系,才能用作图方法确定其位置。图 1-30 中半径为 $R10$ 的圆弧是中间线段。

**3. 连接线段**

只有定形尺寸,没有定位尺寸的线段为连接线段。作图时,需根据它与两端相邻线段的连接关系,才能用作图方法确定其位置。图 1-30 中半径为 $R18$ 的圆弧是连接线段。

可见,作图时应根据平面图形的尺寸对图形作线段分析,先画基准线和已知线段,再画中间线段,最后画连接线段。

**三、平面图形的作图步骤**

**1. 绘图前的准备工作**

备齐绘图工具和仪器,削好铅笔;选定图幅、比例,并固定图纸。

**2. 画底稿**

画底稿一般是用削尖的 H 或 2H 的铅笔轻轻地绘制,先画图框、标题栏,后画图形。图 1-31 所示平面图形的绘制可按以下顺序进行,并遵循先主体后细部的原则。

(1)分析平面图形,确定已知线段、中间线段和连接线段(见图 1-31);

(2)画出已知圆(弧)的中心线、基准线和定位线,按一定的比例在图纸的适当位置画出基准线、定位线(见图 1-31(a))。

(3)画出已知线段,画出已知的直线段和圆弧(见图 1-31(b))。

（4）分清连接弧的条件，按圆弧连接的方法画出中间线段，求出中间弧 $R90$ 的圆心 $O_2$ 和连接点 $T_1$，画出中间弧，用同样的方法画出另一中间弧 $R10$（见图 1-31(c)）。

（5）画连接线段，求出 $R18$ 的圆心 $O_4$ 和连接点 $T_3$，画出连接弧（见图 1-31(d)）。

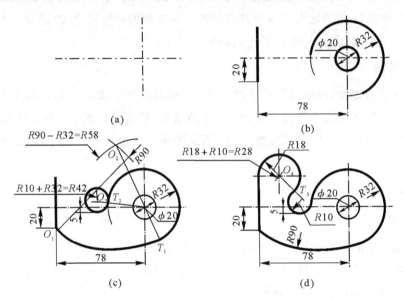

图 1-31　平面图形的作图步骤

### 3.描深底稿

底稿画好并检查无误后，按国标的线型要求，整理线型，加粗轮廓线。

描深底稿前必须要全面检查底稿，把错线、多余线、作图辅助线擦去；描深图线时，应将铅笔和圆规的铅芯削磨成扁平状，画线时用力要均匀，以保证图线粗细浓淡一致；并按"先粗后细、先实后虚、先小后大、先曲后直、先上后下、先左后右、先水平后垂直，最后描斜线"的顺序进行。

值得一提的是，在绘图前要擦干净绘图仪器，绘图时要尽量减少三角板等在已描深图线上的移动，以保持图面的清洁。

### 四、平面图形的尺寸标注

标注尺寸要符合国家标准规定，尺寸不出现重复和遗漏，尺寸要安排有序，布局整齐，标注清楚。

平面图形的尺寸标注步骤如下：

（1）分析平面图形，判断已知线段、中间线段和连接线段（见图 1-31）。

（2）确定尺寸基准：在水平方向和铅垂方向各选一条直线作为尺寸基准（见图 1-31(a)）。

（3）标注已知线段的定形尺寸和定位尺寸（见图 1-31(b)）。

（4）标注中间线段（见图 1-31(c)）、连接线段（见图 1-31(d)）的尺寸。注意分析作图条件，对于中间线段和连接线段，只标注必需的尺寸，尺寸不重复也不遗漏。

标注尺寸时，建议先用削尖的铅笔先一次性画出所有尺寸线、尺寸界线及箭头，再填写所有的尺寸数字和标题栏。

# 1.5　徒手图的画法

徒手图,指的是不用绘图仪器,仅以目测物体形状大小而徒手绘制的图样。徒手图也叫草图,但是草图上的图线也要做到直线平直、曲线光滑、线型分明、比例恰当,图形要完整、清晰。

在进行零部件测绘或作设计构思的最初阶段常先徒手画出草图,经修改确认后,再用尺规或计算机绘图。因此,徒手绘图不但是传统制图的需要,也是现代工程技术人员必须具备的能力。

徒手画图时,要注意长和宽、整体和局部的比例,只有比例关系恰当,图形的真实感才强。有条件时,可在方格纸上,根据方格确定图样的大小比例和线条方向,保证图面质量。

**一、徒手画直线的方法**

徒手画直线时,眼睛应看着线的末点,手腕放松,小指压住纸面,笔尖沿着直线方向画过去,如图 1-32 所示。画线的方向应自然,切不可为了加粗线型而来回地涂画。如果感到直线的方向不够顺手,可将图纸转一适当的角度。

图 1-32　徒手画直线

30°,45°,60°等常用角度可利用直角三角形对应边的近似比例关系确定两边端点,然后连接画出,如图 1-33 所示。

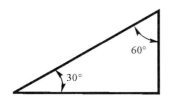
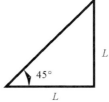
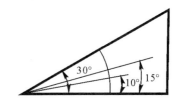

图 1-33　徒手画特殊角度

若在方格纸上画特殊倾角直线,可按图 1-34 所示的格子取向画出。

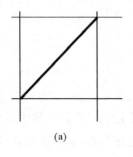 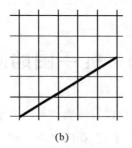 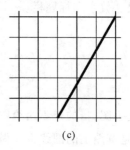

(a)  (b)  (c)

图 1-34  特殊倾角直线的徒手画法

(a) 45°线为正方形对角点的连线；  (b) 30°线为 5 个单位与 3 个单位的端点连线；

(c) 60°线为 3 个单位与 5 个单位的端点连线

**二、徒手画圆的方法**

确定了圆心后,可根据半径用目测方法在中心线定出 4 个点,再通过这 4 个点画出徒手圆(见图 1-35(a))。对于较大的圆可通过圆心再作斜倾 45°和 135°的两条辅助线,同样目测另定 4 个点,然后过这 8 个点画圆(见图 1-35(b))。

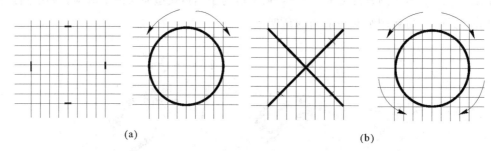

(a)  (b)

图 1-35  圆的徒手画法

(a) 定出 4 个点,分两段画弧；  (b) 定 8 个点,分 4 段画弧

对于椭圆,可利用其外接菱形画四段圆弧构成椭圆,按图 1-36 所示进行绘制。

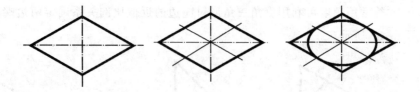

图 1-36  椭圆的徒手画法

**三、徒手画平面图形举例**

在画徒手图时应尽量利用方格纸上的线条和方格纸的对角点。图形的大小比例,特别是各结构几何元素的大小和位置,应做到大致符合比例,应有意识地培养目测的能力。

设平面图形如图 1-37 所示,作图步骤如下：

(1)利用方格纸的线条和对角点画出作图的基准线、圆的中心线及其他已知线段。

（2）画出连接线。

（3）标注尺寸。

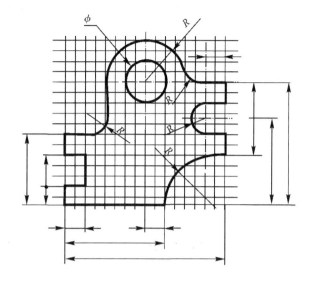

图 1-37　徒手绘画平面图形举例

# 复习思考题

1. 图纸基本幅面有几种？每种尺寸上有什么关系？

2. 图框格式有几种？尺寸如何规定？

3. 1：2 和 2：1 哪一个是放大比例，哪一个是缩小比例？可否使用 3：1 的比例？

4. 字体的号数表示什么？相邻两号字体的大小有何规律？

5. 各种图线的主要用途是什么？图线宽度有几种？

6. 图样尺寸的默认单位是什么？尺寸的数字如何注写？

7. 什么是锥度？什么是斜度？

8. 试述尺规绘图的一般操作步骤。

9. 圆弧连接的作图有哪些规律？

10. 什么是草图？一般在什么情况下使用？

11. 平面图形的线段有哪几类？绘图时各类线段的绘制顺序是什么？

# 第 2 章　正投影基本知识

**【主要内容】**

(1)投影概念,正投影形成及其投影特性,各种投影在工程中的应用。

(2)三面投影体系的建立和三面正投影的形成,三面正投影的投影规律及基本作图方法。

(3)正投影中点、线、面等几何要素的三面投影规律及作图,不同关系的几何要素的投影特性及判断。

(4)基本形体(简单平面体与曲面体)的投影及其表面的取点与取线的方法。

**【学习目标】**

(1)掌握正投影的形成原理及投影特性,熟练掌握三面投影的投影规律及作图方法。

(2)理解点的三面投影规律在作图和分析中的应用,掌握重影点的判断与投影标记。

(3)熟悉各种位置直线的投影特性及其作图,会正确判断直线的相对位置。

(4)掌握基本形体的投影及其作图方法,掌握画图步骤。

(5)掌握在基本形体表面的点与线的作图分析和作图方法。

**【学习重点】**

(1)三面正投影的形成,三面正投影的投影规律及基本作图方法。

(2)正投影中点、线、面等几何要素的三面投影规律及作图。

(3)基本形体(简单平面体与曲面体)的投影及其作图及基本形体表面的取点与取线,相应作图方法。

**【学习难点】**

(1)一般位置直线求实长。

(2)形体表面上点、线的位置与可见性判断。

# 2.1　投影的概念

**一、投影的形成**

在日常生活中,人们对"形影不离"这个自然现象习以为常。人们从这一自然现象中认识到光线、物体和影子之间的关系,并归纳出了平面上表达物体形状、大小的投影原理和作图方法。

自然界所见的物体影子与工程图样所反映的投影是有区别的,前者只能反映物体的外轮廓而内部灰黑一片,后者不仅反映物体的外轮廓,还反映其内部轮廓,这样就清楚地表达了物体的大小和形状,如图 2-1 所示。

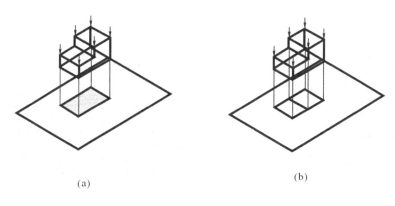

(a)　　　　　　　　　　　　　　(b)

图 2-1　影子与投影

(a)影子；　(b)投影

在投影理论中,把发出光线的光源抽象为投影中心,光线抽象为投影线,落影的平面抽象为投影面,组成影子的能反映物体形状的内外轮廓线称为投影。用投影表示物体的形状和大小的方法称为投影法,用投影法画出的物体图形称为投影图。综上所述,投影图的形成过程如图 2-2 所示。

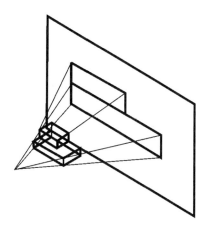
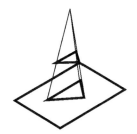

图 2-2　投影图的形成　　　　　　图 2-3　中心投影法

**二、投影的分类**

根据投影中心与投影面的相对位置不同,投影可分为中心投影法和平行投影法。

1.中心投影法

投影中心距投影面有限远,所有的投影线都交汇于投影中心,这种投影方法称为中心投影法,如图 2-3 所示。

特性:投影大小与物体和投影面之间距离有关。

应用:这种投影法主要用于绘制建筑物或产品的透视图(见图 2-4)。其图样形象逼真、立体感强,在设计中主要用于设计方案的效果表达,能使人们感受到设计的意境和效果。

2.平行投影法

当投影中心移至无穷远处时,投影线就会相互平行,这种投影线相互平行的投影方法称为平行投影法。

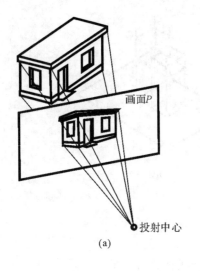

画面P

投射中心

(a)

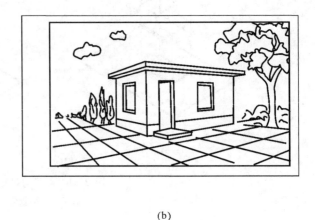

(b)

图 2-4　透视投影法透视图

(a)透视投影法原理；　(b)透视图示例

根据投影线与投影面是否垂直,平行投影法又分为正投影法和斜投影法。

(1)正投影法:投影线垂直于投影面(见图 2-5)。

特性:投影大小与物体和投影面之间距离无关。

应用:

1)用正投影表现形体时往往需要用几个投影联合起来表达,因此也称为多面投影。通常用伞面投影来表达。装饰工程中所使用的各种施工图和产品生产图都是用这种方法绘制的(见图 2-6)。

2)标高投影法是根据平行正投影原理绘制并标注高度数值的一种图示方法,主要用于表示地面起伏变化状况,规划设计中的地形就是用这种方法绘制的(见图 2-7)。

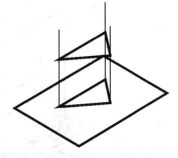

图 2-5　正投影

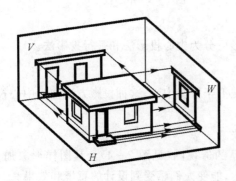

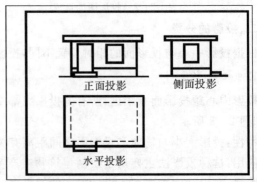

正面投影　　　　侧面投影

水平投影

图 2-6　正投影法与正投影图

(a)正投影法原理；　(b)三面正投影图示例

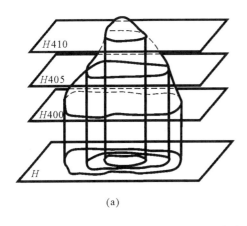

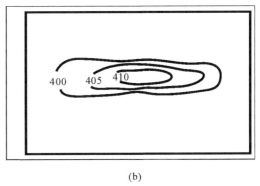

（a）　　　　　　　　　　　　　　　（b）

图 2-7　标高投影法与标高投影图

（a）标高投影法原理；　（b）标高投影图示例

2）斜投影法：投影线倾斜于投影面（见图 2-8）。

应用：根据平行投影原理将物体向单一投影面进行投影，来绘制具有立体感图样的方法，所绘制的图样称为轴测图。这种投影法主要用于绘制家具设计、室内布置设计等方面，如图 2-9 所示。其投影具有立体感并可度量，所以也常常辅助说明某些节点中的具体构造。

图 2-8　平行斜投影

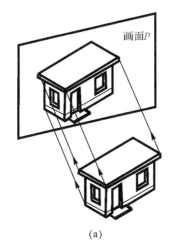

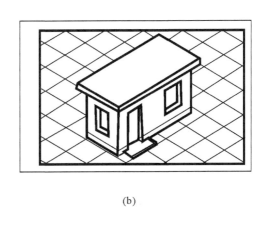

（a）　　　　　　　　　　　　　　（b）

图 2-9　轴测投影法与轴测投影图

（a）轴测投影法原理；　（b）轴测图示例

**三、平行投影法的主要特性**

**1.同素性**

直线的投影一般仍为直线。如图 2-10（a）所示，因直线是直线上所有点的集合，所以过直线上各点所作的投影线形成一平面 $AabB$，它与投影面相交则成一直线。

**2. 从属性**

若点在直线上,则点的投影必在直线的投影上。如图 2-10(b) 所示,过点的投影线必位于该直线投影所决定的投影平面内,所以线上点的投影必在直线上。

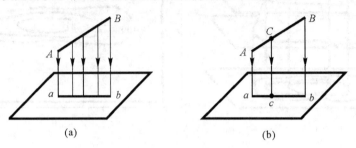

图 2-10  平行投影的特性

(a) 同素性；  (b) 从属性、等比性

**3. 等比性**

一直线的两段之比,等于其投影之比。如图 2-10(b) 所示,$C$ 点将 $AB$ 线段分为 $AC$ 及 $CB$ 两段,因为 $Aa \parallel Cc \parallel Bb$,所以 $AC : CB = ac : cb$。

两平行线段长度之比等于它们投影长度之比。因为 $AB \parallel CD$,$ab = AB\cos\alpha$,$cd = CD\cos\alpha$,所以 $AB : CD = ab : cd$。

**4. 真实性**

当直线段或平面图形平行于某一投影面时,则直线或平面图形在该投影面上的投影反映真长或真形,如图 2-11(a) 所示。

在该面上的投影 $ab$ 反映空间直线 $AB$ 的真实长度,即 $ab = AB$。

平面平行于投影面,投影 $\triangle def$ 反映空间平面 $\triangle DEF$ 的真实形状。

**5. 积聚性**

当线段或平面与投影方向一致时,其投影积聚成一点或一直线,如图 2-11(b) 所示。

$AB$ 在该面上的投影有积聚性,其投影为一点 $a(b)$。

平面 $CDE$ 垂直于投影面,在投影面上的投影积聚为直线 $c(d)e$。

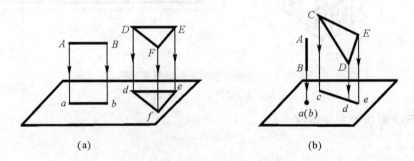

图 2-11  平行投影的特性

(a) 真实性(显实性)；  (b) 积聚性

6. 类似性

当线段或平面不平行投影面时,其投影不反映实形但其投影是真形的类似形,即顶点边数不改变,如图 2-12(a) 所示。

直线 $AB$ 倾斜于投影面,在该面上的投影长度变短,即 $ab = AB\cos\alpha$。

平面 $CDEF$ 倾斜于投影面,投影 $\Box cdef$ 面积变小。

7. 平行性

若两直线在空间平行,其投影也必平行。因为两直线的投影面平行,故其投影平行,如图 2-12(b) 所示。

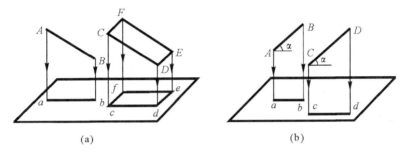

(a)　　　　　　　　　　　　　　　　　(b)

图 2-12　平行投影的特性

(a) 类似性；　(b) 平行性

# 2.2　三面正投影

## 一、投影面体系

用正投影表达形体形状时,是假想把形体放在一个由投影面形成的投影空间内。这个由假想投影面形成的投影空间称为投影面体系。图 2-13(a) 所示的投影空间是由两个假想投影面形成的,称为两面投影体系;图 2-13(b) 所示的投影空间是由三个假想投影面形成的,称为三面投影体系。

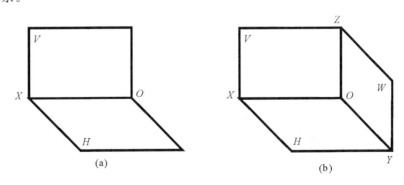

(a)　　　　　　　　　　　　　　　　　(b)

图 2-13　投影面体系

(a) 两面投影体系；　(b) 三面投影体系

在两面投影体系中竖直放置的投影面称正面投影面,用字母 $V$ 表示;水平放置的投影面与正面投影面垂直,称水平投影面,用字母 $H$ 表示;两个投影面的交线称投影轴,用字母 $OX$ 表示。

三面投影体系是在两面投影体系的基础上,再增设一个与两面体系中的 $V,H$ 投影面均垂直的第三投影面,称侧面投影面,用字母 $W$ 表示;它分别与 $V,H$ 投影面的交线为 $OZ,OY$ 轴。

**二、形体在投影面体系中的投影**

下面以三面投影体系为例,说明形体投影的形成和画法。

**1. 投影的形成与名称**

一般情况下,若要准确表达出形体的空间形状,需要用三个投影面联合起来进行表达,因此,需将形体放在三面投影体系中进行投影,其投影的形成如图 2-14(a) 所示。假想用三组平行投影线,通过形体的各个顶点和棱线,分别向三个投影面进行垂直投影,将这些投影线与投影面的交点依次连接,便可在三个投影面上分别得出一个相应的投影图。物体在三投影面体系中的投影:正面投影 —— 由前向后投影,水平面投影 —— 由上向下投影,侧面投影 —— 由左向右投影。

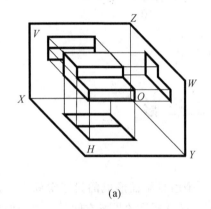
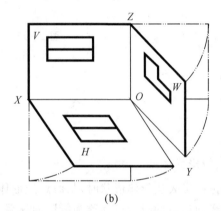

(a)　　　　　　　　　　　　　　　　(b)

图 2-14　三面正投影的形成与展开

(a) 三面投影的形成;　(b) 三面投影的展开

**2. 投影面的展开**

上述方法所形成的三面正投影仍分别处于三个互相垂直的投影面内,为了将其画在同一个平面内,需将上述三个互相垂直的投影面展开在同一平面内。具体展开方法如图 2-14(b) 所示,令 $V$ 面不动,将 $H$ 面绕 $OX$ 轴向下旋转到与 $V$ 面重合;将 $W$ 面绕 $OZ$ 轴向右旋转到与 $V$ 面重合,这样三个投影面便展开在同一平面内,展开后的投影面与投影如图 2-15(a) 所示。

**3. 三面投影之间的关系**

从图 2-15(a) 中可以看出,正投影图中反映出形体的长与高,水平投影则反映出形体的长与宽,显然两个投影中的长应该相等。另外侧面投影中的高应与正面投影中的高相等,侧面投影中的宽应与水平投影中的宽相等。这种投影之间的长相等、高相等、宽相等的关系,习惯上被称为投影间的"三等"关系,这种关系是三个投影间的内在联系,也是画图与读图的依据。为保证这三个相等关系,画图时应做到长对正、高平齐、宽相等。

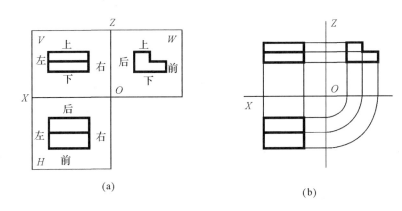

图 2-15　三面投影展开图与画法

(a)三面投影展开图；　(b)三面投影画法

在进行三面投影时,只要做到高平齐、长对正便可保证高相等、长相等,但若要保证宽相等则需用几何作图方法来实现,如图 2-15(b)所示。

4. 投影中的方向

从图 2-14(b)和图 2-15(a)中不难看出展开后投影图中的方向。在正面投影中,投影图的上、下、左、右分别代表了形体本身的上、下、左、右空间关系,在水平投影中其上、下、左、右分别代表了形体的后、前、左、右关系,侧面投影中的上、下、左、右分别代表了形体上、下、后、前关系。认清投影图中的这些投影方向,对建立空间想象能力是非常重要的。

5. 三面投影画法举例

【例 2-1】　画出图 2-16 所示形体的三面投影。

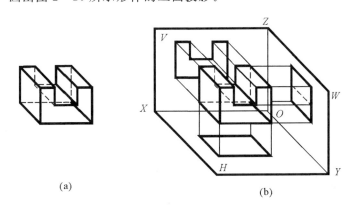

图 2-16　形体及其在投影面体系中的位置

分析与作图：

(1)确定形体在三面投影体系中的位置。如何确定形体在三面投影体系中的位置？应本着画图方便为原则,即力求使形体的表面与投影面平行,如图 2-16(b)所示。

(2)画三面投影。画形体的三面投影时,从哪个投影开始需具体分析,一般情况下先画正投影。本例即是从正投影开始画起,因该投影反映形体前、后表面实形。很容易度量画图,如

图 2-17(a)所示。

正投影画出后,可根据长对正原则,在其下方画出水平投影,水平投影反映顶面及凹槽的实形为三个矩形,如图 2-17(b)所示。

正面投影与水平投影画出后,可根据高平齐、宽相等关系求出侧面投影。侧面投影反映形体左侧面实形。另外还应将凹槽底面的投影画出,由于凹槽位于形体中间部位,投影时看不到,故其投影应画成虚线,如图 2-17(c)所示。

(3)整理投影轮廓线。三个投影画完后应先进行检查,看是否有错误或缺线,如正确无误可将看到的投影线描深,不可见线画成虚线,去掉无用的作图线,如图 2-17(d)所示。

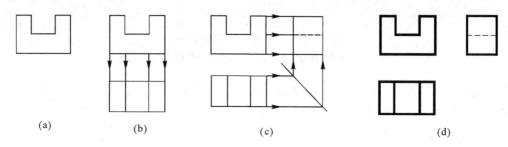

图 2-17 形体三面投影的画法

(a)画出正面投影; (b)画出水平投影; (c)画出侧面投影; (d)整理加深

**【例 2-2】** 画出图 2-18(a)所示形体的三面投影(箭头所指方向为正面投影方向)。

分析与作图:

画图之前首先要选好正面投影的投影方向,接着确定画图比例和图纸幅面。

画底稿时,最好 3 个投影同时进行。通常是先画正面投影,再画水平投影和侧面投影,但要注意保持"长对正、高平齐、宽相等"的投影关系。

底稿画完后,擦去多余作图线,认真检查后按线型加深,看得见的线加深成粗实线,看不见的线画成虚线,如图 2-18(b)所示。

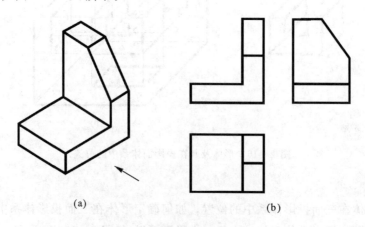

图 2-18 根据立体画三面投影

(a)立体图形; (b)三面投影

# 2.3　基本几何元素的投影分析

为了进一步讨论形体的投影画法,下面对构成形体的几何元素——点、线、面的投影规律作深入分析。

## 2.3.1　点的投影

### 一、点的三面投影及其投影规律

#### 1.点的三面投影

如图 2-19(a)所示,将点 $A$ 放置在 $H,V,W$ 构成的三面投影体系中,然后过点 $A$ 分别向三个投影面进行垂直投影。由点 $A$ 向水平投影面 $H$ 作垂线,它与 $H$ 面的交点 $a$ 即为点 $A$ 在水平投影面上的投影,称为点 $A$ 的水平投影;再由点 $A$ 向正立投影面 $V$ 作垂线,它与 $V$ 面的交点 $a'$ 即为点 $A$ 在正面投影面上的投影,称为点 $A$ 的正面投影;同理,由点 $A$ 向侧立投影面 $W$ 作垂线,便可得到点 $A$ 的侧面投影 $a''$。按前节所述方法,将投影面展开后,即得点 $A$ 的三面投影,如图 2-19(b) 所示。

一般空间点用大写字母 $A,B,C,D,\cdots$ 表示。它们的水平投影用相应的小写字母 $a,b,c,d,\cdots$ 表示;正面投影用 $a',b',c',d',\cdots$ 表示;侧面投影用 $a'',b'',c'',d'',\cdots$ 表示。

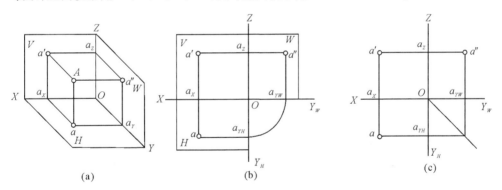

图 2-19　点的三面投影

(a)直观图; (b)展开图; (c)点的三面投影

#### 2.点的投影规律

分析图 2-19 中以 $A$ 为顶点的长方体的几何关系可以得出,在三面投影体系中,点 $A$ 的 3 个投影之间有如下规律。

(1)点的两个投影的连线垂直相应的投影轴。点 $A$ 的正面投影 $a'$ 和水平投影 $a$ 的连线垂直于 $OX$ 轴,即 $a'a'' \perp OX$;点 $A$ 的正面投影 $a'$ 和侧面投影 $a''$ 的连线垂直于 $OZ$ 轴,即 $a'a'' \perp OZ$;$aa_{YH} \perp OY_H$,$a''a_{YW} \perp OY_W$。

(2)点到某一投影面的距离,可用另外两个投影面上点的投影到相应投影轴的距离表示,

即 $A \to H = a'a_x = a''a_{Y_W}$；$A \to V = aa_x = a''a_z$；$A \to W = a'a_z = aa_{Y_H}$；其中，$aa_x = a''a_z$，即点 $A$ 的水平投影 $a$ 到 $OX$ 轴的距离。$aa_x$ 及点 $A$ 的侧面投影 $a''$ 到 $OZ$ 轴的距离 $a''a_z$ 均反映点 $A$ 到 $V$ 面的距离，是求点的投影时常用的规律。作图时，为了使 $aa_x = a''a_z$，可以以原点为圆心作圆弧，或者自原点引 $45°$ 辅助线，如图 $2-19$ 所示。

从上述规律可以看出，只要已知给定点的任意两个投影就可以求得其第三面投影。

**【例 $2-3$】** 如图 $2-20$ 所示，已知 $A$，$B$，$C$ 各点的两面投影，求作第三面投影。

分析与作图：

(1) 过 $a'$ 向 $OZ$ 轴作垂线交于 $a_z$，并将其延长，再过 $a$ 向 $OY_H$ 引垂线，交 $45°$ 斜线后，再引 $OY_W$ 垂线，交 $aa_z$ 延长线于点 $a''$，即点 $A$ 的侧面投影。

(2) 过 $b'$ 向下引 $OX$ 轴垂线，再过 $b''$ 向 $OY_W$ 画垂线，交 $45°$ 斜线后，再向 $OY_H$ 作垂线，与 $b'b_x$ 交于点 $b$，即点 $B$ 的水平投影。

(3) 因 $c'$ 在 $OX$ 轴上，$c''$ 必在 $OY_W$ 上，故可直接过 $c$ 作 $OY_H$ 的垂线，交 $45°$ 斜线后向上引垂线交 $OY_W$ 于点 $c''$，即点 $C$ 的侧面投影。

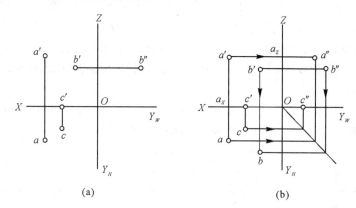

图 $2-20$　点的知二求三

(a) 已知；　(b) 作图

## 二、点的三面投影与直角坐标的关系

为了简便清晰地给出点在空间的位置，点也可以用坐标给出，即把投影系当成坐标系，投影轴看成坐标轴，原点不变，这样点到投影面的距离便可用点的坐标给出。

点 $A$ 的 $x$ 坐标值 $= \mathrm{o}a_x = aa_Y = a'a_z = Aa''$，反映点 $A$ 到 $W$ 面的距离。

点 $A$ 的 $y$ 坐标值 $= \mathrm{o}a_Y = aa_x = a''a_z = Aa'$，反映点 $A$ 到 $V$ 面的距离。

点 $A$ 的 $z$ 坐标值 $= \mathrm{o}a_z = a'a_x = a''a_Y = Aa$，反映点 $A$ 到 $H$ 面的距离。

$a$ 由点 $A$ 的 $x$，$y$ 值确定，$a'$ 由点 $A$ 的 $x$，$z$ 值确定，$a''$ 由点 $A$ 的 $y$，$z$ 值确定。

如点到 $W$ 面的距离可用点的 $x$ 坐标表示，点到 $V$ 面的距离可用点的 $y$ 坐标表示，点到 $H$ 面的距离可用点的 $z$ 坐标表示。点的坐标给出的形式为 $A(x,y,z)$。

分析图 $2-21$ 不难得出：点 $A$ 的水平投影 $a$ 可由 $x$，$y$ 坐标确定；正面投影 $a'$ 可由 $x$，$z$ 坐标确定；侧面投影 $a''$ 可由 $y$，$z$ 坐标确定。

由于点的每一个投影都是由两个坐标确定的，因此只要给出点的两个投影便是给出了点的三个坐标，也就给定了点在空间的位置，便必能作出点的第三面投影。如已知点的坐标值

$(x,y,z)$,就完全可以作出它的三面投影。

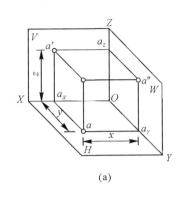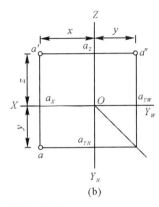

图 2 - 21 点的投影与直角坐标的关系

(a) 直观图; (b) 投影图

【例 2 - 4】 已知点 $A$ 的坐标值为(20,10,15),求作点的三面投影。

分析与作图:

(1) 由于点 $A$ 的三个坐标值已知,因此可根据坐标与投影的关系作图。

(2) 先画出投影轴并加标记,在 $OX$ 轴上,自原点 $O$ 沿向左量 $x=20$ 得 $a_X$,如图 2 - 22(a) 所示。

(3) 过点 $a_X$ 引 $OX$ 轴的垂线,在该垂线上自点 $a_X$ 向下截取 $aa_X=10$,向上截取 $a'a_X=15$,得到水平投影 $a$ 及正面投影 $a'$,如图 2 - 22(b) 所示。

(4) 过点 $a'$ 引 $OZ$ 轴的垂线交 $OZ$ 轴于 $a_Z$,在 $a_Z$ 的右侧截取 $a''a_Z=10$,求得侧面投影 $a''$,如图 2 - 22(c) 所示。

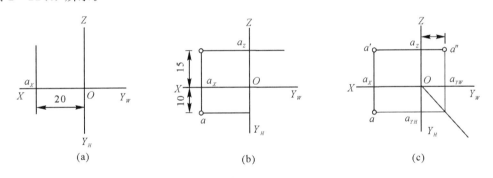

图 2 - 22 根据点的坐标作点的投影图

### 三、投影面及投影轴上的点

如图 2 - 23(a) 所示,当点 $A$ 在 $H$ 面上时,其 $Z$ 坐标为零,则投影有如下特点:$H$ 面投影 $a$ 位于原处,$V$ 面投影 $a'$ 在 $OX$ 轴上,$W$ 面投影 $a''$ 在 $OY$ 轴上。在 $H$ 面及 $W$ 面按规定展开后,$a''$ 应在 $YW$ 轴上。图 2 - 23(b) 所示为其投影图,由图可见,$aa' \perp OX$ 轴,$a'a'' \perp OZ$ 轴,$Oa''=aa'$。即点在投影面上时,其投影仍符合点的投影规律。

点 $B$ 在 $Z$ 轴上,其正面投影 $b'$ 及侧面投影 $b''$ 就在原处,水平投影与原点重合,也同样符合点的投影规律。

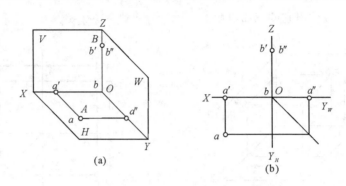

图 2-23 投影面及投影轴上点的投影

点在 $V$ 面或 $W$ 面上,以及点在 $OX$ 轴或 $OY$ 轴上的投影图画法及其特性,请自行分析。

### 四、两点的相对位置和重影点

#### 1. 两点的相对位置

空间两点的相对位置是指在三面投影体系中,一个点处于另一个点的前后、左右以及上下方的位置问题,是由两点相对于投影面 $H,V,W$ 的距离差(即坐标差)决定的。$X$ 坐标差表示两点的左右位置,$Y$ 坐标差表示两点的前后位置,$Z$ 坐标差表示两点的上下位置。即 $X$ 坐标大者在左,小者在右;$Y$ 坐标值大者在前,小者在后;$Z$ 坐标值大者在上,小者在下。

【例 2-5】 已知点 $A$ 和点 $B$ 的三面投影如图 2-24 所示,判断 $A,B$ 的位置关系。

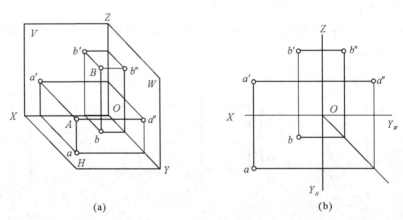

图 2-24 两点的相对位置

分析:

要在投影图上判断空间两点的相对位置,应根据两点的各个同面投影关系和坐标差来确定。

(1) 由 $A,B$ 两点的 $V,H$ 面投影可确定点 $A$ 在点 $B$ 左方。

(2) 由 $A,B$ 的 $H,W$ 面投影可确定点 $A$ 在点 $B$ 前方。

(3) 由 $A,B$ 的 $V,W$ 面投影可确定点 $A$ 在点 $B$ 下方。

综上所述,点 $A$ 在点 $B$ 的左、前、下方,点 $B$ 在点 $A$ 的右、后、上方。

2．重影点

当空间两点的两个坐标相同，即该两点处于同一投影线上时，在某一投影面上出现重合的投影。如图 2-25 所示，$A,C$ 两点的 $x$ 坐标相同，因此它们的 $V$ 面投影 $a',c'$ 出现重影现象。

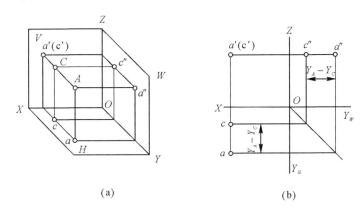

(a)　　　　　　　　　　　　　　　(b)

图 2-25　重影点

两点的同面投影重合于一点的性质叫重影性，处于重影的这个投影称为重影点。

当投影出现重影点时，其可见性的判别方法如下：

（1）若重影点在 $V$ 面时，则其中 $y$ 坐标大者为可见，$y$ 坐标小者为不可见。

（2）若重影点在 $H(W)$ 面时，则其中 $z(x)$ 坐标大者为可见，$z(x)$ 坐标小者为不可见。

结论：如果两个点的某面投影重合时，则对该投影面的投影坐标值大者为可见，小者为不可见。作图时不可见的投影点加括号。

## 2.3.2　直线的投影

如图 2-26 所示，线段的投影一般仍为线段（如线段 $CD$ 和 $EF$ 的投影），但在特殊情况下，它的投影可积聚为一点（如线段 $AB$ 的投影）。因此，对于线段，一般都是作出它的两个端点的投影，然后连接两点的同面投影，即得线段的投影。为了叙述方便，以下把线段的投影一律称为直线的投影。

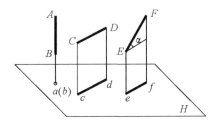

图 2-26　直线相对于投影面的位置

直线相对于投影面所处的位置，可以是平行、垂直或倾斜关系，具体如下：

平行于一个投影面的直线称为投影面的平行线；

垂直于一个投影面的直线称为投影面的垂直线；

倾斜于三个投影面的直线称为一般位置直线。

直线与投影面之间的夹角称为倾角。在三面体系中，直线对 $H,V,W$ 面的倾角分别用 $\alpha$，$\beta,\gamma$ 表示，如图 2-27 所示。

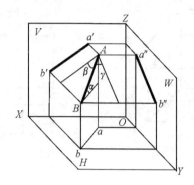

图 2-27　直线与三投影面的倾角

### 一、各种位置直线的投影

#### 1. 投影面的垂直线

投影面的垂直线分为 3 种情况：

垂直于水平投影面的直线叫作铅垂线。

垂直于正立投影面的直线叫作正垂线。

垂直于侧立投影面的直线叫作侧垂线。

表 2-1 列出了这 3 种直线的三面投影图以及投影特性。

**表 2-1　投影面的垂直线**

| 名称 | 铅垂线 | 正垂线 | 侧垂线 |
|---|---|---|---|
| 直线在形体上的位置 | | | |
| 立体图 | | | |

续 表

| 名称 | 铅垂线 | 正垂线 | 侧垂线 |
|---|---|---|---|
| 投影图 | | | |
| 投影特性 | （1）水平面投影积聚为一点 $a(b)$。<br>（2）正面投影 $a'b' \perp OX$ 轴，侧面投影 $a''b'' \perp OY_W$ 轴，并且都反映实长。<br>（3）$\alpha = 90°, \beta = \gamma = 0°$ | （1）正面投影积聚为一点 $c'(d')$。<br>（2）水平投影 $cd \perp OX$ 轴，侧面投影 $c''d'' \perp OZ$ 轴，并且都反映实长。<br>（3）$\beta = 90°, \alpha = \gamma = 0°$ | （1）侧面投影积聚为一点 $e''(f'')$。<br>（2）正面投影 $e'f' \perp OZ$ 轴，水平投影 $ef \perp OY_H$ 轴，并且都反映实长。<br>（3）$\gamma = 90°, \alpha = \beta = 0°$ |

分析表 2-1，可归纳出投影面垂直线的投影特性：

（1）直线在它所垂直的投影面上的投影积聚为一点。

（2）其他两个投影垂直于相应的投影轴，并且反映实长。

2. 投影面的平行线

投影面的平行线分为 3 种情况：

平行于水平投影面的直线叫作水平线。

平行于正立投影面的直线叫作正平线。

平行于侧立投影面的直线叫作侧平线。

表 2-2 列出了这 3 种直线的三面投影图以及投影特性。

**表 2-2  投影面的平行线**

| 名称 | 正平线 | 水平线 | 侧平线 |
|---|---|---|---|
| 直线在形体上的位置 | | | |

续 表

| 名称 | 正平线 | 水平线 | 侧平线 |
|---|---|---|---|
| 立体图 | 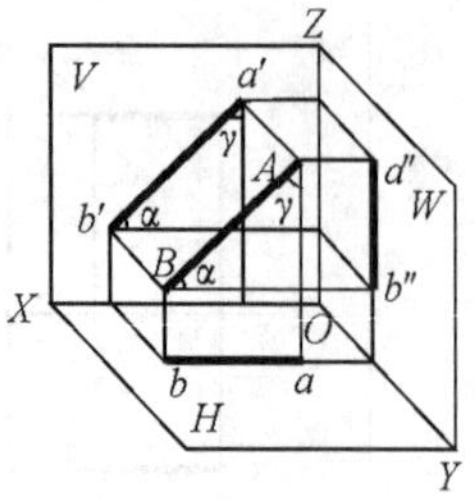 | 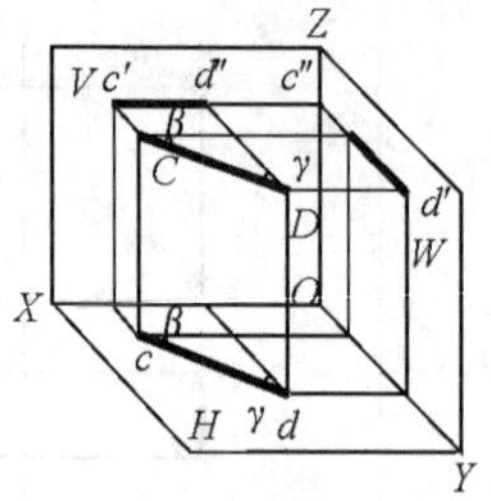 | 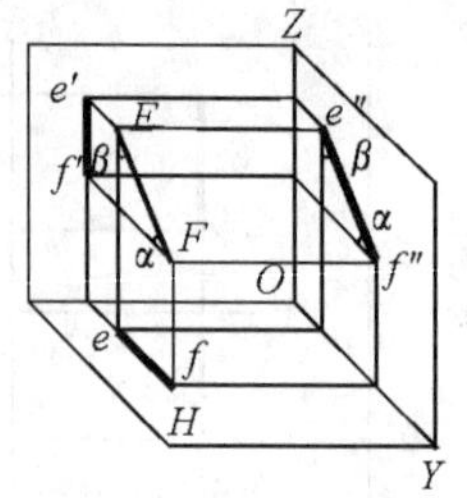 |
| 投影图 | 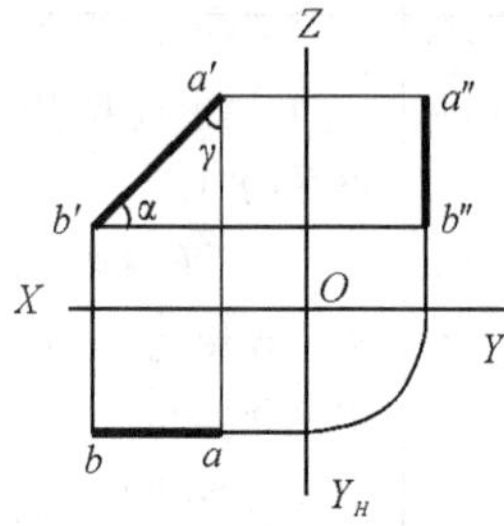 | 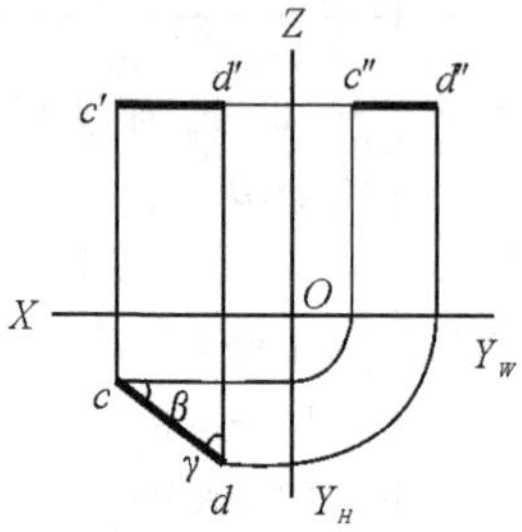 | 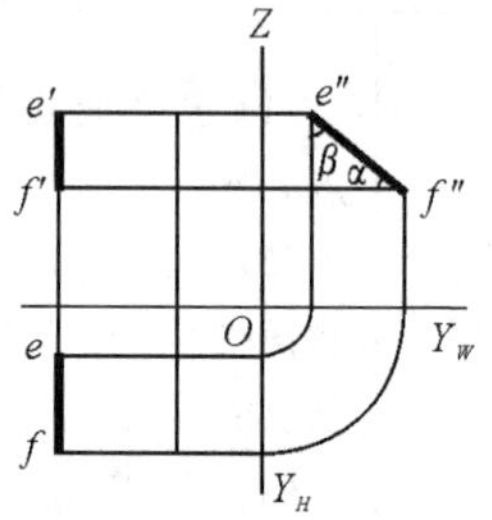 |
| 投影特性 | (1) 正面投影 $a'b'$ 反映实长,并反映倾角 $\alpha$ 和 $\gamma$。<br>(2) 水平投影 $ab$ // $OX$ 轴,侧面投影 $a''b''$ // $OZ$ 轴 | (1) 水平投影 $cd$ 反映实长,并反映倾角 $\beta$ 和 $\gamma$。<br>(2) 正面投影 $c'd'$ // $OX$ 轴,侧面投影 $c''d''$ // $OY_W$ 轴 | (1) 侧面投影 $e''f''$ 反映实长,并反映倾角 $\alpha$ 和 $\beta$。<br>(2) 正面投影 $e'f'$ // $OZ$ 轴,水平投影 $ef$ // $OY_H$ 轴 |

3. 一般位置直线

一般位置直线与 3 个投影面都倾斜,所以具有下列投影特性:

(1)3 个投影均小于该直线的实长。

(2)3 个投影对投影轴都倾斜。

(3)3 个投影与任一投影轴的夹角都不反映直线与投影面的倾角。

**二、一般位置直线的实长及其对投影面的倾角**

投影面垂直线和投影面平行线可在投影图中直接定出线段的实长和倾角的大小。一般位置直线的实长和倾角不能在投影中直接定出,应根据投影图作图求出,这种作图方法叫作直角三角形法。

1. 求直线的实长及倾角 $\alpha$

如图 2-28(a) 所示,在直角三角形 $AA_1B$ 中,斜边 $AB$ 是直线的实长,直角边 $BA_1$ 为水平投影 $ab$ 之长,另一条直角边 $AA_1$ 是 $A,B$ 两点的 $Z$ 坐标之差 $\Delta z$,斜边 $AB$ 与直角边 $BA_1$ 的夹角为直线对 $H$ 面的倾角 $\alpha$。

如图 2-29(b) 所示,$ab$,$a'b'$ 是一般直线 $AB$ 的两面投影。在 $H$ 面上过点 $a$ 引 $ab$ 的垂线,在垂线上量取 $aA_0=a'a'_1$,$a'a'_1$ 是 $A,B$ 两点 $Z$ 坐标之差,连接 $b$ 与 $A_0$,得直角三角形 $abA_0$,在此直角三角形中,$bA_0$ 为直线 $AB$ 的实长,$\alpha$ 角为直线 $AB$ 对 $H$ 面的倾角。

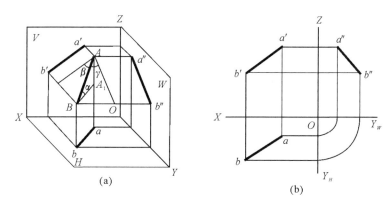

图 2-28　一般位置直线

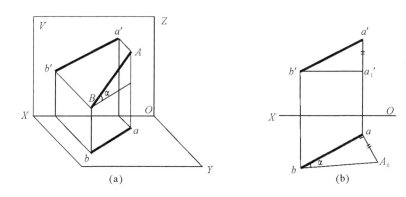

图 2-29　求直线的实长及倾角 $\alpha$

**2. 求直线的实长及倾角 $\beta$**

如图 2-30(a) 所示,在直角三角形 $ABB_1$ 中,斜边 $AB$ 是直线的实长,直角边 $AB_1$ 为正面投影 $a'b'$ 之长,另一条直角边 $BB_1$ 是 $B$,$A$ 两点的 $Y$ 坐标之差 $\Delta y$,斜边 $AB$ 与直角边 $AB_1$ 的夹角为直线对 $V$ 面的倾角 $\beta$。

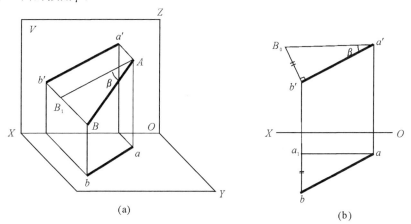

图 2-30　求直线的实长及倾角 $\beta$

如图 2-30(b) 所示，$ab$，$a'b'$ 是一般直线 $AB$ 的两面投影。在 $V$ 面上过点 $b'$ 引 $a'b'$ 的垂线，在垂线上量取 $b'B_0 = bb_1$，$bb_1$ 是 $B$，$A$ 两点 $Y$ 坐标之差，连接 $a'$ 与 $B_0$，得直角三角形 $a'b'B_0$，在此直角三角形中，$a'B_0$ 为直线 $AB$ 的实长，$\beta$ 角为直线 $AB$ 对 $V$ 面的倾角。

求一般直线的实长及倾角作图举例。

【例 2-6】 如图 2-31(a) 所示，已知 $AB$ 的正面投影 $a'b'$ 和 $a$，直线的实长 $AB$（长度见图），点 $B$ 在点 $A$ 的前面。求作 $ab$ 及倾角 $\beta$。

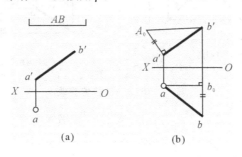

图 2-31 求直线的投影和倾角 $\beta$

(a) 已知； (b) 作图

分析与作图：

要求 $ab$ 及倾角 $\beta$，必须以直线的正面投影 $a'b'$ 为直角边，$AB$ 实长为斜边构建直角三角形，其另一直角边就是 $A$，$B$ 两点的 $Y$ 坐标之差，利用两点的 $Y$ 坐标差可求出 $b$。

(1) 在 $V$ 面上，过 $a'$ 引 $a'b'$ 的垂直线。

(2) 以 $b'$ 为圆心，$AB$ 长度为半径画弧，与所作垂线相交于 $A_0$，连接 $b'$ 与 $A_0$。

(3) 在直角三角形 $a'b'A_0$ 中，$\beta$ 是所求的倾角，$a'A_0$ 是 $A$，$B$ 两点的 $Y$ 坐标之差。

(4) 过 $a$ 向右画水平线，过 $b'$ 向 $OX$ 轴作垂直线并延长交水平线于 $b_0$，延长 $b'b_0 = a'A_0$，定出 $b$ 点，连接 $a$ 与 $b$。

【例 2-7】 如图 2-32(a) 所示，已知直线 $AB$ 的投影 $ab$，$a'$ 及 $\alpha = 30°$，点 $B$ 高于点 $A$。求作 $a'b'$ 及 $AB$ 的实长。

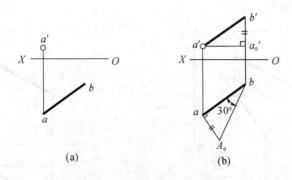

图 2-32 求直线的投影和实长

(a) 已知； (b) 作图

分析与作图：

如图 2-32(b) 所示，在水平投影中，以 $ab$ 为一直角边，$\alpha = 30°$，可作出一个直角三角形，其

斜边即为 $AB$ 的实长,另一直角边为 $A$,$B$ 两点的 $Z$ 坐标之差,利用两点的 $Z$ 坐标差可求出 $b'$。

(1) 在 $H$ 面上,过 $a$ 引 $ab$ 的垂直线。

(2) 过点 $b$ 引斜线 $bA_0$ 与 $ab$ 成 $30°$ 夹角,与所作垂线相交于 $A_0$。

(3) 在直角三角形 $abA_0$ 中,$bA_0$ 为 $AB$ 的实长,$aA_0$ 是 $A$,$B$ 两点的 $Z$ 坐标之差。

(4) 过 $a'$ 向右画水平线,过 $b$ 向 $OX$ 轴作垂直线并延长交水平线于 $a_0'$,延长 $a_0'b' = aA_0$,定出点 $b'$,连接 $a'$ 与 $b'$。

### 三、直线上的点

直线上的点有如下投影特性:

(1) 直线上点的各面投影必定在该直线的同面投影上,且符合点的投影规律。

假设点 $C$ 是直线 $AB$ 上的一点,过点 $C$ 作 $H$ 及 $V$ 面的垂直投影 $Cc$ 和 $Cc'$,如图 2-33 所示。由初等几何理论可知,点 $C$ 的水平投影 $c$ 及正面投影 $c'$ 分别在直线 $AB$ 的水平投影 $ab$ 及正面投影 $a'b'$ 上。

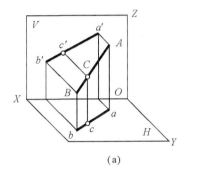 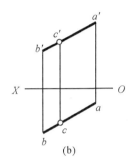

(a)　　　　　　　　　　　　(b)

图 2-33　直线上的点

(a) 直观图;　(b) 投影图

(2) 点分割线段成一定比例,则该点的投影按相同的比例分割直线段的同面投影。

在图 2-33 中,$Aa$,$Bb$,$Cc$ 是互相平行的投射线,根据平面几何理论可知,同一平面内的直线 $AB$ 和 $ab$ 被一组平行线截得的比例不变,即 $AC:CB = ac:cb = a'c':c'b'$。

【例 2-8】　如图 2-34 所示,在直线 $AB$ 上求一点 $C$,使 $AC:CB = 2:3$。

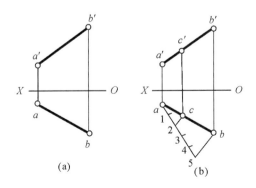

(a)　　　　　　　　(b)

图 2-34　求直线上的点

(a) 已知;　(b) 作图

分析与作图：

根据直线上点的投影特性可知，若 $AC : CB = 2 : 3$，就有 $ac : cb = a'c' : c'b' = 2 : 3$。

(1) 在 $H$ 面上过 $a$ 引一条射线，并在其上截取 5 等份，连接 5 与 $b$。

(2) 过 2 作 $5b$ 的平行线，交 $ab$ 于 $c$。

(3) 过 $c$ 向上引铅垂线，交 $a'b'$ 于 $c'$，则 $c, c'$ 即为所求。

**【例 2 - 9】** 如图 $2 - 35$ 所示，判断点 $K$ 是否在侧平线上。

作法一：用定比性作图判断，在图 $2-35$(b) 中，由作图知 $ak : kb \neq a'k' : k'b'$。因此，点 $K$ 不在直线 $AB$ 上。

作法二：用直线上点的投影规律来判断，在图 $2-35$(c) 中，补出 $W$ 投影 $a'', b'', k''$，因为 $k''$ 不在 $a''b''$ 上，所以点 $K$ 不在直线 $AB$ 上。

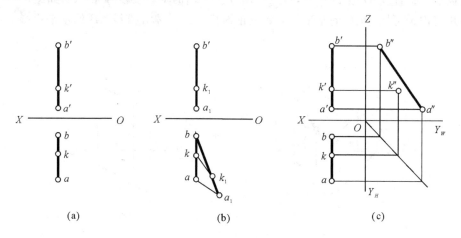

图 $2 - 35$　判断点是否在直线上
(a) 已知；　(b) 作法一；　(c) 作法二

### 四、两直线相对位置

在空间，两条直线的相对位置有以下 3 种情况：两直线平行、两直线相交和两直线交叉。两直线平行和两直线相交称为共面直线，两直线交叉称为异面直线。

#### 1. 两直线平行

投影特性：

如果空间两直线相互平行，则各同面投影除了积聚和重影外，必定相互平行，如图 $2-36$ 所示。即如果 $AB \parallel CD$，则有 $ab \parallel cd, a'b' \parallel c'd', a''b'' \parallel c''d''$。反之，若两直线的各同面投影相互平行，则两直线在空间一定平行。

两直线平行的判断：

若两直线的三组同面投影都平行，则两直线在空间为平行关系。

若两直线为一般位置直线，只要有两组同面投影相互平行，即可判断两直线在空间是平行关系。

若两直线是某一投影面的平行线，同时，两直线在该投影面上的投影仍为平行关系，则两直线在空间是平行关系。

2.两直线相交

投影特性:

两直线在空间相交,则各同面投影除了积聚和重影外必相交,且交点的三面投影符合点的投影规律。如图 2-37 所示,即如果 $AB$ 与 $CD$ 相交,交点为 $K$,则有 $ab$ 与 $cd$ 相交于 $k$,$a'b'$ 与 $c'd'$ 相交于 $k'$,且 $kk' \perp OX$。

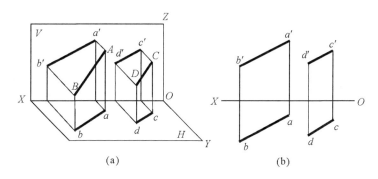

(a)　　　　　　　　　　(b)

图 2-36　平行直线的投影
(a)直观图;　(b)投影图

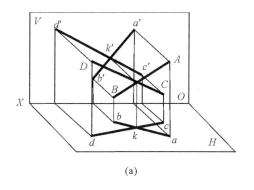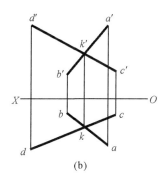

(a)　　　　　　　　　　(b)

图 2-37　相交直线的投影
(a)直观图;　(b)投影图

两直线相交的判断:

若两直线的各同面投影都相交,且交点符合点的投影规律,则两直线相交。

对于一般位置直线而言,只要有两组同面投影相交,且交点符合点的投影规律,则两直线相交。

两直线中有某一投影面的平行线时,必须验证两直线在该投影面上的投影是否满足相交条件,才能判定两直线是否相交,或者在两面投影中用定比性作图来判断交点是否符合点的投影规律,判定两直线是否相交。

3.两直线交叉

两直线在空间既不平行也不相交,称为两直线交叉。

投影特性:

同面投影可能是平行的,但不是全都平行;其同面投影可能相交,但不符合空间点的投影规律。

如图 2-38 所示,交叉两直线投影的交点并不是空间两直线真正的交点,而是两直线上相应点投影的重影点。

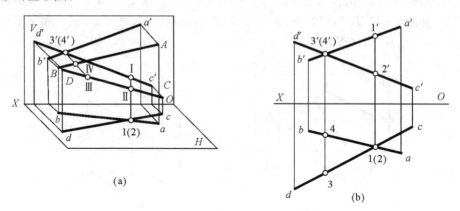

(a)

(b)

图 2-38　交叉两直线的投影及重影点的可见性判断

(a) 直观图；　(b) 投影图

对重影点应区分其可见性,即根据重影点对同一投影面的坐标值大小来判断。坐标值大者为可见点,小者为不可见点。

【例 2-10】　如图 2-39(a) 所示,判断两直线是否平行。

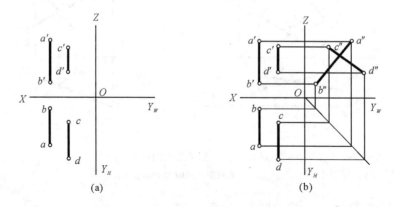

(a)　　　　　　　　　　　　　　　(b)

图 2-39　判定两直线是否平行

(a) 已知；　(b) 作图

分析与作图:

因为 AB, CD 是侧平线,可以补出 AB, CD 的 W 面投影来判定两直线是否平行,如图 2-39(b) 所示。

作图后可知,$a''b''$, $c''d''$ 相交,所以 AB, CD 在空间不平行,为交叉直线。

【例 2-11】　如图 2-40(a) 所示,直线 AB 与 CD 相交,求作 $c'd'$。

分析与作图:

由相交直线的投影特性,可求出交点的 V 面投影,利用交点可求出 CD 的 V 面投影,如图 2-40(b) 所示。

（1）过点 $k$ 向上引铅垂线，与 $a'b'$ 相交于 $k'$；

（2）连接点 $c'$ 与 $k'$ 并延长 $c'k'$，过点 $d$ 向 $OX$ 轴引铅垂线，与 $c'k'$ 的延长线相交于 $d',c'd'$ 即为所求。

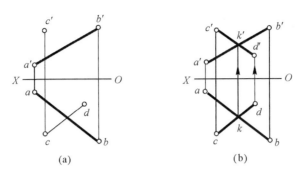

图 2-40　求相交两直线的投影

（a）已知；　（b）作图

**【例 2-12】**　如图 2-41(a) 所示，已知 $AB,CD$ 的两面投影，判断两直线是否相交。

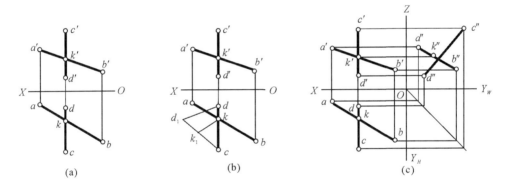

图 2-41　判定两直线是否相交

（a）已知；　（b）作法一；　（c）作法二

分析与作图：

$AB$ 是一般位置直线，$CD$ 是侧平线，从已知两面投影无法判定两直线是否相交，需作图判定。

作法一：用定比性作图，如图 2-41(b) 所示，作图可知，因 $kk_1$ 不平行于 $dd_1$，故 $ck:kd \neq c'k':k'd'$，说明交点不符合点的投影规律，两直线不相交，为交叉直线。

作法二：补画 $W$ 面投影，如图 2-41(c) 所示，作图知，因投影中的交点不符合点的投影规律，故两直线不相交，为交叉直线。

## 2.3.3　平面的投影

### 一、平面的表示方法

平面可以用几何元素来表示，也可以用迹线来表示。

**1. 用几何元素表示平面**

根据几何知识"不属于同一直线的三点确定空间的一个面",作出了这3个点的投影便确定了该平面的投影。由于空间不共线的三点可以转换,因此,空间同一平面的表示可以是:

(1) 不在同一直线上的三点,如图 2−42(a) 所示;

(2) 一直线和线外一点,如图 2−42(b) 所示;

(3) 相交两直线,如图 2−42(c) 所示;

(4) 平行两直线,如图 2−42(d) 所示;

(5) 任意的平面图形,如图 2−42(e) 所示。

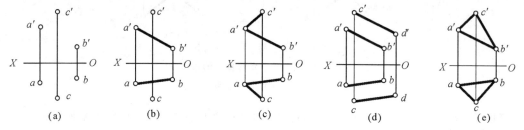

图 2−42　用几何元素表示的平面

**2. 迹线表示法**

平面与投影面的交线称为平面的迹线。图 2−43(a) 中表示的平面 $P$ 与 $V,H,W$ 3 个投影面分别相交。平面 $P$ 与 $V$ 面的交线称为正面迹线,用 $P_V$ 表示;与 $H$ 面的交线称为水平迹线,用 $P_H$ 表示;与 $W$ 面的交线称为侧面迹线,用 $P_W$ 表示。其中迹线分别相交于 $OX,OY,OZ$ 轴上的 $P_X,P_Y$ 和 $P_Z$ 点,将这些点称为迹线的集合点。

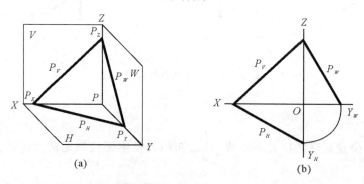

图 2−43　用迹线表示的平面
(a) 直观图;　(b) 投影图

因为迹线既是投影面上的直线,又是平面上的直线,所以在投影时,迹线的一个投影必与其本身重合,另外两个投影必与相应的投影轴重合。在投影图中,通常只画出与迹线本身重合的那个投影,并加标记。其余两投影与投影轴重合,均不画出并省略标记,但在作图时应知道它们的准确位置,如图 2−43(b) 所示。

**二、各种位置平面的投影**

平面对投影面所处的位置,可以是平行、垂直或者是倾斜位置,具体如下:

垂直于一个投影面,而倾斜于其余两个投影面的平面称为投影面垂直面;

平行于一个投影面的平面称为投影面平行面;

对三个投影面都倾斜的平面称为一般位置直线。

平面对 $H$ 面的倾角用 $\alpha$ 表示,对 $V$ 面的倾角用 $\beta$ 表示,对 $W$ 面的倾角用 $\gamma$ 表示。

### 1.投影面的平行面

投影面的平行面分为 3 种情况:

平行于水平投影面 $H$ 的平面叫作水平面。

平行于正立投影面 $V$ 的平面叫作正平面。

平行于侧立投影面 $W$ 的平面叫作侧平面。

表 2 - 3 列出了这 3 种平面的三面投影图以及投影特性。

### 表 2 - 3　投影面的平行面

| 名称 | 水平面 | 正平面 | 侧平面 |
|---|---|---|---|
| 平面在形体上的位置 | | | |
| 立体图 | | | |
| 投影图 | | | |
| 投影特性 | (1) 水平面投影 $p$ 反映实形。<br>(2) 正面投影 $p'$ 有积聚性,且 $p' /\!/ OX$ 轴;侧面投影 $p''$ 有积聚性,且 $p'' /\!/ OY_W$ 轴。<br>(3) $\alpha = 0°$,$\beta = \gamma = 90°$ | (1) 正面投影 $q'$ 反映实形。<br>(2) 水平面投影 $q$ 有积聚性,且 $q /\!/ OX$ 轴;侧面投影 $q''$ 有积聚性,且 $q'' /\!/ OZ$ 轴。<br>(3) $\beta = 0°$,$\alpha = \gamma = 90°$ | (1) 侧面投影 $r''$ 反映实形。<br>(2) 正面投影 $r'$ 有积聚性,且 $r' /\!/ OZ$ 轴;水平投影 $r$ 有积聚性,且 $r /\!/ OY_H$ 轴。<br>(3) $\gamma = 0°$,$\alpha = \beta = 90°$ |

投影面的平行面也可以用迹线表示。图 2 - 44 表明了水平面 $R$ 的投影,其正面迹线 $R_V /\!/$

$OX$ 轴,侧面投影 $R_W$ // $OY_W$ 轴,并且有积聚性。由于该平面平行于 $H$ 面,故无水平迹线。反映倾角情况与非迹线面情况相同。

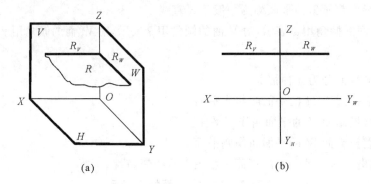

图 2-44 用迹线表示的水平面

(a)直观图； (b)投影图

分析表 2-3 所示三种平行平面,可以归纳出投影面的平行面的投影特性:

(1)投影面平行面在所平行的投影面上的投影反映实形。

(2)投影面平行面在另外两个投影面上的投影积聚为直线,并分别平行于相应的投影轴。

2.投影面的垂直面

投影面的垂直面分为 3 种情况:

垂直于水平投影面 $H$ 的平面叫作铅垂面。

垂直于正立投影面 $V$ 的平面叫作正垂面。

垂直于侧立投影面 $W$ 的平面叫作侧垂面。

表 2-4 列出了这 3 种平面的三面投影图以及投影特性。

表 2-4 投影面的垂直面

| 名称 | 铅垂面 | 正垂面 | 侧垂面 |
|---|---|---|---|
| 平面在形体上的位置 | | | |
| 立体图 | | | |

续 表

| 名称 | 铅垂面 | 正垂面 | 侧垂面 |
|---|---|---|---|
| 投影图 | 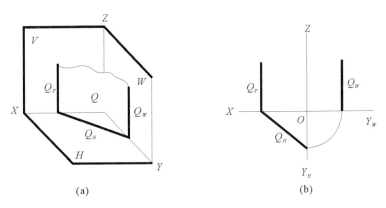 | | |
| 投影特性 | (1) 水平面投影 $p$ 积聚成直线,并反映倾角 $\beta$ 和 $\gamma$。<br>(2) 正面投影 $p'$ 和侧面投影 $p''$ 不反映实形 | (1) 正面投影 $q'$ 积聚成直线,并反映倾角 $\alpha$ 和 $\gamma$。<br>(2) 水平投影 $q$ 和侧面投影 $q''$ 不反映实形 | (1) 侧面投影 $r''$ 积聚成直线,并反映倾角 $\alpha$ 和 $\beta$。<br>(2) 正面投影 $r'$ 和水平投影 $r$ 不反映实形 |

投影面的垂直面也可以用迹线表示。图 2-45 所示铅垂面 $Q$,其水平迹线 $Q_H$ 有积聚性,并与 $OX$ 轴及 $OY$ 轴成倾斜位置,$Q_H$ 与相应坐标轴之间的夹角反映了平面的倾角 $\beta$ 和 $\gamma$ 的实际大小。

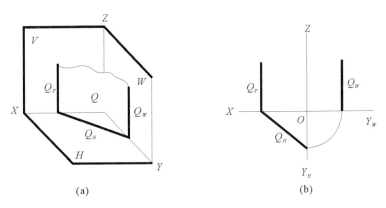

图 2-45 用迹线表示的铅垂面
(a) 直观图; (b) 投影图

由于铅垂面 $Q$ 及投影面 $V,W$ 同时垂直于 $H$ 面,所以 $Q_V$ 垂直于 $OX$ 轴,侧面迹线 $Q_W$ 展开后垂直于 $OY_W$ 轴。

由以上分析,可归纳出投影面的垂直面的投影特性:

(1) 平面在所垂直的投影面上的投影积聚为直线,此直线与投影轴的夹角等于平面与相应投影面的倾角;

(2) 在另外两投影面的投影为原形的类似形,且比实形小。

3.一般位置平面

一般位置平面(见图 2-46)与 3 个投影面都倾斜,具有下列投影特性:

（1）3 个投影都为原平面的类似形，且投影面积都比实形小；

（2）投影与坐标轴之间的夹角不反映该平面与投影面的倾角。

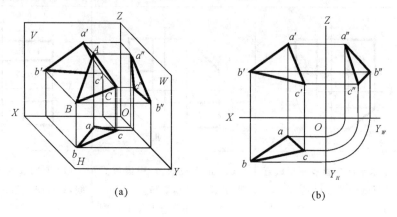

图 2-46　一般位置平面的投影

(a) 直观图；　(b) 投影图

对于用迹线表示的一般位置平面，它的 3 条迹线 $P_H$，$P_V$，$P_W$ 均无积聚性，且都倾斜于相应的投影轴。

### 三、平面上的点和直线

根据初等几何原理可知，直线和点位于平面上的条件是：

（1）若直线过平面上的两点，则此直线必在该平面内。

（2）若一直线过平面内的一点，且平行于该平面上另一直线，则此直线在该平面内。

（3）若点在平面内，它必在平面内的一条直线上。

如图 2-47(a) 所示，平面 $P$ 由相交两直线 $AB$ 和 $BC$ 所给定。点 $M$ 在 $AB$ 上，点 $N$ 在 $BC$ 上，连接 $MN$，则 $MN$ 在平面 $P$ 上，图 2-47(b) 为其投影。

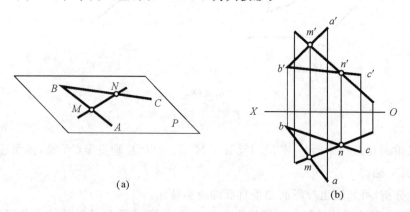

图 2-47　平面上取直线

(a) 直观图；　(b) 投影图

**【例 2-13】**　如图 2-48(a) 所示，已知平面 $ABC$ 和该平面内一点 $M$ 的正面投影 $m'$，求作点 $M$ 的水平投影 $m$。

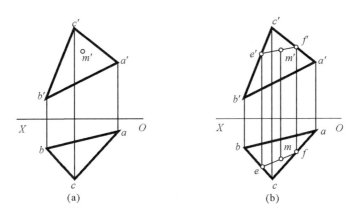

图 2 - 48　求平面内点的投影

(a) 已知条件；　(b) 求解作图

分析与作图：在平面 $ABC$ 内过点 $M$ 作一辅助线，所求点 $M$ 的水平投影一定在所作的辅助直线的水平投影上。

(1) 在正面投影中过点 $m'$ 作辅助直线 $e'f'$。

(2) 过 $e'f'$ 作 $OX$ 轴的垂直线，在水平投影中求 $ef$。

(3) 过点 $m'$ 作 $OX$ 轴的垂直线与 $ef$ 相交于点 $m$，点 $m$ 即为所求。

【例 2 - 14】　已知四边形 $ABCD$ 的正面投影 $a'b'c'd'$ 及 $A,B,C$ 三点的水平投影 $a,b,c$（见图 2 - 49(a)），试求此四边形的水平投影。

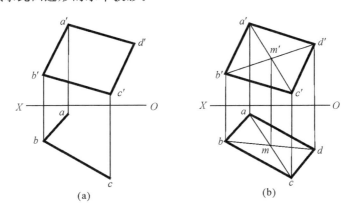

图 2 - 49　求作四边形的水平投影

(a) 已知条件；　(b) 求解作图

分析与作图：在平面 $ABC$ 内过点 $M$ 作一辅助线，所求点 $M$ 的水平投影一定在所作的辅助直线的水平投影上。

(1) 在正面投影中连线 $b'd'$ 和 $a'c'$，两直线相交于点 $m'$。

(2) 在水平投影中连线 $ac$，过点 $m'$ 向下作 $OX$ 轴的垂直线，与直线 $ac$ 交于点 $m$。

(3) 延长直线 $bm$，与过点 $d'$ 所引 $OX$ 轴的垂直线相交于点 $d$。

(4) 连接 $abcd$ 四点，即为所求四边形的水平投影。

### 2.3.4 直线与平面的相对位置

**一、直线与平面、平面与平面平行**

1.直线与平面平行

如直线平行于平面内的一条直线,则直线与平面平行。反之若平面平行空间一直线,则平面即与该线平行。如图2-50所示,AB 平行于 P 面内直线 CD,则 AB // P。

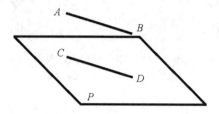

图 2-50 直线与平面平行的条件

【例 2-15】 已知如图 2-51(a) 所示,过空间点 M 作一水平线使其与 △ABC 平行。

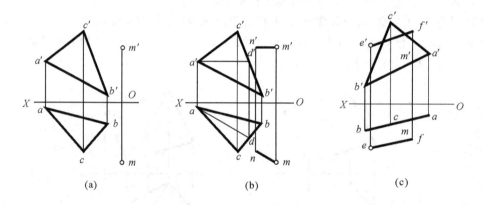

图 2-51 作直线与平面平行
(a)已知条件; (b)求解作图; (c)特殊情况

分析与作图

根据直线与平面的几何条件,需先在 △ABC 内任作一水平线,如 AD,然后过点 M 作 MN // AD。

(1)作水平线 AD 的正面投影,即过 a' 作 a'd' // OX 轴。

(2)过 d' 作 OX 轴的垂直线交 bc 于 d。

(3)过 m' 作 m'n' // a'd',过 m 作 mn // ad,即 MN 为所求。

当平面处于特殊位置时,过点作直线平行平面时,只要直线的一个投影与平面有积聚性的投影平行即可。如图2-51(c)所示,因 ef // P_H,则直线 EF 与 △ABC 平面平行。

2.平面与平面平行

几何条件:

（1）若一个平面上的两相交直线分别平行于另一平面上的两相交直线,则两平面相互平行。如图 2-52 所示,$P$ 平面内相交两直线 $AB$ 和 $BC$ 对应平行于 $Q$ 平面内相交两直线 $DE$ 和 $EF$,则平面 $P$ 与 $Q$ 平行。

（2）若两投影面垂直面相互平行,则它们具有积聚性的那组投影必相互平行。

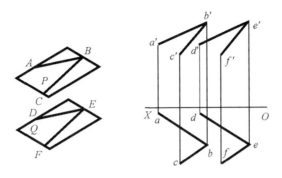

图 2-52　两平面平行的几何条件

【**例 2-16**】　已知如图 2-53(a) 所示,过空间点 $M$ 作一平面与 △$ABC$ 平行。

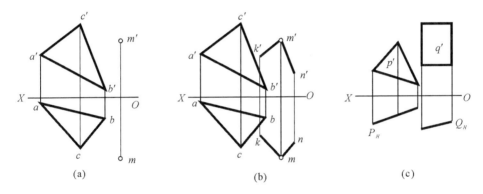

图 2-53　作直线与平面平行

（a）已知条件；　（b）求解作图；　（c）特殊情况

分析与作图说明略。

**二、直线与平面、平面与平面相交**

1. 直线与平面相交

交点的性质:直线与平面的交点是直线与平面的共有点,它既属于直线也属于平面。如图 2-54 中 $AB$ 与平面 $P$ 的交点 $K$,既是线面共有点又是直线段上可见与不可见部分的分界点。

作图步骤:

（1）求直线与平面的交点;

（2）判别两者之间的相互遮挡关系,即判别可见性。

注:这里只讨论平面与直线中至少有一个处于特殊位置的情况。

【**例 2-17**】　求直线 $MN$ 与 △$ABC$ 的交点,如图 2-55(a) 所示。

分析与作图:

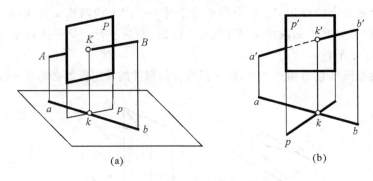

图 2-54  直线与平面相交
（a）直观图；（b）投影图

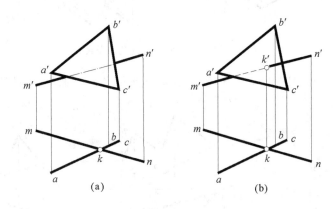

图 2-55  求直线与平面交点
（a）已知条件；（b）投影图

因交点是共有点，故 $H$ 面上投影 $mn$ 与 $abc$ 的交点 $k$，即交点 $K$ 的水平投影；又因 $K$ 为直线上的点，故将 $k$ 投影于 $m'n'$ 上可得 $k'$，则 $k,k'$ 即为所求。如图 2-55（b）所示，最后判断可见与不可见。

2.平面与平面相交

两平面相交，其交线为直线，交线是两平面的共有线，同时交线上的点是两平面的共有点，是两平面上可见与不可见部分的分界线，如图 2-56 所示。

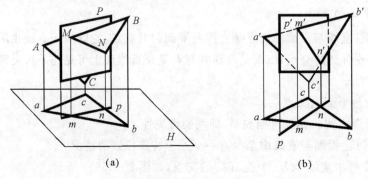

图 2-56  平面与平面相交
（a）直观图；（b）投影图

求两平面交线的方法：

（1）确定两平面的两个共有点。

（2）确定一个共有点及交线的方向。

（3）判别可见性。

【**例 2 - 18**】　求平面 $P$ 与 $\triangle ABC$ 的交线，如图 2 - 57(a) 所示。

分析与作图：

因 $P$ 面是正垂面，其正面投影 $P_V$ 有积聚性，故其 $V$ 面投影 $\triangle a'b'c'$ 与 $P_V$ 的重叠部分 $m'n'$ 即交线的 $V$ 面投影，并可由 $m'n'$ 得出交线的水平投影 $mn$。如图 2 - 57(b) 所示，另外因 $a'$ 位于 $P_V$ 之上，即 $\triangle MNA$ 位于 $P$ 面之上，故 $\triangle mna$ 为可见，而另一侧为不可见。

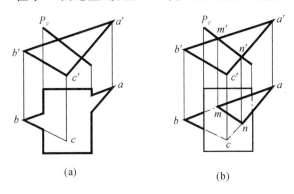

（a）　　　　　　　　　（b）

图 2 - 57　求两平面的交线

（a）已知条件；　（b）求解作图

# 2.4　基本体的投影

立体是机械零件或建筑构件的重要组成部分。立体是由若干表面所围成的几何体。根据立体表面的几何性质，立体可以分为平面立体和曲面立体。

平面立体是由若干平面所围成的几何体，如棱柱体、棱锥体等。

曲面立体是由曲面或曲面与平面所围成的几何体。工程上常用的曲面几何体有圆柱体、圆锥体、圆球体等，它们都有一个回转中心，所以称为回转体。其他曲面立体由于成形困难，本书不作介绍。

因此，本节介绍工程上常用的平面立体和回转体投影的画法以及与其相关的一些投影作图问题。

## 2.4.1　平面立体的投影

由于平面立体是由点（顶点）、线（棱线）和面（棱面和底面）组成的，因此，平面立体的投影可归结为点、直线和平面投影的集合。相邻两棱面的交线称为棱线，棱线的交点称为顶点。常见的平面立体有棱柱体和棱锥体（见图 2 - 58）

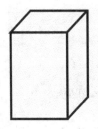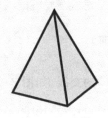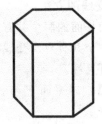

图 2-58　平面立体

## 一、棱柱体

### 1.棱柱体的投影

棱柱体由底面和棱面围成,且各棱线相互平行。常见的棱柱体有三棱柱、四棱柱、五棱柱、六棱柱等。图 2-59 所示是正六棱柱及其投影。棱线垂直于 $H$ 面,上、下底面平行于 $H$ 面,前后两棱面平行于 $V$ 面,其余 4 个棱面垂直于 $H$ 面,如图 2-59(a) 所示。正六棱柱的三面投影如图 2-59(b) 所示。对正面投影而言,正六棱柱前面的 3 个棱面是可见的,后面的 3 个棱面是不可见的;对水平面而言,6 个棱面有积聚性,请读者自行分析。

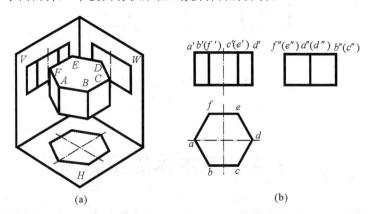

(a)　　　　　　　　　　　(b)

图 2-59　正六棱柱体的投影图
(a)直观图；(b)投影图

画棱柱的投影时,一般先画底面的投影,然后再画棱面的投影,并判断可见性。正六棱柱的画图步骤如下:

(1)画中心线和对称轴线,如图 2-60(a) 所示。

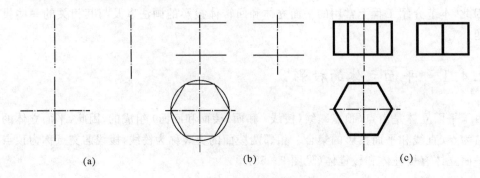

(a)　　　　　　　　(b)　　　　　　　　(c)

图 2-60　正六棱柱体的画图步骤

（2）画上、下底面的投影，如图 2-60(b) 所示。

（3）画六棱柱的投影并加深，如图 2-60(c) 所示。

**2. 在棱柱表面上取点**

由于棱柱的各表面都处于特殊位置，所以在棱柱体表面上取点时，可利用表面的积聚性进行作图。如图 2-61 所示，正四棱柱上有一点 $K$ 的正面投影 $k'$ 为可见，以及另一点 $L$ 的正面投影 $l'$ 为不可见，求作另外两个投影。

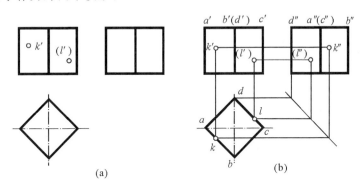

图 2-61　在四棱柱体表面上取点

(a) 已知条件；　(b) 求解作图

利用棱面的水平投影有积聚性，先求出水平投影 $k$ 和 $l$，再根据高平齐、宽相等求出 $k''$ 和 $l''$。点 $K$ 在左棱面上，$k''$ 可见，点 $L$ 在右棱面上，$l''$ 为不可见。

**二、棱锥体**

**1. 棱锥体的投影**

棱锥体由底面和棱面围成，且各棱面均为三角形，各棱线相交于同一点，此点称为棱锥的顶点。常见的棱锥体有三棱锥、四棱锥等。

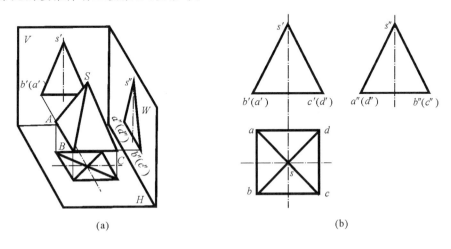

图 2-62　四棱锥的投影图

(a) 直观图；　(b) 投影图

图 2-62 所示为四棱锥及其投影。此四棱锥是由 1 个正方形底面和 4 个三角形棱面围成

的。四棱锥的底面平行于 $H$ 面,其水平投影反映实形,其正面投影和侧面投影积聚为平行于相应投影轴的直线;平面 $SAB$ 和 $SCD$ 均为正垂面,其正面投影积聚为直线;平面 $SBC$ 和平面 $SAD$ 均为侧垂面,其侧面投影积聚为直线。棱线 $AB$ 与 $CD$ 为正垂线,棱线 $BC$ 与 $AD$ 为侧垂线,棱线 $SA$,$SB$,$SC$,$SD$ 均为一般位置直线。

图 2-63 所示为三棱锥及其投影。三棱锥的底面平行于 $H$ 面,3 个棱面为一般位置平面,所以它们的各个投影都是类似的三角形。

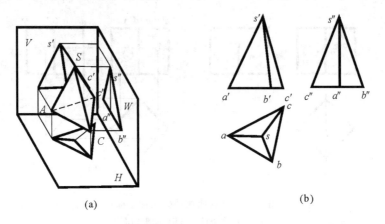

(a)　　　　　　　　　　　(b)

图 2-63　三棱锥的投影图

(a) 直观图;　(b) 投影图

画三棱锥的投影时,一般是先画底面和顶点的投影,然后画各棱线的投影,并判别可见性,其作图步骤如图 2-64 所示。

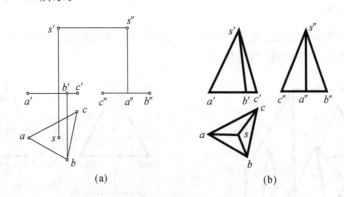

(a)　　　　　　　　　　　(b)

图 2-64　三棱锥的画图步骤

(a) 画底面和顶点;　(b) 画棱线并加深

**2. 在棱锥体表面上取点**

在棱锥体表面上取点时,可利用平面上的辅助线进行作图。如图 2-65(a)所示,三棱锥体的棱面上有点 $K$ 和点 $D$,点 $K$ 的水平投影 $k$ 和点 $D$ 的正面投影 $d'$ 均为可见,求作另外两个投影。

首先分析点 $K$,点 $K$ 位于平面 $SBC$ 上,可以过点 $K$ 作辅助线 $S1$,其水平投影 $s1$ 通过 $k$ 并与 $bc$ 交于 $1$,然后求出 $1'$ 与 $1''$,连接 $s''1''$,则 $k''$ 也必在 $s''1''$ 上。由于平面 $SBC$ 的正面投影和水平投影可见，故 $k'$ 和 $k$ 可见，平面 $SBC$ 的侧面投影不可见，$k''$ 也不可见。

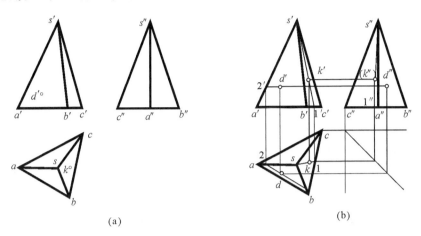

图 2-65　在三棱锥表面取点

（a）已知条件；　（b）求解作图

再分析点 $D$，点 $D$ 位于平面 $SAB$ 上，过点 $D$ 作辅助线平行于 $AB$，即过其正面投影 $d'$ 作直线平行于 $a'b'$，与 $s'a'$ 相交于 $2'$，作出水平投影 $2$，过 $2$ 作直线平行于 $ab$，水平投影 $d$ 即在该直线上，并可作出侧面投影 $d''$。由于 $SAB$ 平面的 3 个投影均为可见，故 $d$ 和 $d''$ 都可见。如图 2-65（b）所示。

常见平面立体的三面投影见表 2-5。

表 2-5　平面立体的投影

| 平面立体 | 三棱柱 | 四棱柱 | 五棱柱 |
|---|---|---|---|
| 三面投影 | | | |
| 平面立体 | 三棱锥 | 四棱锥 | 五棱锥 |
| 三面投影 | | | |

## 2.4.2　曲面立体的投影

**一、曲线**

在形体的内外表面,常会遇到各种曲线与曲面,如建筑工程中常见的圆柱、壳体屋面、隧道的拱顶以及常见的设备管道等。了解曲线的形成和图示方法,对进一步研究曲面、曲面立体的投影特点及实际应用有很大的帮助。

**(一)曲线概述**

曲线是由点运动而形成的非直线的圆滑轨迹,根据曲线上各点的相对位置,曲线可分为平面曲线和空间曲线两大类。

(1)平面曲线。曲线上所有点都属于同一平面的曲线称为平面曲线,如圆、椭圆、抛物线、双曲线等。

(2)空间曲线。曲线上的点不在同一平面上的曲线称为空间曲线,如圆柱螺旋线等。

曲线的投影通常仍然是曲线,但当平面曲线所在的平面垂直于投影时,曲线在该投影面上的投影就是一条直线;如果平面曲线所在平面平行于投影面,则它在该投影面上的投影就反映实形。

求解曲线投影的基本思路如下:既然曲线是由点运动而形成的,那么只要求出曲线上一系列点的投影,并将各点的同面投影依次光滑地连接起来,即得该曲线的投影。

**(二)圆**

**1.圆的投影特性**

圆是最常见的平面曲线,当圆垂直于某一投影面时,它在该投影面上的投影为一直线;当圆平行于某一投影面时,它在该投影面上的投影反映实形;当圆倾斜于某一投影面时,它在该投影面上的投影为椭圆。

图 2-66(a) 中,圆 $O$ 所在平面是一正垂面,对 $H$ 面的倾角为 $\alpha$,该圆在 $V$ 面上的投影为一直线,在 $H$ 面的投影为椭圆。椭圆的中心为圆心 $O$ 的水平投影;椭圆的长轴 $ab$ 是圆内垂直于 $O$ 的直径 $AB$ 的水平投影,所以有 $ab=AB$;椭圆的短轴 $cd \perp ab$,是圆内平行于 $V$ 面的直径 $CD$ 的水平投影,而且 $cd$ 比圆内所有其他直径的水平投影都短。

由此可知,当圆在某一投影面上的投影为椭圆时,则椭圆的中心即为圆心在该投影面上的投影;椭圆的长轴是圆内平行于该投影面的直径的投影,其长度等于圆的直径;椭圆的短轴是垂直于长轴的圆的直径的投影,长度由作图决定。

**2.作图方法**

如图 2-66(b) 所示,当正垂面上半径为 $R$ 的圆的圆心 $O$ 的两面投影及圆的正面投影作出之后,在作出水平投影的椭圆时,先过圆心的水平投影 $o$ 作 $OX$ 轴的垂线,它是圆内垂直于 $V$ 面的直径 $AB$ 的水平投影方向,在此竖直线上点 $o$ 的两侧分别截取 $oa=ob=R$,$ab$ 即为椭圆的长轴;再过圆心 $O$ 作横线平行于 $OX$,由正面投影 $c'$,$d'$ 分别作 $OX$ 轴的垂直线与横线的交点可得水平投影 $cd$,$cd$ 即为椭圆的短轴。

椭圆的长、短轴作出后,就可以利用几何作图法作出椭圆。

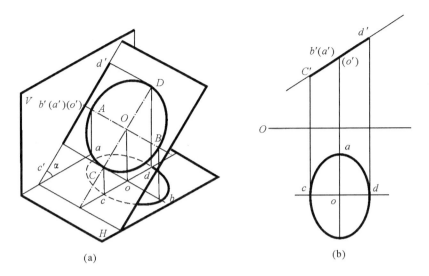

(a)　　　　　　　　　　　　　　(b)

图 2-66　圆的投影

**(三) 圆柱螺旋线**

1. 圆柱螺旋线的形成

一动点在圆柱面上绕圆柱轴线作等速旋转运动,同时又沿轴向上作等速直线上升,该点的运动轨迹称为圆柱螺旋线,如图 2-67(a) 所示,圆柱的轴线即为螺旋线的轴线,其直径即为螺旋线的直径。

动点旋转一周,其沿轴上升的高度称为导程,用 $S$ 表示。如果将螺旋线展开可得到一直角三角形,该三角形的斜边即为螺旋线长,底边长度为圆柱周长 $\pi D$,三角形的高度就是导程 $S$。在三角形中,斜边与底边的夹角 $\alpha$ 称为升角,升角 $\alpha$ 与导程 $S$ 和导圆柱直径 $D$ 的关系为 $\tan\alpha = S/\pi D$。

根据动点旋转方向,螺旋线可分为左螺旋线和右螺旋线两种。符合右手四指握旋方向,动点沿拇指指向上升的称为右旋螺旋线,如图 2-67(b) 所示;符合左手四指握旋方向,动点沿拇指指向上升的称为左旋螺旋线,如图 2-67(c) 所示。

2. 作图方法

圆柱螺旋线的直径、导程、旋向是决定其形状的基本要素。根据圆柱螺旋线的这些要素和点的运动规律,即可画出它的投影图。如图 2-68 所示,设圆柱螺旋线的轴线垂直于 $H$ 面,作直径为 $D$、导程为 $S$ 的右旋圆柱螺旋线的两面投影,其步骤如下:

(1) 由圆柱直径 $D$ 和导程 $S$ 作出圆柱的两面投影,如图 2-68(a) 所示。

(2) 把圆柱的水平投影圆周和正面投影高分成相同等份(通常为 12 等份),如图 2-68(b) 所示。

(3) 在水平投影上用数字沿螺旋线方向顺次标出各等分点 $0,1,2,\cdots,12$。

(4) 由水平投影圆周上各等分点向上作垂直线,与导程上相应的各等分点所作的水平直线相交,得螺旋线上各点的 $V$ 面投影 $1',2',3',\cdots,12'$。

(5) 依次用光滑曲线连接各点,即得到圆柱螺旋线的正面投影 —— 正弦曲线,其水平投影重合于圆周上,如图 2-68(c) 所示。

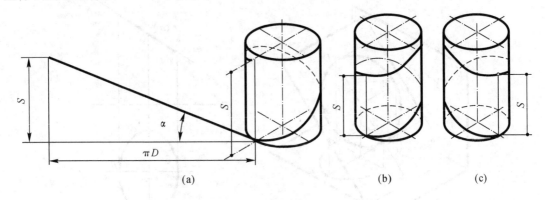

图 2-67　螺旋线
(a) 圆柱螺旋线的形成；　(b) 右旋螺旋线；　(c) 左旋螺旋线

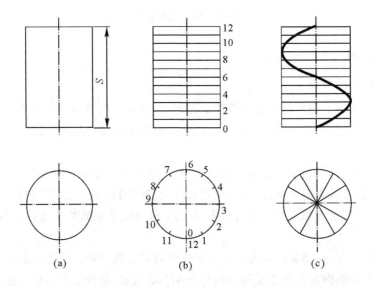

图 2-68　圆柱螺旋线的投影图画法

## 二、曲面

建筑工程中常见的曲面有回转曲面和非回转曲面,回转曲面中常见的有圆柱面、圆锥面和球面。非回转曲面中常见的有可展直纹曲面和不可展直纹曲面。

### 1. 曲面的形成

曲面是直线或曲线在一定约束条件下运动而形成的,这根运动的直线或曲线,称为曲面的母线。如图 2-69(a) 所示,圆柱面的母线是直线 $AB$,运动的约束条件是直母线 $AB$ 绕与它平行的轴线 $OO_1$ 旋转,即圆柱面是由直母线 $AB$ 绕与它平行的轴线旋转而形成的。图 2-69(b) 所示的圆锥面是由直母线 $SA$ 绕与它相交于点 $S$ 的轴线 $SO$ 旋转而形成的直纹曲面。图 2-69(c) 所示的球面是由圆母线 $M$ 绕通过圆心 $O$ 的轴线旋转而形成的曲纹曲面。

曲面中常用的术语有素线、纬圆和轮廓线。

(1) 素线。母线运动到曲面上的任一位置时,称为曲面的素线。如图 2-69(a) 所示的圆柱面,当母线运动到位置 CD 时,直线 CD 就是圆柱面的一根素线。这样一来,曲面也可以认为是由许多按一定条件相互连接紧靠着的素线所组成的。圆柱和圆锥面的素线是求解它们面上点和线投影的主要辅助线。

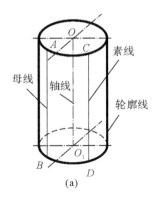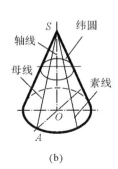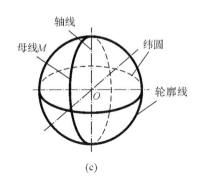

图 2-69  曲面的形成

(a)圆柱面;  (b)圆锥面;  (c)球面

(2)纬圆。如图 2-69(b)所示,圆锥面上一系列与圆锥轴线垂直的同心圆称为纬圆。同样,球面上也有一系列的纬圆。与素线一样,纬圆是求解它们面上点和线投影的主要辅助线。

(3)轮廓线。曲面的轮廓线是指投影图中确定曲面范围的外形线,包括有界面的边界。对平面立体而言,外形是由平面立体的棱线确定的。曲面体由于曲面上不存在棱线,在投影图中要用轮廓线表示曲面的范围。在不同投射方向上的投影,曲面的投影轮廓线是不同的。

2. 曲面的分类

一般根据母线运动方式的不同,把曲面分为回转曲面和非回转曲面两大类。

(1)回转曲面。这类曲面由母线绕一轴线旋转而形成;由回转面形成的曲面体,也称为回转体。

(2)非回转曲面。这类曲面由母线根据其他约束条件运动而形成。

另外,根据母线的形状可把曲面分为直纹曲面和曲纹曲面。

(1)直纹曲面。凡是可以由直母线运动而形成的曲面称为直纹曲面。

(2)曲纹曲面。只能由曲母线运动而形成的曲面称为曲纹曲面。

3. 平螺旋面

(1)平螺旋面的形成。一条直母线一端以圆柱螺旋线为曲导线,另一端以回转轴线为直导线,并始终平行于轴线垂直的导平面运动所形成的曲面,被称为平螺旋面,如图 2-70(a)所示。

画平螺旋面的投影时,先画出导线圆柱螺旋线及其轴线(直导线)的两面投影。当轴线垂直于 H 面时,可从螺旋线的 H 面投影(圆周)上各等分点引直线与轴线的 H 面积聚投影相连,即为螺旋面相应素线的 H 面投影;各素线的 V 面投影是过螺旋线的 V 面投影上各等分点,分别作与轴线的 V 面投影垂直相交的一组水平线,所得平螺旋面的投影图如图 2-70(b)所示。如果螺旋面被一个同轴的小圆柱面所截,它的投影图如图 2-70(c)所示。小圆柱面与平螺旋面的交线,是一根与螺旋曲导线有相等导程的圆柱螺旋线。

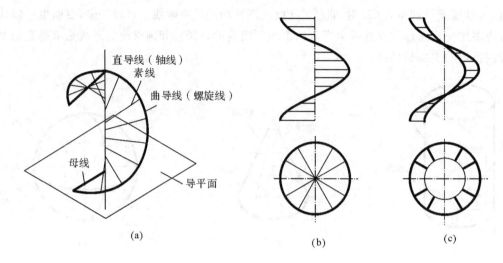

图 2-70 平螺旋面的形成及投影图

(2) 平螺旋面的应用。平螺旋面在工程中应用广泛，其中螺旋楼梯就是平螺旋面在工程中的应用实例。由图 2-71(a) 可知，螺旋楼梯的每个踏步都是由扇形的踏面、平螺旋面的底面及里外两个圆柱面围成的。

画螺旋楼梯的投影时，先确定螺旋曲导线的导程及其所在圆柱面的直径。为简化作图，假设螺旋楼梯一圈有 12 级，一圈高度就是该螺旋楼梯的导程，螺旋楼梯内外侧到轴线的距离分别是内外圆柱的半径。

螺旋楼梯的投影图画法如下：

1) 先画平螺旋面的投影。根据已知内外圆柱的半径、导程的大小以及楼梯的级数（图中假设每圈有 12 级），将 $H$ 面的圆环和 $V$ 面曲线均作 12 等分，作出两条圆柱螺旋线的投影，进一步画出空心平螺旋面的两面投影，如图 2-71(b) 所示。

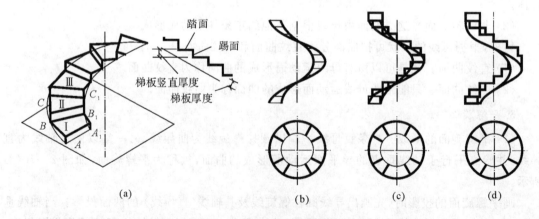

图 2-71 螺旋梯的构成及投影画法
(a) 螺旋梯的构成；(b) 画螺旋楼梯的基面；(c) 画步级；(d) 画楼梯底板

2) 画楼梯各踏步的投影。每一个踏步各有一个踢面和踏面，踢面为铅垂面，踏面为水平面。在 $H$ 面投影中圆环的每个线框（扇形）就是各个踏步的 $H$ 面投影，由此可作出各个踏步的

$V$ 面投影,如图 2 - 71(c) 所示。

3) 画楼梯底板面的投影。楼梯底板面是与顶面(地板面与顶面相距一个楼板厚度)相同的平螺旋面,因此从顶面各点(如 $AA_1$, $BB_1$)向下量取垂直厚度,即可作出地板面的两条螺旋线。

4) 最后将可见的图线画为粗实线,不可见的图线擦掉,即完成全图,如图 2 - 71(d) 所示。

### 三、曲面体的投影

曲面体是由曲面或曲面与平面所围成的几何形体。在工程实践中,常见的曲面体有圆柱、圆锥、球等。因为可以把它们的曲面看成是由直线或曲线绕轴线旋转形成的,所以也称为回转体。

#### 1. 圆柱

(1) 圆柱的投影。在图 2 - 72 中,可以看到轴线垂直于 $H$ 面的圆柱的三面投影。

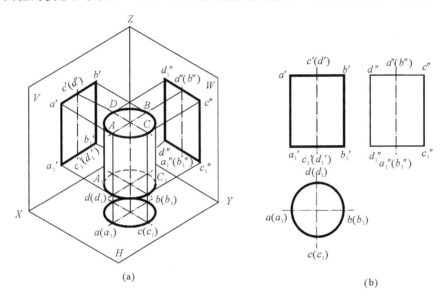

图 2 - 72　圆柱体的投影

(a) 圆柱体的立体投影;　(b) 圆柱体的三面投影

圆柱的 $H$ 面投影是一个圆。它既是圆柱的顶面和底面重合的投影,反映了顶面和底面的实形,又是圆柱面的积聚投影。

圆柱的 $V$ 面投影是一个矩形。上、下两条水平线分别为顶面和底面的积聚投影,长度与顶圆和底圆的直径相同。圆柱面是光滑的曲面,当把圆柱面向 $V$ 面投射时,圆柱面上最左素线和最右素线投影为 $V$ 面投影的左、右轮廓线,称为圆柱面的 $V$ 面投影的轮廓线。最左素线和最右素线是前半圆柱面和后半圆柱面的分界线,前半圆柱面的 $V$ 面投影为可见,后半圆柱面的 $V$ 面投影为不可见,两者的 $V$ 面投影重合在一起,都是这个矩形,而圆柱面的 $V$ 面投影的可见和不可见的分界线,就是 $V$ 面上投影矩形的左、右轮廓线。

圆柱的 $W$ 面投影也是一个矩形。上、下两条水平线分别是顶面和底面的积聚投影,长度与它们的直径相同。当把圆柱面向 $W$ 面投射时,圆柱面上的最前素线和最后素线分别投影为右、左轮廓线,它们也被称为圆柱面的 $W$ 面投影的轮廓线,也是圆柱面的 $W$ 面投影的可见柱面与不可见柱面的分界线。

(2)圆柱面上点的投影。确定圆柱面上的投影,可以利用圆柱面在某一投影面上的积聚性进行作图。

【例 2 - 19】 已知点 $A,B,C$ 为圆柱面上的点,根据图 2 - 73(a)所给的投影,求它们的其余两面投影。

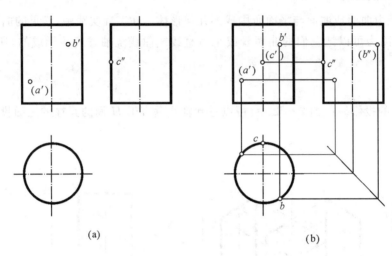

图 2 - 73 圆柱面上的点
(a)已知条件; (b)求解作图

分析与作图:

因为圆柱面上的水平投影为有积聚性的圆,所以 $A,B,C$ 三点的水平投影必落在该圆周上,根据所给的投影位置和可见性,可以判定点 $B$ 在圆柱面的右前面,点 $A$ 在圆柱面的左后面,点 $C$ 在确定圆柱面轮廓的最后素线上。因此,点 $B$ 的水平投影 $b$ 应位于圆柱面水平投影的前半圆周上,点 $A,C$ 的水平投影 $a,c$ 则位于后半圆周上。

作图步骤:

(1)由 $a',b'$ 先作出 $a,b$,再利用点的三面投影规律,分别求出 $a'',b''$。

(2)因为点 $C$ 在侧面投影的轮廓线上,可以由 $c''$ 分别直接作出 $c$ 和 $c'$。

(3)判定可见性。因为点 $A$ 在圆柱面的左半部分,故 $a''$ 可见;点 $B$ 在右半部分,故点 $b''$ 不可见;点 $A,C$ 在后半部分,故 $a',c'$ 为不可见;而 $A,B,C$ 三点的水平投影落在圆柱面的积聚投影上,故点 $a,b$ 和 $c$ 均为不可见,但投影点代号习惯上不加括号,除非它们之间又有重影点出现,再加括号。

2. 圆锥

(1)圆锥的投影。在图 2 - 74 中,可以看到轴线垂直于 $H$ 面的圆锥的三面投影。

圆锥的 $H$ 面投影是一个圆。它既是底面的投影,反映了底面的实形,同时也是圆锥面的投影,它们重合成一个圆。因为圆锥面在底面之上,所以圆锥面的投影可见,底面的投影不可见。锥顶 $S$ 的 $H$ 面投影即为这个圆的圆心,常用两条中心线的交点来表示。

圆锥的 $V$ 面投影是一个等腰三角形。底边是底面的积聚投影,长度是底圆直径的实长;两边是圆锥面上的最左素线和最右素线的 $V$ 面投影,成为圆锥 $V$ 面投影的轮廓线,将圆锥面分为前半圆锥面和后半圆锥面。根据投射线的投射方向可知,前半圆锥面的 $V$ 面投影可见,后半圆锥面的 $V$ 面投影不可见,两者的 $V$ 面投影重合在一起,投射成这个三角形。

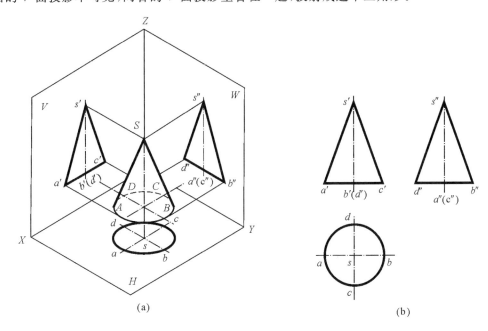

图 2-74　圆锥体的投影
(a) 圆锥体的立体投影；　(b) 圆锥体的三面投影

同样,圆锥的 $W$ 面投影也是一个等腰三角形。底边是底面的积聚投影,长度是底圆直径的实长；两边是圆锥面上的最前素线和最后素线的 $W$ 面投影,称为圆锥 $W$ 面投影的轮廓线,将圆锥面分为左半圆锥面和右半圆锥面。从光线的投射方向可知,左半圆锥面的 $W$ 面投影可见,右半圆锥面的 $W$ 面投影不可见,两者的 $W$ 面投影重合在一起,投射成三角形。

(2) 圆锥面上点的投影。确定圆锥面上的点的投影,需要用辅助线作图。根据圆锥面的形成特点,用素线和纬圆作为辅助线进行作图最为简便。利用素线和纬圆作为辅助线来确定回转面上点的投影的作图方法,分别称为素线法和纬圆法。

【例 2-20】　已知圆锥面上点 $A,B$ 的投影 $a'$ 和 $b'$,如图 2-75(a) 所示,求作点 $A,B$ 的其余两面投影。

分析:首先,根据圆锥的 $H,V$ 投影,作出其 $W$ 面投影。由点 $A,B$ 的已知投影 $a',b$ 可以判定,点 $A$ 位于前半锥面的左半部分,点 $B$ 位于后半锥面的右半部分。

方法一:素线法。

分析:如图 2-76(a) 所示,过点 $A,B$ 分别作素线 $SM,SN$ 为辅助线,利用直线上点的投影特性作出所求投影。

(1) 作素线 $SM$。在 $V$ 面投影上,连接 $s'a'$ 并延长交圆锥底面与 $m'$。

(2) 求素线 $SM$ 的 $H$ 面投影 $sm,s''m''$。

(3) 然后利用直线上点的投影规律,在 $sm,s''m''$ 上作出 $a,a''$。

(4) 同理,可作出 $b',b''$,即 $a,a'',b',b''$ 为所求。

(5)判断可见性。点 $A$ 在圆锥左前部，$a,a''$ 可见；点 $B$ 在圆锥的右后部，$b',b''$ 均不可见。

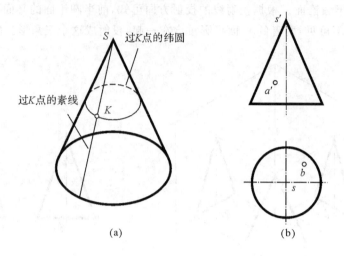

(a)　　　　　　　　(b)

图 2-75　已知条件及立体示意图

(a)立体图；　(b)已知投影

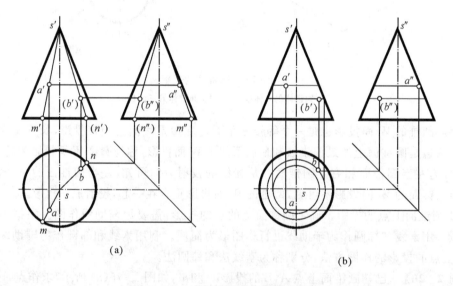

(a)　　　　　　　　　　　　　　　(b)

图 2-76　求圆锥表面点的其他投影

(a)利用素线法求解；　(b)利用纬圆法求解

方法二:纬圆法。

如图 2-76(b)所示,过圆锥面上点 $A,B$ 的回转纬圆的 $V$ 面投影为垂直于轴线的水平线,$H$ 面投影反映纬圆实形,纬圆半径分别为点 $A,B$ 到轴线 $OS$ 的距离。点 $A,B$ 的各面投应在纬圆的同面投影上。

(1)过点 $A$ 的 $V$ 面投影 $a'$ 作 $OX$ 轴的平行线与圆锥面的 $V$ 面投影的轮廓相交,即为过点 $A$ 的回转纬圆的 $V$ 面投影,由此确定纬圆的直径。

(2)以该直径在 $H$ 面上作底圆的同心圆,即为纬圆的 $H$ 面投影。

(3)点 $A$ 的 $H$ 面投影 $a$ 应在前半纬圆上,再由 $a$ 确定 $a''$。

（4）由点 $B$ 的投影 $b$ 作其余两面投影时,先在圆锥面的 $H$ 面投影上,以轴线的 $H$ 面投影 $o$ 为圆心,$ob$ 为半径画圆,即为点 $B$ 的回转纬圆的 $H$ 面投影,再由此作出纬圆的 $V$ 面、$W$ 面投影,以及点 $B$ 的其余两投影 $b'$,$b''$。

（5）判断可见性。点 $A$ 在圆锥左前部,$a$,$a''$ 可见;点 $B$ 在圆锥的右后部,$b'$,$b''$ 均不可见。

3．球

（1）球的投影。在图 2-77 中,可以看到球的三面投影是三个相同大小的圆,其直径即为球的直径,圆心分别是球心的投影。由此,也可以想到,球在任意投影面上的投影是大小相同的圆。

$H$ 面上的圆,是球面的 $H$ 面投影轮廓线,也是上半球面和下半球面相互重合的投影,即上半球面和下半球面的分界线。其中,上半球面的 $H$ 面投影可见,下半球面的 $H$ 面投影不可见。

$V$ 面上的圆,是球面的 $V$ 面投影轮廓线,也是前半球面和后半球面相互重合的投影,即前半球面和后半球面的分界线。其中,前半球面的 $V$ 面投影可见,后半球面的 $V$ 面投影不可见。

$W$ 面上的圆,是球面的 $W$ 面投影轮廓线,也是左半球面和右半球面相互重合的投影,即左半球面和右半球面的分界线。其中,前左球面的 $W$ 面投影可见,右半球面的 $W$ 面投影不可见。

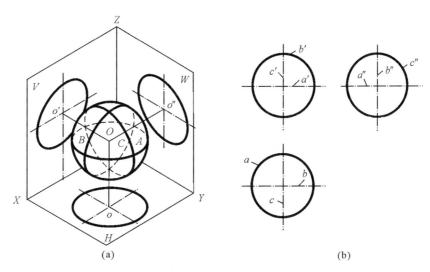

图 2-77　圆球体的投影

(a) 圆球体的投影立体；　(b) 圆球体的三面投影

（2）球面上点的投影。在圆球面上确定点的投影,根据圆球面的形成特点,要用辅助纬圆法。为作图简便,可以设圆球面的回转轴线垂直任意投影面,纬圆在该投影面上的投影即反映实形。因此在圆球面上确定点的投影所应用的辅助纬圆法,可以认为是平行于任一投影面的辅助圆法。

**【例 2-21】** 如图 2-78(a) 所示,已知圆球面上点 $M$,$N$ 的投影 $m'$ 和 $(n)$,求作点 $M$,$N$ 的其余两面投影。

分析及作图：

由 $m'$ 求作点 $M$ 的其余两投影。可设圆球面的回转轴线垂直于 $H$ 面。当由 $n$ 求作点 $N$ 的其余两投影时,也可设圆球面的回转轴垂直于 $V$ 面,过点 $N$ 的纬圆在 $V$ 面上的投影反映实形。

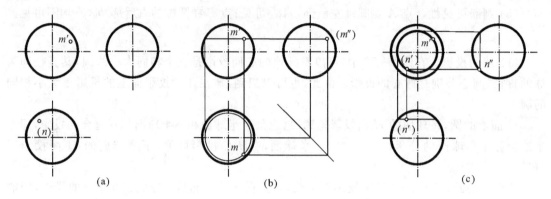

图 2-78　圆球面上的点

作图如下:

(1) 如图 2-78(b) 所示,过点 $M$ 的已知投影 $m'$ 在圆球面的 $V$ 面、$W$ 面投影内作 $OX$ 轴的平行线分别与轮廓素线相交,即为过点 $M$ 的纬圆的 $V$ 面投影及 $W$ 面投影,其长度也即纬圆的直径,依此直径作出纬圆的 $H$ 面投影,反映实形;然后由 $m'$ 在纬圆的前半部作出点 $M$ 的 $H$ 面投影 $m$,再由 $m$ 作出 $M$ 的 $W$ 面投影 $m''$。

(2) 如图 2-78(c) 所示,过点 $N$ 的已知投影 $n$ 作 $OX$ 轴的平行线与圆球面的 $H$ 面投影轮廓相交,即为点 $N$ 的回转纬圆的 $H$ 面投影,以其长度为直径作纬圆的 $V$ 面实形投影,并作出该纬圆的 $W$ 面投影为有积聚性的直线;由 $n$ 向上作垂线,交纬圆的下半部得 $n'$,由 $n'$ 及纬圆的 $W$ 面投影作出 $n''$。

(3) 判断可见性。点 $M$ 在圆球面右前上方,$m$ 可见,$m''$ 不可见;点 $N$ 在圆球面左后下方,$n'$ 不可见,$n''$ 可见。

综上所述,在回转面上取点时,纬圆法是通用的,而素线法只适用于直母线回转面。用辅助线法取点时,辅助线一般不区分可见性,均按细实线绘制。

# 复习思考题

1. 投影法有哪几种?
2. 三视图的投影规律是什么?
3. 根据点的投影图怎样想象该点的空间位置?
4. 在投影图上如何判断两点间的相对位置?
5. 什么叫重影点?怎样判断重影点的可见性?
6. 根据直线的投影图如何想象它的空间位置?
7. 试述投影面平行线和投影面垂直线的投影特性。
8. 试述直线上点的投影特性。

9. 两直线的相对位置有几种？在投影图上各有什么特征？

10. 如何判断一点或一直线是否在某一平面内？

11. 在投影图上怎样表示平面？

12. 试述投影平行面和投影垂直面的投影特性。

13. 当回转面的轴线垂直于投影面时，其投影有什么特点？

14. 在回转面上作点、作线有哪些作图方法？怎样判断所作点、线的可见性？

15. 两个垂直于同一投影面的平面相互平行时，有什么投影特点？

16. 怎样利用积聚性求作直线与平面的交点以及两平面的交线？

# 第3章 组 合 体

**【主要内容】**

(1)组合体的组合方式、表面连接关系、相对位置关系分析。

(2)基本形体截断的几何特性,平面体、曲面体的截断及其投影作图。

(3)形体相贯的基本知识。

(4)组合体投影图的识读方法(形体分析法、线面分析法)和识读步骤。

(5)组合体的投影作图、尺寸标注方法。

**【学习目标】**

(1)明确组合体的组合规律。经过形体分析,正确绘制投影图。

(2)掌握用形体分析法、线面分析法识读、绘制投影图。这部分是组合体投影学习的难点,也是重点。

(3)掌握基本体截断的投影作图,明确截交线的特性和作图方法,能熟练区分其可见性。其中,截交线的作图及可见性的判断是难点。

(4)掌握组合体投影图的尺寸标注。

**【学习重点】**

(1)掌握用形体分析法、线面分析法识读、绘制投影图。

(2)对于基本体截断的投影作图,明确截交线的特性和作图方法,能熟练区分其可见性。

(3)掌握组合体投影图的尺寸标注。

**【学习难点】**

(1)用形体分析法、线面分析法识读、绘制投影图。

(2)基本体截断的投影作图,区分其可见性。

(3)相贯线的画法及作图。

# 3.1 概 述

对于任何物体,一般可以把它看作是由若干基本几何体经过叠加、挖切等方式而形成的组合体。组合体向投影面投影后得到的投影称为视图。其正面投影称为主视图,其水平投影称为俯视图,其侧面投影称为左视图。

## 一、组合体的组合形式

组合体由基本几何体组合而成。对于一个较复杂的组合体,总可以把它分解成若干个基本几何体或简单组合体来认识。组合体按其组合形式可以分为叠加式、挖切式、截切式和综合式。

叠加式是将两个或多个基本几何体组合,形成的组合体为这些基本几何体的所有部分。

如图 3-1 所示,其中图 3-1(b)所示为由两个圆柱体组合形成的叠加式组合体,图 3-1(c)所示为由棱柱、圆锥台、圆柱 3 部分叠加而成的组合体。

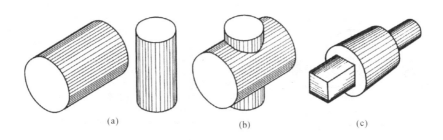

图 3-1 叠加式组合体

(a)两个圆柱体; (b)组合体; (c)组合体

采用挖切式将两个或多个基本几何体组合,形成的组合体为被挖切的基本几何体减去挖切基本几何体后的剩余部分。如图 3-2 所示,其中图 3-2(b)所示为采用挖切式将两个圆柱体组合形成的挖切式组合体,图 3-2(c)所示为一长方体经过挖切而成的组合体。

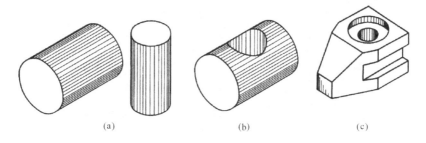

图 3-2 切割体

(a)两个圆柱体; (b)组合体; (c)组合体

采用截切式(平面切割、曲面切割)形成的组合体为被截切的基本几何体的一部分。图 3-3(a)所示为采用平面切割圆柱体后形成的组合体,图 3-3(b)所示为采用圆柱面切割圆柱后形成的组合体。图 3-3(b)所示的曲面切割可以看成是集合中的“交”运算将两个或多个基本几何体组合,形成的组合体为这些基本几何体的共有部分。

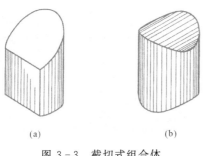

图 3-3 截切式组合体

(a)平面切割体; (b)曲面切割体

图 3-4 综合式组合体

多数组合体的组合形式为上述几种形式的综合,如图3-4所示,把这种组合形式称为综合式。

生活中常见的一些形体,也可以看作是采用不同方法形成的组合体(见图3-5)。

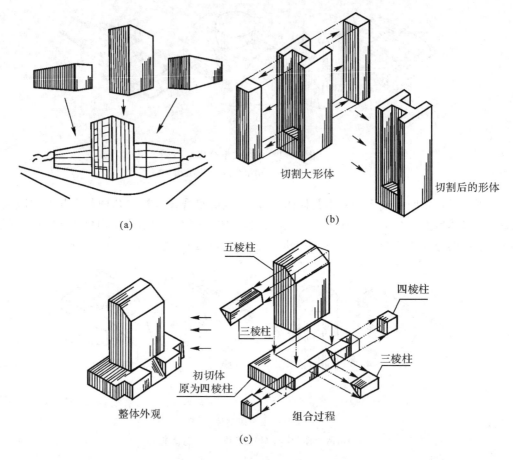

切割大形体

切割后的形体

(a)

(b)

五棱柱

四棱柱

三棱柱

三棱柱

初切体
原为四棱柱

整体外观

组合过程

(c)

图 3-5  工程中的组合体

(a)叠加式组合体;  (b)切割式组合体;  (c)混合式组合体

**二、组合体的分类**

按照物体的复杂程度,一般把物体分成3类:基本几何体、简单组合体和组合体。基本几何体包括三棱柱、四棱柱、六棱柱、三棱锥、四棱锥、六棱锥等平面立体和圆柱体、圆锥体、圆球体、圆环体等回转体。简单组合体是由基本几何体简单组合而成的,没有切割、相贯等情况,如图3-6所示。

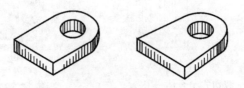

图 3-6  简单组合体

### 三、组合体中相邻形体表面之间的关系

在组合形体中,相邻两个基本形体表面之间的关系有平齐、相交、相切三种情况,如图 3 - 7 所示。

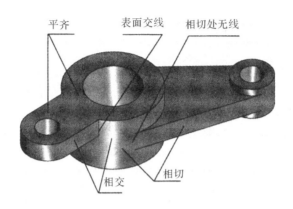

图 3 - 7　相邻形体之间的表面关系

(1)平齐。当相邻两个基本形体表面平齐时,二者共面,平齐处无分界线。

(2)相交。当相邻两个基本形体表面相交时,表面交线是它们的分界线。表面交线的投影画法见 3.2 节和 3.3 节。

(3)相切。当相邻两个基本形体表面相切时,相切处无分界线。

# 3.2　截交线的画法

用平面切割立体称立体截断。切割立体的平面称截平面,截平面与立体表面的交线称截交线,因截平面的截切,在立体上形成的平面称截面或断面,立体被一个或几个平面切割后剩余的部分称切割体,如图 3 -8 所示。

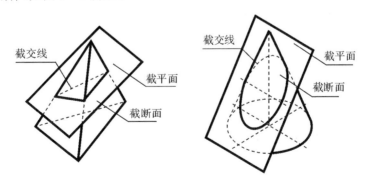

图 3 - 8　立体截断

(a)平面立体截断;　(b)曲面立体截断

截交线的形状取决于两个条件:①立体的形状;②截平面与立体的相对位置。

　　所有截交线都具有两个基本性质：①截交线是截平面与立体表面共有点的集合；②截交线一般为封闭的平面图形。

　　根据以上性质，截交线的画法可归结为求作平面与立体表面共有点的作图问题。

## 3.2.1　平面立体的截切

　　平面与平面立体表面相交的截交线是封闭的平面多边形。如图 3-8(a) 所示的截交线为三角形，其各边是三棱锥的各棱面与截平面的交线，其各顶点是三棱锥的各棱线与截平面的交点。因此，求平面立体表面上截交线的方法有两种：

　　(1) 分别求出各棱线或底边与截平面的交点投影，并判别其投影的可见性，依次用直线相连即可。

　　(2) 分别求出各棱面与截平面的交线投影，并判别各投影的可见性即可。

　　求截交线的步骤：

　　(1) 空间分析。分析截平面与立体的相对位置，确定截交线的形状。分析截平面与投影面的相对位置，确定截交线的投影特性。

　　(2) 画投影图。求出平面立体上被截断的各棱线与截平面的交点，然后顺次连接直线。

　　**【例 3-1】**　已知正四棱锥和截平面 $P$ 的投影，如图 3-9 所示。完成其 $H$ 面与 $W$ 面投影。

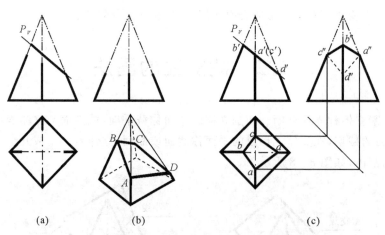

图 3-9　四棱锥的截交线
(a) 已知条件；　(b) 直观图；　(c) 作图结果

　　分析：由 $V$ 面投影可知，此形体是由截平面 $P$ 切割四棱锥而形成的，其中平面 $P$ 为正垂面，截交线为一个四边形。求出四条侧棱线与正垂面 $P$ 的交点 $A,B,C,D$ 后，连接成截交线，截交线的 $V$ 面投影落在 $P_v$ 上（平面 $P$ 在 $V$ 面上的积聚投影），因此只需求出截交线的 $H$ 面投影。

　　作图步骤：

　　(1) 求截平面 $P$ 与棱线的交点 $A,B,C,D$，利用 $P_v$ 的积聚性，找出位于棱线上的点 $B,D$ 的 $V$ 面投影 $b',d'$，并由点的投影规律作出另外两面投影 $b,b'',d,d''$，如图 3-9 所示。

　　由侧平线上的交点 $A,C$ 的投影 $a,c$，可求出其在 $W$ 面的投影 $a'',c''$，最后根据宽相等、长对正的投影规律求出点 $A,C$ 的 $H$ 面投影 $a,c$。

求投影时,因为在 $V$ 面上 $a',c'$ 积聚为一点,$A$ 点在前,$C$ 点在后,所以 $a'$ 可见,$c'$ 不可见。

把位于同一侧面上的两截交点依次连接,得截交线的 $H$ 面投影 $abcd$,均可见;而 $W$ 面投影中 $a''d''$ 及 $c''d''$ 为不可见,用虚线表示。

## 3.2.2 回转体的截切

当截平面与回转体表面相交时,回转体表面截交线一般是非圆平面曲线或平面多边形,特殊情况(截平面垂直于回转体轴线)是圆。根据截交线的性质,求回转体表面截交线可归结为求截平面与回转体表面共有点的问题,其作图步骤如下:

(1)分析回转体的表面性质、截平面与投影面的相对位置、截平面与回转体的相对位置,初步判断截交线的形状及其投影特性。

(2)求出截交线上的点,首先找特殊点,然后补充一般点。

(3)补全轮廓线,光滑地连接各点,得到截交线的投影。

**一、圆柱上的截交线**

根据截平面与圆柱轴线不同的相对位置,圆柱上的截交线有椭圆、圆、矩形三种形状,其投影特征见表 3 - 1。

表 3 - 1 圆柱上的截交线

| 截平面位置 | 倾斜于圆柱轴线 | 垂直于圆柱轴线 | 平行于圆柱轴线 |
| --- | --- | --- | --- |
| 截交线形状 | 椭圆 | 圆 | 矩形 |
| 立体图 | | | |
| 投影图 | | | |

【**例 3 - 2**】 已知圆柱和截平面 $P$ 的投影如图 3 - 10(a) 所示,求截交线的投影。

分析:由已知条件可知,圆柱轴线垂直于 $W$ 面,截平面 $P$ 垂直于 $V$ 面,与圆柱轴线斜交,截交线为椭圆。椭圆的长轴 $AB$ 平行于 $V$ 面,短轴 $CD$ 垂直于 $V$ 面;椭圆的 $V$ 面投影 $a'b'$ 为一条与 $P_V$ 重影的直线,且为椭圆长轴的实长;椭圆的 $W$ 面投影落在圆柱面的 $W$ 面积聚投影上而成为一个圆,圆的直径 $c''d''$ 就是椭圆短轴的实长。作图时,只需求出截交线椭圆的 $H$ 面投影。

作图步骤:

(1)求控制点,即求长、短轴端点 $A,B$ 和 $C,D$。$P_V$ 与圆柱最高、最低素线的 $V$ 面投影的交点 $a',b'$ 即为长轴端点 $A,B$ 的 $V$ 面投影,$P_V$ 与圆柱最前、最后素线的 $V$ 面投影的交点 $c'(d')$ 即为短轴端点 $C,D$ 的 $V$ 面投影。据此求出长、短轴端点的 $H$ 面投影及 $W$ 面投影。

(2)求中间点。为使作图准确,需要再求截交线上若干个中间点。例如在截交线 $V$ 面投影上任取点 $1'$,据此求得 $W$ 面投影 $1''$ 和 $H$ 面投影 1。由于椭圆是对称图形,可作出与点 1 对称的点 $2,3,4$ 的各投影。

(3)连线。在 $H$ 面投影上顺次连接 $a,1,c,3,b,4,d,2,a$ 各点,即为椭圆形截交线的 $H$ 面投影。

从图 3 - 10 可以看出,由于截交线椭圆与各投影面的位置不同,其三面投影可能是椭圆、圆或积聚为直线。当截交线投影为椭圆时,其长、短轴在该面投影上的投影与截平面和圆柱轴线有关。当截平面与圆柱轴线的夹角 $\alpha < 45°$ 时,椭圆长轴的投影仍为椭圆投影的长轴;当夹角 $\alpha > 45°$ 时,椭圆长轴的投影变为椭圆投影的短轴;当夹角 $\alpha = 45°$ 时,椭圆的投影成为一个与圆柱底圆相等的圆。

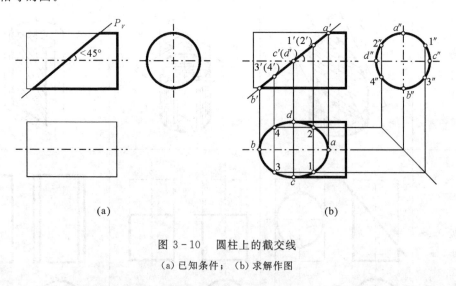

图 3 - 10　圆柱上的截交线

(a) 已知条件;　(b) 求解作图

图 3 - 11(a) 所示为圆柱被一个水平面和两个侧平面截切。在正面投影中,3 个平面均积聚为直线;在水平投影中,两侧平面积聚为直线,水平面为圆的一部分且反映实形;在侧面投影中,两侧平面为矩形且反映实形,水平面积聚为直线,被圆柱遮住部分画成虚线。圆柱面上侧面的轮廓素线被切去的部分不应画出。

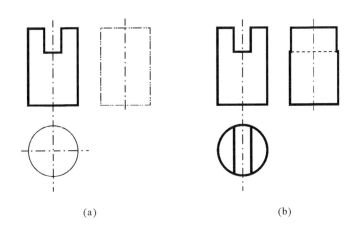

(a)                                        (b)

图 3-11　圆柱切口

(a)已知条件；　(b)求解作图

## 二、圆锥上的截交线

当平面与圆锥截交时,根据截平面与圆锥轴线相对位置的不同,可产生不同形状的截交线。其投影特征见表 3-2。

表 3-2　圆锥上的截交线

| 截平面位置 | 垂直于圆锥轴线 | 与锥面上所有素线相交<br>($\alpha < \varphi < 90°$) | 平行于圆锥面上一条素线<br>($\varphi = \alpha$) | 平行于圆锥面上两条素线<br>($0 \leqslant \varphi < \alpha$) | 通过锥顶 |
|---|---|---|---|---|---|
| 截交线形状 | 圆 | 椭圆 | 抛物线 | 双曲线 | 两条素线 |
| 立体图 | | | | | |
| 投影图 | | | | | |

【例 3-3】 如图 3-12(a) 所示,求切口圆锥体的截交线,补全水平及侧面投影。

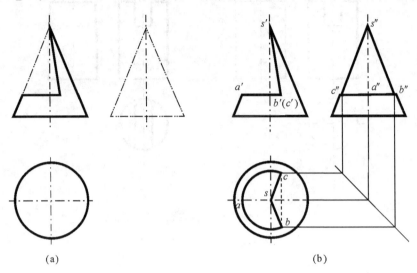

图 3-12 被切圆锥的截交线
(a) 已知条件; (b) 求解作图

分析:该圆锥直立放置,被两个截平面截切(正垂面和水平面)。由于正垂面过锥顶,因此其截交线为两条在锥顶相交的直线,它们的三面投影仍为直线;水平面的截交线是圆弧,其投影分别为 H 面上的圆弧(反映实形) 和 V,W 面上的水平直线(积聚投影)。因有两个截平面,故求解时还需画出两个平面的交线投影,该直线为正垂线,它在 V 面的投影积聚为点。

作图步骤:

(1) 画圆锥的侧面投影(按未截切时画)。

(2) 求作水平截平面的截交线。过 $a'$ 根据"长对正"得到 $a$,以 $s$ 为圆心,$sa$ 为半径画弧,过 $b'(c')$ 点作垂线交于 $b,c$,此即为圆弧的水平投影。由投影规律得水平圆弧的侧面投影,因是大半个圆弧,故侧面投影的长度应等于圆的直径,而不是 $b''c''$ 线段的长。

(3) 连接 $sb,sc,s''b'',s''c''$ 得正垂截平面的截交线。

(4) 作两截平面的交线,注意该线的水平投影 $bc$ 应画成细虚线。

【例 3-4】 如图 3-13(a) 所示,求作平面截切圆锥的截交线。

分析:从已知条件可以看出,截平面为侧平面,截交线为一条双曲线,其作图方法如图 3-28(b) 所示。截交线的正面投影和水平投影均积聚成一直线段,仅需要求出其侧面投影。作图时,先找出特殊点:离锥顶最近的点 A 为最高点,离锥顶最远的点 B 和最低点 C,位于圆锥底圆上,同时 B 为最前点,C 为最后点,其投影可直接求得。其次在最高点和最低点之间利用辅助水平面再作若干一般点,例如点 D 和 E 即为一般点。最后依次光滑连接各点,即得双曲线的侧面投影。

作图步骤:

(1) 作截平面上最高点 A 的侧面投影 $a''$ 和水平投影 $a$。过 $a'$ 作水平线交圆锥侧面投影的中轴线于 $a''$,过 $a'$ 作垂直线交圆锥水平投影的中轴线于 $a$。

(2) 作截平面上最低点 B(C) 的侧面投影 $b''(c'')$ 和水平投影 $b(c)$。过 $b'(c')$ 作垂直线交圆

锥水平投影于 $b(c)$，根据宽相等，得其侧面投影 $b''(c'')$。

（3）作截平面上一般点 $D(E)$ 的侧面投影 $d''(e'')$ 和水平投影 $d(e)$。在截平面的正面投影上任取点 $d'(e')$，过 $d'(e')$ 作辅助平面截切圆锥，辅助平面在水平面投影为一圆，此圆和 $bc$ 的交点即为 $d(e)$，根据宽相等，得其侧面投影 $d''(e'')$。

（4）连接 $c,e,a,d,b$ 即为水平面的截交线，光滑地连接 $c'',e'',a'',d'',b''$ 即为侧面的截交线。

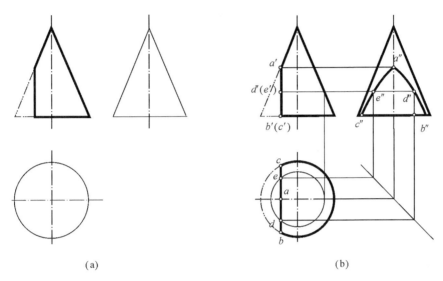

（a）　　　　　　　　　　　　　　　　　　　（b）

图 3 - 13　平面截切圆锥

（a）已知条件；　（b）求解作图

### 三、圆球上的截交线

平面切割球时，截交线总是圆。当截平面平行于投影面时，截交圆在该投影面上的投影反映实形；当截平面垂直于投影面时，截交圆在该投影面上的投影积聚成为一条长度等于截交圆直径的直线；当截平面倾斜于投影面时，截交圆在该投影面上的投影为椭圆。

【例 3 - 5】　已知如图 3 - 14(a) 圆球体被截切后的正面投影，求作水平投影。

分析：截平面为正垂面，截交线的正面投影为直线，水平投影为椭圆。

作图步骤：

（1）求特殊点。截交线的最低点 $A$ 和最高点 $B$ 也是最左点和最右点，还是截交线水平投影椭圆短轴的端点，水平投影 $a,b$ 在其正面投影轮廓线的水平投影上。$e'f'$ 是截交线与球的水平投影轮廓线的正面投影的交点，其水平投影 $ef$ 在球的水平投影轮廓线上。$a'b'$ 的中点 $c'(d')$ 是截交线的水平投影椭圆长轴端点的正面投影，其水平投影 $c,d$ 投影在辅助纬圆上。

（2）求一般点。选择适当位置作辅助水平面，与 $a'b'$ 的交点 $g',(h')$ 为截交线上两个点的正面投影，其水平投影 $g,h$ 投影在辅助纬圆上。

【例 3 - 6】　如图 3 - 15(a) 所示，补全被切半圆球的 $H$ 面和 $W$ 面投影。

分析：该半球被三个平面所截。水平截平面截切所得的是圆中间的一部分（鼓形）；两个对称的侧平面截切所得的截交线也是圆的一部分（弓形）。由于本题中截交线皆为部分圆弧，故解题的重心应放在寻找圆的圆心和半径上。

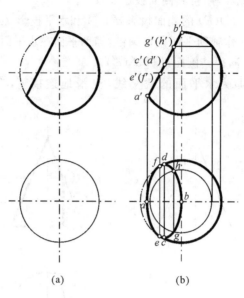

图 3-14　平面截切圆球

(a) 已知条件；　(b) 求解作图

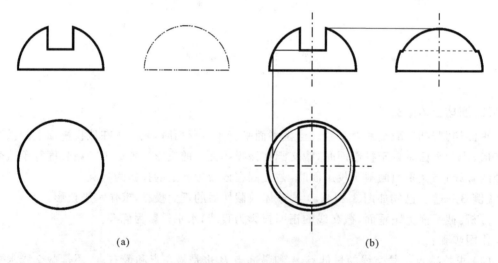

(a)　　　　　　　　　　　　　　(b)

图 3-15　被切半球的截交线

(a) 已知条件；　(b) 求解作图

作图步骤：

(1) 作截交线的水平投影。水平截平面与球体相交，截交线为一水平圆，其在 H 面的投影为一圆；两侧平面截切球体，在 H 面的投影积聚为两条直线。

(2) 作截交线的侧面投影。两侧平面与球体相交，截交线在 W 面的投影重合为一侧平圆；水平面截切球体，截交线在 W 面的投影积聚为一直线。

(3) 仔细检查后，注意两截切平面的交线在 W 面投影被圆球面遮住的部分应画成虚线，在侧面投影中球体的轮廓素线被切去的部分不应画出，描粗加深图线完成全图。

# 3.3 相贯线的画法

立体与立体相交称为立体相贯。由立体与立体相交而成的立体称为相贯体。画相贯体时不仅要画出其投影轮廓线,还要画出其表面交线 —— 相贯线。

1. 相贯线的基本性质

由于相贯体的形状、大小及其相对位置不同,相贯线的形状也不同,但它们都具有下列基本特性:

(1) 相贯线是两相贯体表面的共有线,相贯线上每个点都是两立体表面的共有点。

(2) 由于立体表面有一定范围,所以相贯线一般是闭合曲线。仅当两立体具有重叠表面时,相贯线才不闭合。

2. 相贯线的求解步骤

(1) 投影分析,分析两回转体表面性质,即两回转体相对位置和相交情况。找两回转体表面上的一系列共有点的投影。

(2) 求特殊点,特殊点包括最上点、最下点、最左点、最右点、最前点、最后点、轮廓线上的点等。

(3) 求一般点,假想用辅助平面截切两回转体,分别得出两回转体表面的截交线,截交线的交点是相贯线上的点。

(4) 依次连接各点。

(5) 判断可见性。

(6) 整理轮廓线。

**一、相贯的一般情况**

两曲面立体相贯,其交线一般情况下为空间封闭曲线,因此画相贯线时就必须确定相贯线上一系列点,然后再依次连接。求两曲面立体相贯线的方法通常为辅助平面法。

【例 3 - 7】 如图 3 - 16(a) 所示,求两圆柱正交的相贯线。

分析:因为相贯线为前后、左右均对称的空间曲线,其水平投影积聚在正立圆柱的水平投影上,侧面投影积聚在水平圆柱的侧面投影上,所以只需要求作相贯线的正面投影。又由于两圆柱轴线垂直正交,因此作图时可选用水平面、正平面或侧平面作为辅助平面。

作图步骤:

(1) 求特殊点。两圆柱在 V 面投影中可得到轮廓线的交点 Ⅰ($1,1',1''$) 和 Ⅱ($2,2',2''$),它们为相贯线的最左点、最右点,同时又是最高点。从侧面投影中可以直接得到最低点 Ⅲ($3,3',3''$) 和 Ⅳ($4,4',4''$),同时它们又是最前点和最后点,如图 3 - 16 所示。

(2) 求一般点。作辅助平面 $P$,求得点 Ⅴ($5,5',5''$) 和 Ⅵ($6,6',6''$) 等,如图 3 - 16(b) 所示。

(3) 判断可见性。相贯线正面投影的可见与不可见部分重合,故画成实线。

（4）依次光滑连接各点的正面投影，即为所求。

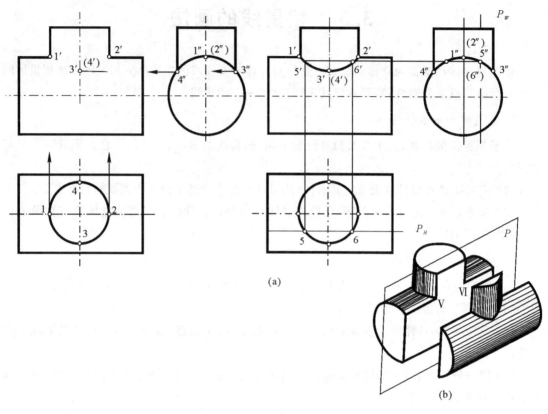

(a)

(b)

图 3-16　两圆柱相贯

【例 3-8】　已知如图 3-17(a)，求圆柱和圆锥相贯线的正面和侧面投影。

分析：由于水平圆柱的侧面投影有积聚性，相贯线的侧面投影与它重合，因此，只需要求作其水平投影及正面投影。此相贯线为前后对称的空间曲线，故其正面投影的可见部分与不可见部分重合。又因为圆锥轴线垂直于 $H$ 面，所以可选取辅助水平面，这样才能使截交线的形状简单，易于作图。

作图步骤：

（1）求特殊点。由于两立体轴线相交，且前后对称于同一平面，所以两立体在 $V$ 面投影的轮廓素线彼此相交，交点 Ⅰ$(1,1',1'')$ 为最高点，交点 Ⅱ$(2,2',2'')$ 为最低点，也是最左点。然后通过圆柱轴线作辅助平面 $P$，平面 $P$ 与圆锥相交，其截交线为水平圆，与圆柱相交，其截交线为两条在 $H$ 面投影的轮廓素线，此两截交线的交点 Ⅲ$(3,3',3'')$ 为最前点，交点 Ⅳ$(4,4',4'')$ 为最后点，最右点可用圆锥素线作垂线的方法确定辅助面 $R$ 的位置，再求出最右点 Ⅴ$(5,5',5'')$ 和 Ⅵ$(6,6',6'')$。

（2）求一般点。作辅助平面 $S$，求得一般点，如图 3-17(b) 所示。

（3）判断可见性。相贯线正面投影的可见与不可见部分重合，故画成实线。在水平投影中，圆柱的上半部分与圆锥面的交线可见，故 3 和 4 两点为可见与不可见的分界点。

（4）依次光滑连接各点的正面投影和水平投影，即为所求。

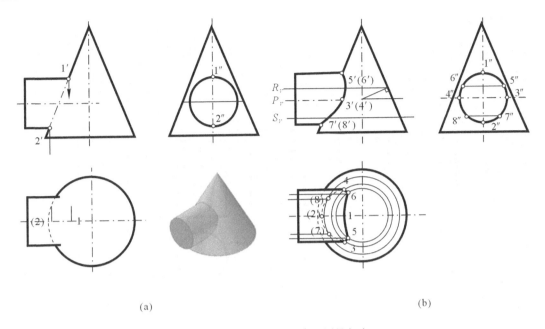

(a)

(b)

图 3-17 水平圆柱与直立圆锥相交

## 二、相贯的特殊情况

两曲面体的相贯线,在一般情况下为封闭的空间曲线。在特殊情况下,相贯线可能是直线,也可能是平面曲线。

1. 相贯线为直线

(1)当两圆柱轴线平行时,相贯线中有两平行线,如图 3-18(a)所示。

(2)当两圆锥共顶时,相贯线为过锥顶的两直线,如图 3-18(b)所示。

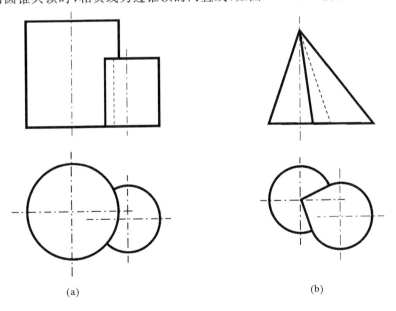

(a)

(b)

图 3-18 相贯线为直线的情况

2.相贯线为平面曲线

（1）当两回转体共轴线时，其相贯线是垂直于回转体轴线的圆；当轴线垂直于某投影面时，相贯线在该投影面上的投影为圆，且反映实形，另外两个投影面上的投影积聚为垂直于轴线的直线段，如图3-19所示。

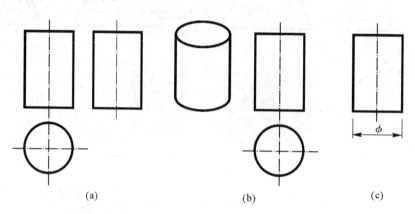

图3-19　相贯线为圆的情况

（2）当轴线相交的两圆柱面或圆柱与圆锥面共同外切于一个球时，它们的相贯线是两个相等的椭圆。图3-20(a)所示为两直径相等的正交圆柱，其轴线相交成直角，此时它们的相贯线是两个相同的椭圆，在与两轴线平行的投影面$V$上，相贯线的投影为相交且等长的直线段，其$H$面投影与直立圆柱的投影重影；图3-20(b)所示为轴线正交的圆锥和圆柱相贯，它们的相贯线也是两个大小相等的椭圆，其正面投影同样积聚为直线。

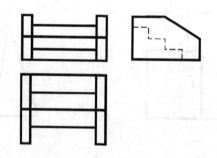

图3-20　相贯线为椭圆的情况

### 三、影响相贯线形状的各种因素

影响相贯线形状的因素，是两回转体的形状、大小及其位置，至于相贯线投影的形状如何，还要看它们与投影面的相对位置。表3-3列出了立体的形状和相对位置相同而尺寸不同对相贯线的影响。

表 3 − 3　两立体尺寸变化

| 相对位置 | 立体形状 | 两立体尺寸变化 | | |
|---|---|---|---|---|
| 轴线正交 | 圆柱与圆柱相交 | 直立圆柱直径小于水平圆柱直径 | 两圆柱直径相等 | 直立圆柱直径大于水平圆柱直径 |
| | | 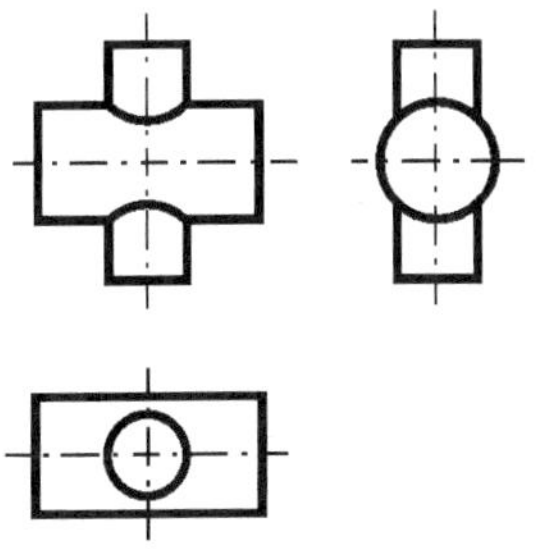 | 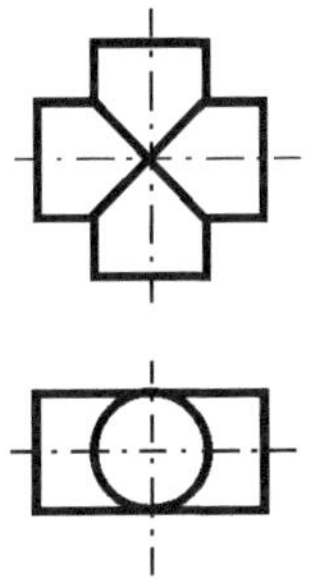 | 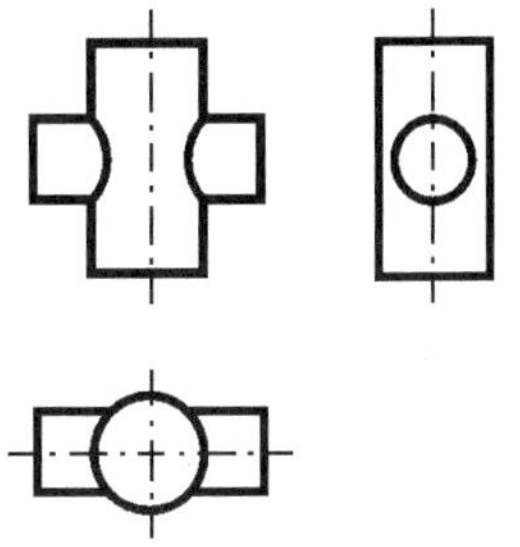 |
| 轴线正交 | 圆柱与圆锥相交 | 圆柱穿过圆锥 | 圆柱与圆锥均内切于一圆球 | 圆锥穿过圆柱 |
| | | 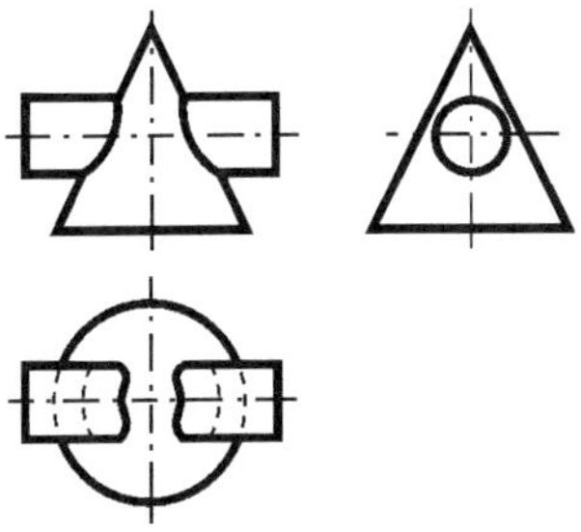 | 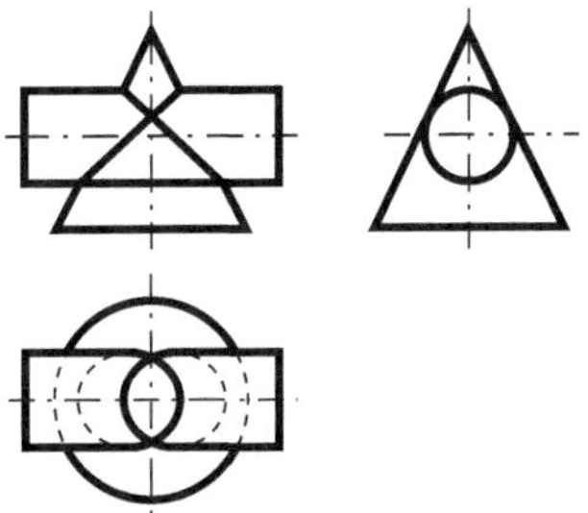 | 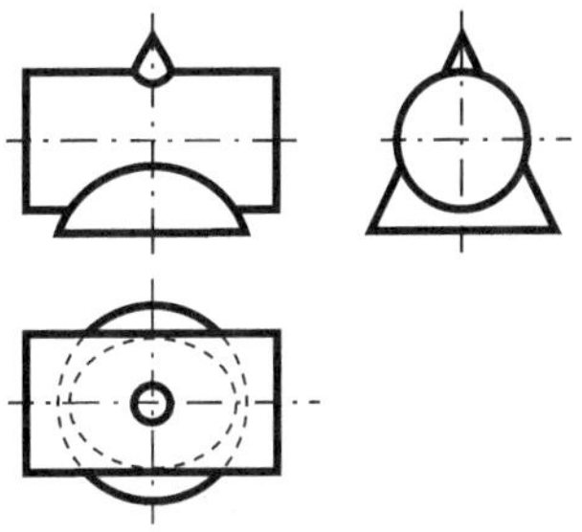 |

**【例 3 − 9】** 试分析图 3 − 21 所示四棱柱和圆柱相交。

分析与作图:

如图 3 − 21 所示,四棱柱上、下两个水平面和前、后两个正平面与圆柱相交并与圆柱轴线前后及左右对称,故相贯线也对称。四棱柱 4 个棱面垂直于侧面投影,则相贯线的侧面投影积聚在长方形上;而圆柱轴线垂直于水平投影面,则相贯线的水平投影积聚在圆上(两段圆弧)。相贯线正面投影为前、后两平面截切圆柱,其截交线为两条素线,上、下两个平面截切圆柱,截交线为圆,而正面投影积聚成直线,如图 3 − 21(a)所示为圆柱上穿长方形孔,其相贯线为截交线的组合,用虚线画出两棱面交线。

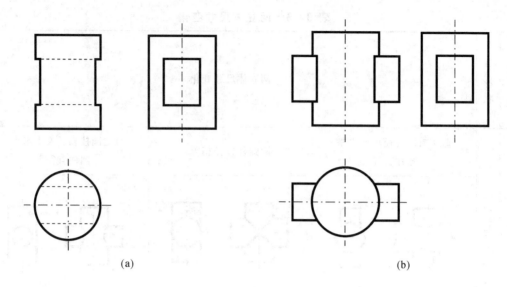

(a)                                          (b)

图 3-21   四棱柱与圆柱相交

# 3.4   画组合体的视图

画组合体的视图,就是画组成组合体的各个基本几何体的视图。在组合体中,互相结合的两个或两个以上的基本几何体表面之间的相对位置,有相接、相交(含相贯)、相切 3 种形式。因此,画组合体的视图时,在画出各个基本几何体视图的基础上,擦去多余的线(平齐、相切),补上应画的线(相交)。

组合体中各基本形体之间有一定的相对位置,如果以某一形体为参照物,另一基本形体与参照物之间的位置就有前后、上下、左右、中间等几种位置关系,如图 3-22 所示。

**一、组合体相邻基本几何体表面之间的相对位置**

1.相接

当基本几何体组成组合体时,如两相接表面平齐,说明两相接表面共面,所以在相接处不应画线(见图 3-23(a));若不平齐,在相接处必须画线(见图 3-23(b))。

2.相交

图 3-24 所示是两表面相交的画法。该组合体由圆柱和耳板两部分相交而成。耳板的顶面与圆柱顶面平齐,前、后两表面与圆柱轴线平行,它们与圆柱体表面的交线是直线,应注意画出。

3.相切

由图 3-25 所示的组合体可以看出,耳板的前、后表面和圆柱面相切且光滑过渡,因此在光滑过渡处不应画线。

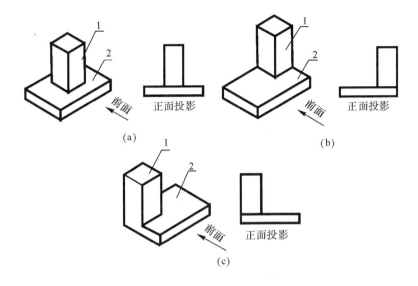

图 3-22 基本形体间的相对位置关系

(a)1 号形体在 2 号形体的上方中间; (b)1 号形体在 2 号形体的右后上方;

(c)1 号形体在 2 号形体的左后上方

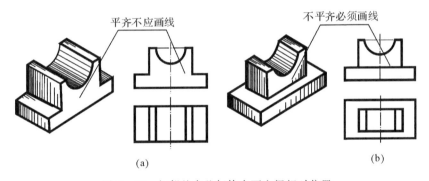

图 3-23 相邻基本几何体表面之间相对位置

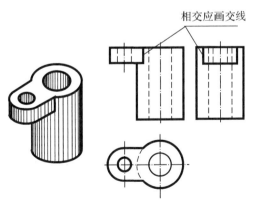

图 3-24 相邻基本几何体之间相对位置

### 4. 相贯线的简化画法

利用描点法求基本几何体表面相贯线的方法,在 3.3 节已作介绍,这里仅叙述一种利用圆弧或直线代替相贯线投影的简化方法。但这仅仅适用于两圆柱正交后在非圆视图上的投影。如图 3-26(a) 所示,以大圆柱半径 $R$ 为半径,以大圆柱和小圆柱轮廓素线的交点 $O_1$ 为圆心画圆弧交小圆柱轴线于 $O_2$,再以 $O_2$ 为圆心,半径不变画圆弧,即得相贯线的投影。

两圆柱相贯时,如果其中一个圆柱的直径较小,则相贯线的投影允许画成直线,如图 3-26(b) 所示。

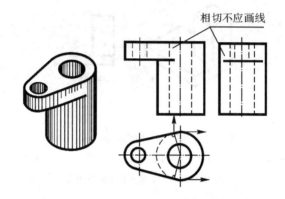

图 3-25 相邻基本几何体表面之间相对位置

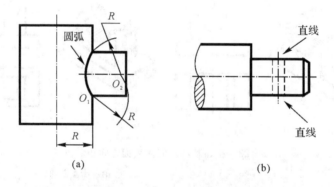

图 3-26 相贯线的简化画法

(a) 用圆弧代替相贯线的投影; (b) 用直线代替相贯线的投影

## 二、形体分析法

绘制和阅读组合体的视图时,应首先分析它是由哪些基本几何体组成的,再分析这些基本几何体的组合形式、相对位置和表面连接关系,最后根据以上分析,按各基本几何体逐步作出组合体的投影图。这种把一个物体分解成若干基本几何体的方法,称为形体分析法(见图 3-27)。

## 三、组合体投影图的选择

组合体投影图选择的原则是用较少的投影图把物体的形状完整、清楚、准确地表达出来。投影图选择包括确定物体的放置位置、选择物体的正面投影以及确定投影数量。

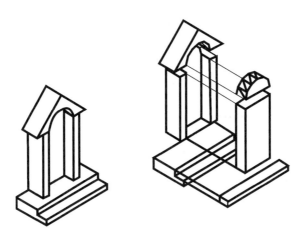

图 3-27　形体分析法

1. 确定物体的放置位置

在作图以前,需对组合体在投影体系中的安放位置进行选择、确定,以便清晰、完整地反映形体。

形体在投影体系中的位置,应重心平稳,其在各投影面上的投影应尽量反映形体实形,符合日常的视觉习惯和构图的平稳要求,且应和物体的使用习惯及正常工作位置保持一致。如图 3-28 所示的肋式杯形基础,应使其底板在下并处于水平位置。

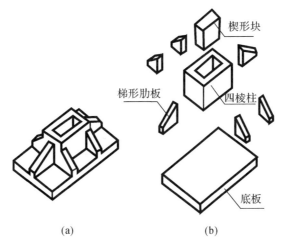

图 3-28　肋式杯形基础及其形体分析

(a)直观图;　(b)形体分析

2. 选择正面投影

物体放置位置确定后,应使正面投影尽量反映出物体各组成部分的形状特征及其相对位置,此外还应尽量减少投影图中的虚线。

3. 确定投影的数量

在正面投影确定以后,物体的形状和相对位置还不能完全表达清楚,因为一个投影只能反映物体长、宽、高三个向度中的两个,还需增加其他投影,需要用几个投影才能完整地表达组合体的形状,要根据组合成组合体的复杂程度来确定。在实际作图时,有些形体用两面投影就可以表示完整;有些形体在加注尺寸后,用一个投影就可以表示清楚。图 3 - 29(a)所示为圆柱体的三面投影,实际上用如图 3 - 29(b)所示的两面投影就能表达清楚,而如果采用图 3 - 29(c)所示的形式,一个投影图也可以表达清楚。

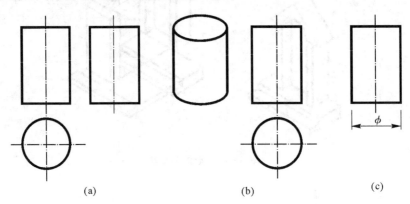

(a)                    (b)                    (c)

图 3 - 29  投影图数量的选择

图 3 - 30 所示为台阶的三面投影,侧面投影可以比较清楚地反映出台阶的形状特征,因此用正面投影和侧面投影即可将台阶表达清楚,但用正面投影和水平投影就不能清楚地反映其形状特征。图 3 - 31 所示的肋式杯形基础,因前、后、左、右四个侧面都有肋板,需要画出三个投影图才能确定它的形状。

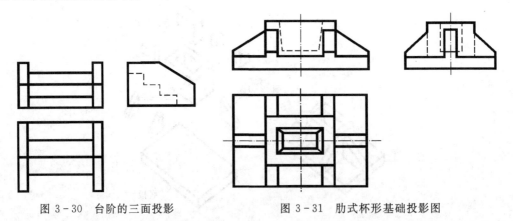

图 3 - 30  台阶的三面投影              图 3 - 31  肋式杯形基础投影图

确定投影图的数量,对于初学者来说比较困难。从训练空间想象能力和绘画能力出发,可画出组合体的三面投影图,然后拿走组合体,由投影图回想立体图,看是否需要三个投影。这样举一反三,多画、多读、多练,对提高空间想象力和绘图表达能力有很大帮助。

**四、组合体投影图的画图步骤**

1.形体分析法

形体分析法是画图、看图和标注尺寸的基本方法。

2.选择主视图

选择主视图的原则:

(1)最能反映组合体的形体特征。

(2)考虑组合体的正常位置,把组合体的主要平面或主要轴线放置成平行或垂直位置。

(3)在俯视图、左视图上尽量减少虚线。

3.选比例,定图幅

完成组合体形体分析并选择好正面投影以后,开始画投影图底稿。首先根据组合体尺寸的大小确定绘图比例,再根据视图大小及投影图所需数量确定图纸幅面,画出图框和标题栏。

4.画投影图

(1)选比例,定图幅。完成组合体形体分析并选择好视图和正面投影。首先根据组合体尺寸的大小确定绘图比例,再根据视图大小及投影图所需数量确定图纸幅面,画出图框和标题栏。

(2)布置视图。将各视图均匀地布置在图幅内,并画出对称中心线、轴线和定位线。

(3)画底稿。画图顺序按照形体分析,先画主要形体,后画细节;先画可见的图线,后画不可见的图线。将各视图配合起来画,要正确绘制各形体之间的相对位置,要注意各形体之间表面的连接关系。

如果组合体是叠加而成的,则可根据叠加顺序,由下而上或由上而下地画出每个基本形体的投影,进而画出整个组合体的投影;如果组合体是切割而成的,应先画出切割前的形体投影,然后按切割顺序,依次画出切去部分的投影,最后完成组合体的投影。

在画图过程中,应注意各组成部分的三个投影必须符合投影规律,画每个基本形体时,先画其最具形状特征的投影,再画另外两个投影。

画底稿时,底稿线要轻细、准确。在底稿画完后,应认真校核。

(4)检查、描深。校核无误后,擦去多余线条,即可加深、加粗线条。图线加深的顺序:先曲后直,先水平后垂直,最后加深斜线。水平线从上到下、铅垂线从左到右依次完成。

完成后的投影应做到布图均衡、内容正确、线型分明、线条均匀、图面整洁、字体工整、符合制图标准。

【例 3-10】 画出图 3-32 所示盥洗池的三面投影。

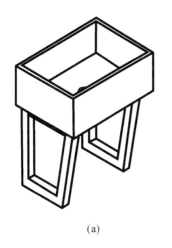 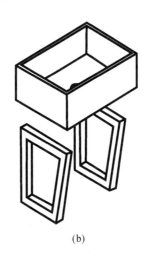

(a)　　　　　　　　　　　　(b)

图 3-32　盥洗池

(a)盥洗池的直观图;　(b)盥洗池的形体分析

分析:如图 3-32 所示,该盥洗池由池体和支撑板两大部分组成。池体由一个大长方形从中间切去一个略小的长方体,形成一水槽,同时在底板中央又挖去一个小圆柱孔而成;下方支撑板是两个空心的梯形柱。

在池体底部左右对称地叠加两块支撑板,支撑板与外部池体后侧面平齐,左右侧面不平齐。

作图步骤:

(1)选择正面投影。让盥洗池按正常使用位置安放。根据正常使用习惯,从水池的正前方向后为正面投影。

(2)作投影图。具体步骤如图 3-33 所示。先画底稿,画时应注意,三个投影图的各组成部分应相互对照画出,注意不要遗漏不可见孔、洞、槽的虚线。底稿画完后,进行校核,擦去多余的线条,如有错误或遗漏,立即改正。加深复核,完成全图,如图 3-33(d)所示。

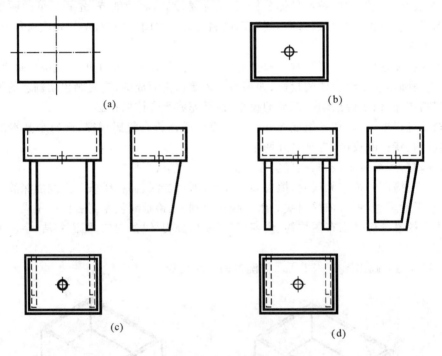

图 3-33 画盥洗池投影图的步骤

(a)画池体的对称中心线; (b)画池体的细部; (c)画支撑板的外形轮廓; (d)画支撑板的细部

# 3.5 组合体投影图的尺寸标注

组合体的投影图,虽然已经清楚地表达了物体的形状和各部分的相互关系,但还需要反映物体的大小和各部分的相对位置。在实际工程中,没有尺寸的投影图不能用来指导施工和制作。

**一、基本几何体的尺寸标注**

每个基本几何体都有长、宽、高三个方向的尺度。工程制图标准统一规定:形体的正面确定后,左右方向的尺寸称为长度,前后方向的尺寸称为宽度,上下方向的尺寸称为高度。

图 3－34 和图 3－35 所示为常见基本几何体的尺寸标注。

1. 棱柱、棱锥的尺寸标注

平面体一般应标注它的长、宽、高三个方向的尺寸,如图 3－34 所示。

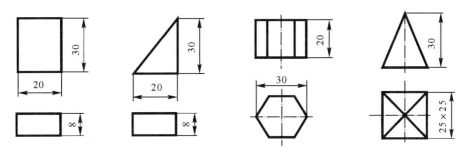

图 3－34　平面立体的尺寸标注

2. 回转体的尺寸标注

圆柱体或圆锥体应标注出底圆的直径和高度,圆柱、圆锥底圆直径尺寸加注尺寸符号 $\phi$,一般注在非圆视图上。球体只需标注出它的直径,一般用一个投影加注直径,但在直径数字前面加注"$S\phi$"。曲面立体的尺寸标注如图 3－35 所示。

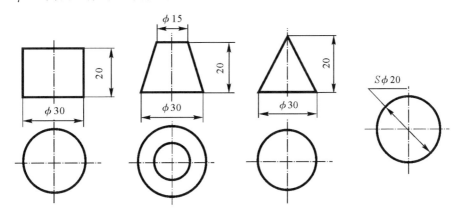

图 3－35　曲面立体的尺寸标注

**二、切割体的尺寸标注**

对于被切割的基本几何体,除了要注出基本几何体的尺寸外,还应注出截平面的定位尺寸,如图 3－36 所示。

标注尺寸的步骤:标注出原来整体时的尺寸;标注切口部分的尺寸,截交线上的尺寸应标注截平面的位置尺寸。注意:不应标注截交线的大小尺寸,如图 3－37 所示。

相贯线上不标注尺寸,只标注产生相贯线各形体的定形、定位尺寸,如图 3－38 所示。

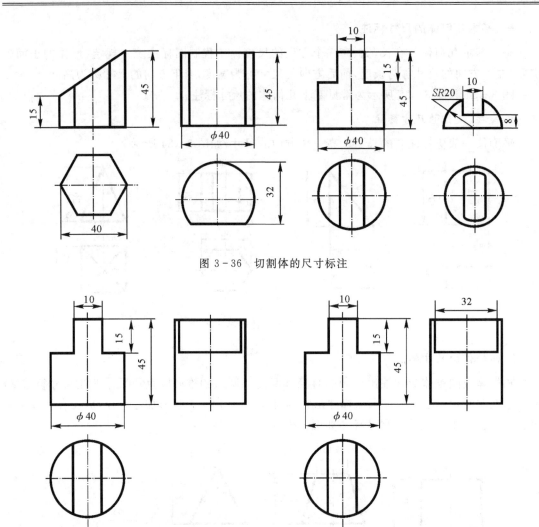

图 3-36　切割体的尺寸标注

(a)　　　　　　　　　　　　　　(b)

图 3-37　尺寸标注示例(一)

(a)正确注法；　(b)错误注法

## 三、组合体的尺寸标注

### 1. 组合体尺寸的组成

组合体尺寸由定形尺寸、定位尺寸和总尺寸三部分组成。

(1)定形尺寸:确定各基本形体的形状和大小的尺寸。它通常由长、宽、高三项尺寸来反映。

(2)定位尺寸:确定各基本形体间的相对位置尺寸。在标注定位尺寸前首先要确定尺寸基准。尺寸基准是指标注或度量尺寸的起点。通常以组合体较重要的端面、底面、对称平面和回转体的轴线为基准。以对称平面为基准标注对称尺寸时,不应从对称平面往两边标注。在尺寸基准的数量上,物体的长、宽、高每个方向最少要有一个。

(3)总体尺寸:组合体的总长、总宽、总高尺寸。

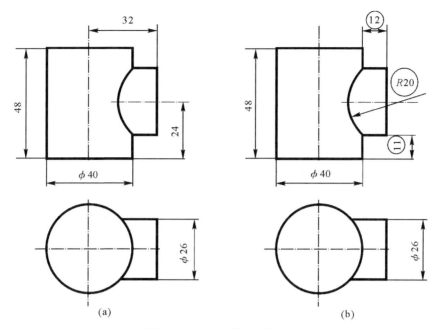

图 3-38 尺寸标注示例(二)

(a)正确注法；ㅤ(b)错误注法

**2. 标注尺寸的基本要求**

(1)正确:尺寸标注要符合国家标准。

(2)完整:尺寸必须注写齐全,既不遗漏,也不重复。

(3)清晰:标注尺寸的位置要恰当,尽量注写在最明显的地方。

(4)合理:所注尺寸应符合设计、制造和装配等工艺要求。

**3. 标注尺寸的基本规则**

(1)尺寸数值为零件的真实大小,与绘图比例及绘图准确度无关。

(2)图样中的尺寸以 mm 为单位,如采用其他单位,必须注明单位名称。

(3)图中所注尺寸为零件完工后尺寸。

(4)每个尺寸一般只标注一次。

**4. 组合体尺寸的布置**

(1)应将多数尺寸标注在视图外,与两视图有关的尺寸,尽量布置在两视图之间。

(2)尺寸应布置在反映形状特征最明显的视图上,半径尺寸应标注在反映圆弧实形的视图上。

(3)尽量不在虚线上标注尺寸。

(4)尺寸线与尺寸线或尺寸界线不能相交,相互平行的尺寸应按"大尺寸在外,小尺寸在里"的方法布置。

(5)同轴回转体的直径尺寸,最好标注在非圆的视图上。

(6)同一形体的尺寸尽量集中标注。

5. 标注尺寸的步骤

(1)形体分析。

(2)标注各基本形体的定形尺寸。

(3)选择长、宽、高三个方向的尺寸基准,标注各形体的定位尺寸。

(4)标注总体尺寸。

(5)对尺寸作适当的调整,检查是否正确、完整等。

**四、组合体尺寸标注的方法**

在标注组合体尺寸前也需要进行形体分析,以便确定各基本形体的定形、定位尺寸。

下面以图 3-39 所示盥洗池为例,说明组合体尺寸标注的方法和步骤。

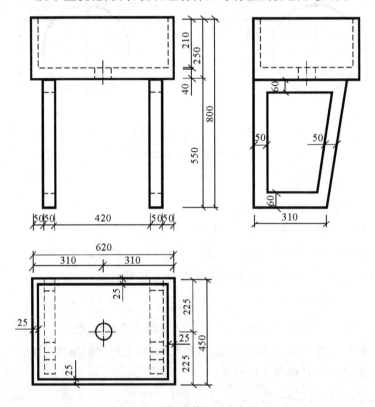

图 3-39  组合体尺寸的标注

(1)标注各基本形体的定形尺寸。该盥洗池由池体和支撑体两大部分组成。池体的定形尺寸有:长 620 mm,宽 450 mm,高 250 mm,底板厚 40 mm,圆柱形孔直径 70 mm。支撑板的定形尺寸有:厚 50 mm,上宽 400 mm,下宽 310 mm,高 550 mm,上、下横梁的高 60 mm,前、后支撑柱的宽 50 mm。

(2)标注各基本形体的定位尺寸。先定基准:长度方向以池体的左侧面或右侧面(盥洗池左右对称)为定位基准,宽度方向以池体的后侧面为定位基准,高度方向以地面为定位基准。这样一来,池体的长度、宽度方向不需要定位尺寸,高度方向的定位尺寸为 550 mm(即支撑板的高);排水孔的长度方向的定位尺寸为 310 mm,宽度方向的定位尺寸为 225 mm;支撑体后侧面与宽度方向基准重合,长度方向的定位尺寸为两个 50 mm(左右对称),420 mm 是支撑板之间的位置尺寸。

（3）标注总尺寸。盥洗池的总长、总宽即为池体的定形尺寸 620 mm,450 mm;总高为 800 mm,是池体与支撑板高度之和。

# 3.6　组合体投影图的识读

组合体形状千变万化,从形体到投影的分析比较容易掌握,而由投影图想象空间形体的形状往往比较困难。因此,掌握组合体投影图的识图规律,对于培养空间想象力、提高识图能力以及今后识读专业图纸,都有很重要的意义。

**一、读组合体视图的基本要领**

1.掌握基本几何体的投影特性

组合体投影是点、线、面、体投影的综合,所以在识读组合体投影图之前一定要掌握三面投影的规律,熟悉形体的长、宽、高三个向度和上下、左右、前后六个方向在投影图上的对应关系,熟练掌握简单基本几何体的投影特性,这些是识读组合体投影图必备的基本知识。

2.将几个视图联系起来进行识读

在一般情况下,物体的形状通常不能只根据一个投影图来确定。有时两个投影也不能确定物体的形状,只有把三个投影图联系起来分析,才能想象出物体的空间的形状(见图3-40)。

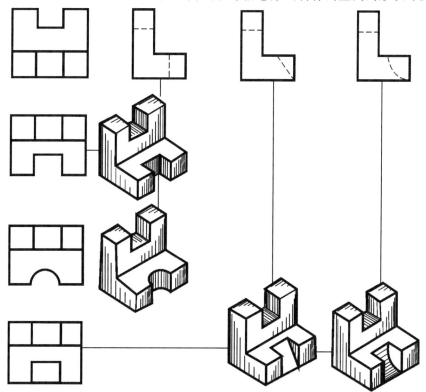

图 3-40　把已知投影联系起来读图

3.善于抓住视图中形状和位置特征进行分析

(1)形状特征视图:最能反映物体形状的视图。

(2)位置特征视图:最能反映物体位置的视图。

找出特征投影后,就能通过形体分析和线面分析,进而想象出组合体的形状。图3-41所示形体的水平投影均为形体的特征投影。

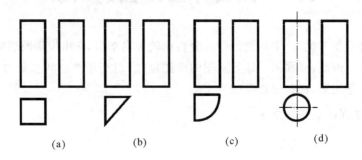

图 3-41　水平投影均为特征投影

(a)长方体;　(b)三棱柱;　(c)1/4圆柱;　(d)圆柱体

4.应明确视图中线和线框的含义

视图中每一条线可能是平面或曲面的积聚性投影,也可能是线的投影。视图中每个封闭的线框,通常都是物体一个表面或孔的投影。

(1)线的含义。投影图中的一条线可以表示形体上一条棱线、两个面的交线的投影,形体上一个平面的积聚投影,曲面体上一条轮廓素线的投影。一条线的具体意义,需联系其他投影综合分析才能得出,如图3-42所示。

(2)线框的含义。投影图中的一个封闭线框可表示形体上一个平面或曲面的投影,形体上一相切组合面的投影,形体上一个孔、洞、槽的投影。投影图中一个线框在另两个投影图中的对应投影若非积聚投影便是类似投影,实际读图时,应根据投影规律具体分析,如图3-42所示。

**二、读组合体视图的方法和步骤**

读组合体的基本方法有形体分析法和线面分析法。

1.形体分析法

形体分析法是读组合体视图的基本方法。通常是从反映组合体形状特征的主视图着手,把视图分解成若干个线框,依据投影关系及特点对照其他视图,想象出组成组合体的基本几何体的形状,然后弄清楚这些基本几何体之间的组合方式及相对位置,最后综合构思出组合体的整个形状。

步骤:

(1)识投影、抓特征。大致阅读已知投影,找出其中的特征投影。一般来说,一组投影图中总有某一投影明显反映形体的主要特征,抓住特征投影,物体的大概轮廓就有了。如图3-43所示,正面投影就是该形体的特征投影,反映物体的轮廓特征。但有时特征投影并不集中在一个投影中,而是分散在几个投影中,读图时应具体分析,分别找出各部分的特征投影,注意相互间的位置关系。

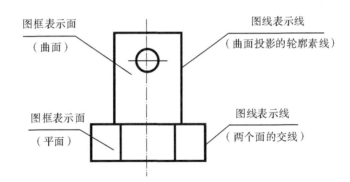

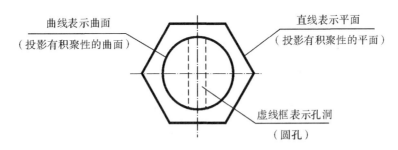

图 3-42 投影图中线和线框的含义

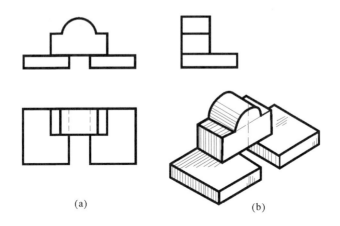

(a)　　　　　　　　　　(b)

图 3-43 形体分析法读图

（2）分线框、对投影。从特征投影入手将组合体分解为若干个基本形体，利用"三等"关系找每一部分的投影，读懂各个基本形体的形状。如图 3-43(a)所示，从正面投影把形体分成三个封闭线框，即两个矩形、一个矩形与半圆柱叠加。然后对投影，找出它们的水平投影和侧面投影，读懂该图的基本形体是两个四棱柱、一个四棱柱与半圆柱叠加。

（3）定位置，想整体。确定了各基本体的形状之后，根据投影图中左右、前后、上下的位置关系，确定各基本体的相对位置和表面连接关系，最后综合起来想象出物体的整体形状。如图 3-43(b)所示，两个四棱柱一左一右，前后侧面平齐，上部四棱柱与半圆柱叠加又搭在两个四棱柱上中间，三个基本体后侧面平齐。这样，综合起来就不难想象出组合体的空间形状。

【**例 3-11**】 如图 3-44 所示，已知一连接配件模型的正面投影和侧面投影，补画水平投影。

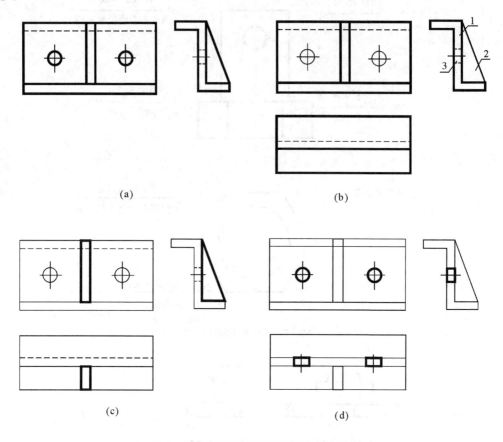

图 3-44 补画连接配件模型的水平投影
(a)已知投影； (b)分线框、对投影，补画 Z 字形柱的水平投影；
(c)对投影，补画三棱柱的水平投影； (d)对投影，补画两圆柱孔

作图步骤：

(1)识投影、抓特征。识读已知的两面投影，不难看出侧面投影形状特征比较明显，物体可能为一 Z 字形板，另有一斜面和两个圆孔（正面投影可知）。

(2)分线框、对投影。从特征投影入手，如图 3-34 所示，将形体分为三个线框：Z 字形线框 1、三角形线框 2、两条竖直线与两条虚线所组成的矩形线框 3。

(3)根据投影规律——正面投影和侧面投影保持高平齐，通过投影可以看出，Z 字形线框为一 Z 字形棱柱，根据"三等"关系，画出它的水平投影；三角形线框对应的正面投影为一小矩形，它是一个三棱柱，根据投影关系，画出三棱柱的水平投影；与两条虚线保持高平齐的是正面投影中的两个圆，由此可知，Z 字形棱柱的竖板上有左右对称的两个圆柱，根据投影关系画出它们的水平投影，如图 3-44(b)(c)(d)所示。

(4)定位置、想整体。根据以上分析、作图，按基本形体的相对位置，想象整个连接模型的整体形状，并从整体形状出发，校核无误后，加深图线，完成全图，如图 3-45 所示。

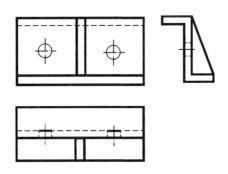

图 3-45    连接配件模型的投影图

【例 3-12】    读出图 3-46(a)所示组合体的形状。

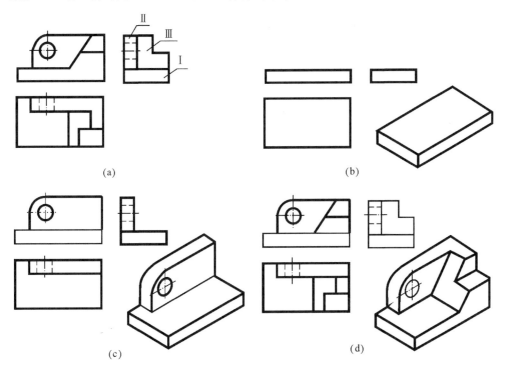

图 3-46    用形体分析法读图
(a)已知组合体视图；    (b)底板及视图；    (c)立板及视图；    (d)L形棱柱及视图,完成空间形状

分析与作图：

粗略阅读所给形体的三面投影,可以看出侧面投影中存在 3 个较明显的闭合线框。取线框Ⅰ,利用三等关系可以想象得出它是一长方形板,如图 3-46(b)所示。再取线框Ⅱ,与它保持三等关系的正面投影与水平投影中对应部分也是矩形,其正面投影左上角切去一圆角并挖去一圆形孔,所以水平投影与侧面投影中形成相应的两条虚线,其形体状态如图 3-46(c)所示;最后取线框Ⅲ,从三个投影对应关系可以想象出,它是一梯形四棱柱切去一块所形成的 L 形棱柱,如图 3-36(d)所示。这三个基本形体的相对位置是:底板在下,立板在后,L 形棱柱后靠立板,右边与立板平齐,前表面也与底板前表面平齐。综上所述,不难看出整个组合体的

形状如图3-36(d)直观图所示。

2.线面分析法

读图时,在采用形体分析的基础上,对局部比较难读懂的部分,还可以运用线面分析法来帮助读图。线面分析法是研究构成组合体视图中的线、面的投影特性和它们之间相互位置的一种读图方法。特别是对一些挖切式的组合体,面的交线、切口比较多,如采用这种读图方法,可以大大提高读图速度,以及读图的准确率。

线面分析法是从直线、平面的投影特性入手分析:投影图中一些带有明显特征的直线、斜线、曲线或线框的空间意义,围成立体的各个表面的形状、位置和连接关系。通过分析想象出整个物体或物体上某一部分的空间形状。

线面分析法是在形体分析的基础上,攻克难点,帮助读图。用线面分析法读图,关键在于正确读懂投影图中每条线、每个线框代表的含义。

现以图3-47所示组合体的三面投影为例,说明线面分析法的读图步骤。

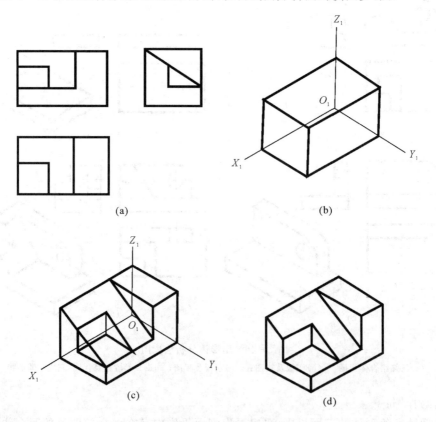

图3-47 线面分析法读图

(1)形体分析。从图3-47(a)所示三面投影来看,每个投影都没有明显的特征。三个投影的外轮廓均为矩形,正面投影和水平投影内分别有一组矩形和L形线框。结合侧面投影,发现比较明显的是斜线及两个三角形线框。结合侧面投影和水平投影,可以判断该组合体为一切割形组合体,切割前为一长方形,如图3-47(b)所示。具体的切割步骤及投影图中的每个线框所表示的意义,需经过线面分析才能确定。

(2)线面分析。从侧面投影图中的斜线可以想到物体中必有斜面。根据"平面无类似必积聚"的投影特性,与侧面投影中斜线保持"高平齐、宽相等"、正面投影和水平投影又能"长对正"的是两个"┐"形线框,由此可判断该斜面为一侧垂面,侧面投影积聚成一斜线,正面投影和水平投影是该斜面的类似形。根据斜线的位置,可判断第一次切割在长方体的左侧,从后上方向前下方切去一个三棱柱,如图 3 - 47(c)所示。

与侧面投影中的小三角形线框对应的正面投影和水平投影均为一矩形线框,没有与小三角形线框对应的类似形,根据"平面无类似必积聚"的投影特性,该三角形线框代表的平面为一侧平面,其正面投影和水平投影分别积聚为矩形线框的一条竖直边,由三个投影的位置可判断第二次切割在斜面的左前方,挖去一小三棱柱,如图 3 - 47(c)所示。

经过两次切割后的组合体如图 3 - 47(d)所示。

【例 3 - 13】 根据图 3 - 48(a)所示三面投影图,想象组合体的空间形状。

分析:根据所给三面投影图的外轮廓,可大致想象出该物体是一长方体,又侧面投影图上部有一缺口,说明该物体上部有一凹槽,槽的前后表面与 V 面平行,槽底与 H 面平行。由于三面投影外形线框内部有许多线条,不易直接得出整个组合形体形状,需进一步用线面分析法弄清楚。仍然从侧面投影读起,取上部凹形线框(一平面图形的投影),寻求它的另两个投影。

由图中线框找其另一投影时,可先找其类似形,若无类似形线框则必有积聚性的投影与之相对应。依据此原则可直接在正面投影中找出与其类似线框 b′;另外与 b′,b″满足"三等"关系在水平投影中相对应的是一条直线 b,这说明平面 B 是一铅垂面。

在水平投影中取三角形线框 a,在另外投影中与它符合"三等"关系没有类似形,因此只能是对应线条 a′,a″,这说明平面 A 只是一水平面与平面 B 相接。

根据 A,B 两平面空间位置不难想象出长方体左前方被切去一角,因此也就可以想象出整个形体是一个长方体,左前角被切去,其顶部又切去一凹槽,如图 3 - 48(b)所示。将所得结果与所给投影对照完全相符,说明想象正确。

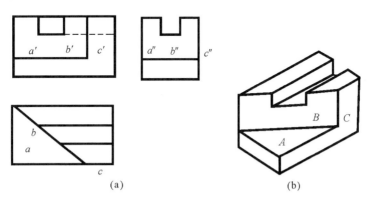

图 3 - 48　用线面分析法读图
(a)投影图；　(b)组合体直观图

总之,对于空间形状较为复杂的物体,读图时并不局限于用某一种读图方法,各种读图方法可以融合、交替使用。拿到一个物体的投影后,先粗读三面投影图,初步判断物体的组合方式,以形体分析法为主,先对物体进行形体分析,对投影图中较为复杂的线、面投影,辅以线面分析法,帮助读图。遇到局部形体一时难以确定时,可以勾画草图、制作模型,综合建立起物体的空间形状,从而提高读图速度。

**【例 3-14】** 根据图 3-49(a)所示两面投影,补画第三面投影。

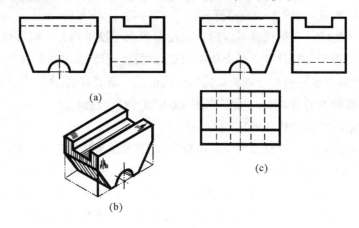

(a)

(b)

(c)

图 3-49 补画组合体的水平投影

(a)已知投影; (b)直观图; (c)补画 H 面投影后的三面投影

分析:读已知投影,找出两投影的明显特征。正面投影中有两条斜线和一半圆曲线,侧面投影中有一凹字形线框。根据投影规律,对照两投影图用线面分析法仔细分析图线及线框的含义。

正面投影和侧面投影中都有一条虚线,从虚线的位置及与图线的对应关系,确定物体在上方中间沿长度方向挖去一个四棱柱槽,下方中间沿宽度方向挖去一个半圆柱槽。

正面投影中左、右两条斜线,对应的侧面投影重合为一矩形,由此判断两斜线均为矩形正垂面的积聚投影,也是长方体沿左、右角部切去两个三棱柱后所形成的两个正垂面。其立体图形如图 3-49(b)所示。

作图步骤:

(1)先画切割前长方体的水平投影,为一矩形线框。

(2)画上方中间挖去四棱柱后的水平投影,和侧面投影保持宽相等,仍为一矩形线框。

(3)画左下、右上两个正垂面及半圆柱槽的水平投影,与正面投影保持长对正,因被上部遮挡,画四条竖直虚线。

(4)检查后加深图线,画上半圆槽的中心线。补画 H 面投影后的三面投影如图 3-49(c)所示。

**【例 3-15】** 补画出图 3-50(a)所示水平投影图中所缺的图线。

分析:观察侧面投影外轮廓可知,物体很明显分为前、后两部分;结合正面投影外轮廓可知,在带斜面的切割长方体前方,还有一个高度较小的长方体,再对应正面投影可知,该长方体中间上方切去一个小长方体,形成一个凹槽口,故侧面投影上有虚线。

由此可知,正面投影的斜直线是代表一个矩形的正垂面,因为对应的侧面投影是一个矩形线框,所以其水平投影也是一个类似的矩形线框。前方长方体顶面的正面投影为凹字形的折线,所以在水平投影的对应位置一定是三个并排的矩形线框,立体图形如图 3-50(b)所示。

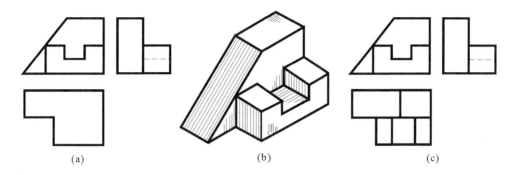

图 3-50  补画投影中所缺的图线
(a)已知投影;  (b)直观图;  (c)补画 *H* 面上所缺的投影

作图步骤:

(1)根据以上分析,先把物体分为前后两部分,因为前低后高不平齐,故把中间水平线拉通,水平投影成为前、后两个矩形。

(2)画后方切割长方体上正垂面的水平投影,与正面投影保持长对正,它是一个矩形线框,把后面的大矩形分为两个小矩形。

(3)画出前方开槽长方体的水平投影,槽在中间,把前方矩形分为三个小矩形。

(4)检查、加深,完成补图,如图 3-50(c)所示。

【例 3-16】  如图 3-51(a)所示,补画投影图中所缺的图线。

分析:从已知正面投影的斜线与水平投影中的缺口可以看出,该形体为切割式组合体。切割前的基本体为四棱柱,在四棱柱的左上角切去一个三棱柱,形成一个斜面,正面投影成一条斜线,然后在形体的左侧中间又挖去一个带斜面的小四棱柱,水平投影出现一缺口,其立体图形如图 3-51(b)所示。

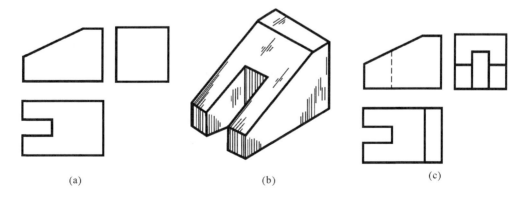

图 3-51  补画投影中所缺的图线
(a)已知投影;  (b)直观图;  (c)补画投影中所缺的图线

作图步骤：

(1)在水平投影中补画斜面与水平面交线的投影。

(2)在侧面投影中补画斜面与侧平面交线的投影。

(3)在正面投影中补画缺口的投影，反映缺口的高度和深度，因被前面遮挡，投影画成虚线。

(4)在侧面投影中补画缺口的投影。

(5)检查无误后，擦去多余线条，如图 3-51(c)所示。

【例 3-17】 根据图 3-52(a)所示组合体的主视图和左视图，补画俯视图。

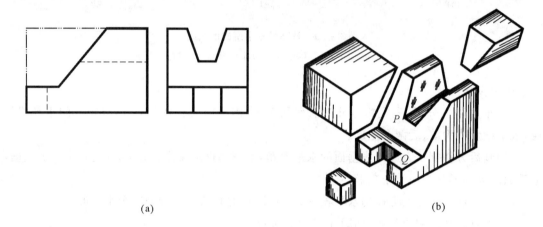

(a)                                                (b)

图 3-52  补画组合体的第三投影

(a)已知投影；  (b)直观图

分析：该组合体是由基本几何体切割而成的，其正面投影和侧面投影的外形轮廓可以看成是两个矩形线框。因此由投影可判断出它是一个长方体，在长方体的左上方和右上方分别挖去一个大小不同的梯形块后，又在左下方切去了一个小长方体，其空间形状如图 3-52(b)所示。

当求作基本几何体被两个以上的平面切割后形成的组合体的投影时，关键在于求交线。为了使问题简化，可将前一次切割得到的立体当作后一次切割的基本体，这样一个个切割下去，可使复杂问题得到简化，方便作图。

作图步骤：

(1)画出一正垂面和一水平面截去长方体左上角后的投影，如图 3-53(a)所示。

(2)画出两侧垂面和一水平面截去长方体右上角中间部分后的投影，如图 3-53(b)所示。

(3)画出用两铅垂面和一侧平面切去小长方体后的投影，如图 3-53(c)所示。

(4)用线面分析法检查 P 和 Q 两截面的投影是否正确。检查无误后，擦去多余线条，如图 3-53(d)所示。

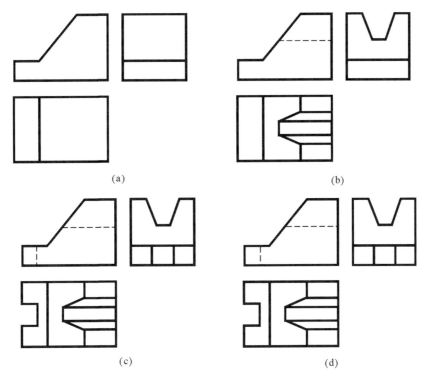

(a)                    (b)

(c)                    (d)

图 3-53 补画组合体第三面投影的作图步骤

# 复习思考题

1. 组合体的构形方式有几类?

2. 什么是形体分析法?

3. 组合体中相邻形体表面之间的关系有哪几种?

4. 截交线的基本性质是什么? 求截交线的步骤有哪些? 截交线上哪些点必须求出?

5. 相贯线的基本性质是什么? 影响相贯线变化的因素有哪些?

6. 同轴相贯线的形状和投影有什么特点?

7. 画组合体视图的基本方法是什么?

8. 组合体尺寸分哪几类?

9. 组合体的读图方法有哪些?

10. 读图的步骤和注意事项有哪些?

# 第4章 轴测投影

**【学习目标】**

(1)明确常用轴测投影(正等测、正面斜二测、水平斜二测)的参数及基本作图方法。

(2)熟练掌握平面类组合体的轴测投影画法。

(3)掌握回转曲面体中圆柱、圆锥的轴测投影画法。

**【主要内容目】**

(1)轴测投影的基本知识(形成、分类、轴测投影参数、投影特性)。

(2)平面体、回转形曲面体轴测投影的画法。

(3)轴测投影的选择方法。

**【学习重点】**

轴测投影的形成原理和分类。

**【学习难点】**

形体的正投影图,正等轴测和正面斜二测的绘制。

三面投影图能完整地表达一个形体,具有作图简单等优点,在工程中被广泛运用。但由于三面投影中每面投影只表达了物体的一个面和两个方向的尺寸,因而缺乏立体感,图样不够直观,往往给图纸的识读带来一定的困难。图4-1所示为一幢房屋的正投影图,如果用轴测投影法绘制便很容易认读,如图4-2所示。轴测投影是平行投影,它是一种可以同时表现形体长、宽、高三个方向形状的单面投影。轴测投影图富于立体感、直观性强且可度量,但绘制较为烦琐,故常用来作为辅助图样。

本章主要解决形体立体图的画法,学生通过学习轴测图,掌握形体的空间特性,从而建立空间立体概念。

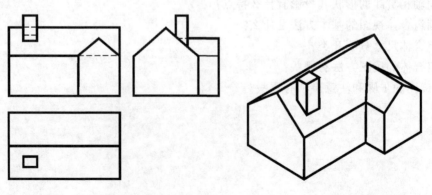

图4-1 房屋的三面投影      图4-2 房屋的轴测投影

# 4.1 基 本 知 识

**一、轴测投影的形成**

如图 4-3 所示,轴测投影(轴测图)的形成,可以看成是将形体连同其直角坐标系,沿不平行于任一坐标平面的方向,用平行投影法将其投影在单一投影面上,所得到的具有立体感的图形称为轴测图。

**二、轴测投影的分类**

轴测投影可根据投影方向是否垂直于投影面而分为正轴测投影与斜轴测投影。

1. 正轴测投影

当投影方向 $S$ 与投影面 $P$ 垂直时,所形成的轴测投影称为正轴测投影或正轴测图。

在正轴测投影中,又可根据形体自身的直角坐标中的各坐标轴与投影面倾斜的角度是否相同而分为正等轴测投影和正二轴测投影、正三轴测投影。其中,使用较广泛的是正等轴测投影。

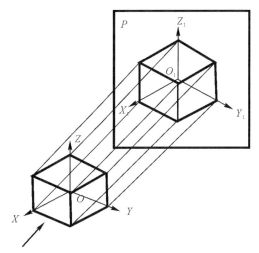

图 4-3 轴测投影的形成

2. 斜轴测投影

当投影方向 $S$ 与投影面 $P$ 倾斜时,所形成的轴测投影称为斜轴测投影或斜轴测图。斜轴测投影中使用最多的是正面斜轴测投影和水平斜轴测投影。

(1)正面斜轴测投影。正面斜轴测投影可分为正面斜等测和正面斜二测。

(2)水平斜轴测投影。水平斜轴测投影可分为水平斜等测和水平斜二测。

**三、轴间角与轴向伸缩系数**

1. 轴间角

如图 4-4 所示,任意两直角坐标轴在轴测投影面上的投影之间的夹角称轴间角,如 $\angle X_1 O_1 Z_1$,$\angle X_1 O_1 Y_1$ 及 $\angle Y_1 O_1 Z_1$。

2. 轴向伸缩系数

如图 4-4 所示,直角坐标轴的轴测投影单位长度与相应直角坐标轴上单位长度的比值称轴向伸缩系数。

$O_1 A_1 / OA = p_1$,称 $X$ 轴轴向伸缩系数;

$O_1 B_1 / OB = q_1$,称 $Y$ 轴轴向伸缩系数;

$O_1 C_1 / OC = r_1$,称 $Z$ 轴轴向伸缩系数。

轴向伸缩系数也叫变形系数,它表明凡与空间各直角坐标轴平行的线段经轴测投影后,其

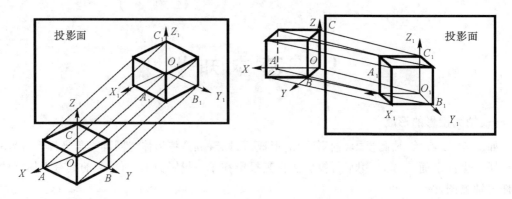

图 4 - 4　轴间角和轴向伸缩系数

伸长或缩短的程度。

**四、轴测投影的基本性质**

轴测投影属于平行投影的一种,所以它具有平行投影的一切特性,但在画图实践中主要应用以下几个特性。

**1. 同素性**

点的轴测投影仍是一点,直线的轴测投影还是直线。

**2. 从属性**

若空间一点属于某一直线,则点的轴测投影也必在该直线的轴测投影上。

**3. 平行性**

凡空间平行直线段其轴测投影仍平行,且伸长缩短程度相同;若直线段与空间直角坐标系中的某一轴平行,则其轴测投影也与该轴平行且伸缩变化程度相同。

**4. 实形性**

当空间平面图形与轴测投影面平行时,其轴测投影反映实形。

# 4.2　正轴测投影的画法

**一、正等轴测投影**

当投影方向与投影面垂直,且物体所有的三个坐标轴与投影面成等倾斜时,所形成的轴测投影称为正等轴测投影,简称正等测。

**1. 轴间角**

经证明,三个轴间的夹角均为 $120°$,画图时常保持 $O_1Z_1$ 竖直向上,这样 $O_1X_1$ 与 $O_1Y_1$ 均与水平方向成 $30°$,如图 4 - 5 所示。

**2. 轴间伸缩系数**

经证明,正等测图中各轴轴向伸缩系数均相同,即 $p_1 = q_1 = r_1 = 0.82$。

为作图方便,常将各轴向伸缩系数放大 1.22 倍,这样各轴向伸缩系数便近似等于 1。取 $p=q=r=1$,这样放大的轴向伸缩系数称为简化系数。

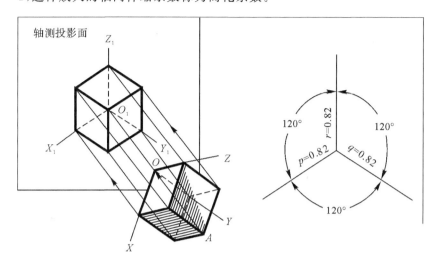

图 4-5　正等轴测投影的轴间角和轴向伸缩系数

### 二、轴测图的基本画法

1. 坐标法

坐标法就是根据点的位置坐标(投影)画出其轴测投影,再将各点的轴测投影逐次相连完成立体的轴测投影。

坐标法是画轴测投影的基本方法,也是其他画法的基础。它主要用于绘制由顶点连线而成的简单平面立体或由一系列点连接而成的平面曲线与空间曲线。

【例 4-1】　已知一四棱台的正投影如图 4-6(a)所示,求作四棱台的正等轴测投影。

作图方法和步骤如图 4-6 所示。

2. 切割法

实际工程有些物体可能是由简单形体几经切割而成的,因此其轴测图的绘制也可按其形成过程,先画出整体再依次切去多余部分逐步完成作图,这种由整体到局部的绘图方法叫作切割法。

【例 4-2】　已知一形体的正投影如图 4-7(a)所示,求作其正等轴测投影。

作图方法和步骤略。

3. 堆积法

有些工程物体往往是由若干个基本几何形体依次叠加或堆积而成的,绘制这类物体轴测图时,可按其构成的顺序依次逐个画出每一形体的轴测图,最后完成整个形体的轴测图,这种画法叫作堆积法或叠架法。

【例 4-3】　已知一形体的正投影如图 4-8(a)所示,求作其正等轴测投影。

作图方法和步骤略。

上述三种作图方法是最基本的,也是最常用的。但实际工作中由于形体本身的复杂性,画图时并不单纯地使用堆积法或切割法,而往往是几种画法综合在一起使用。

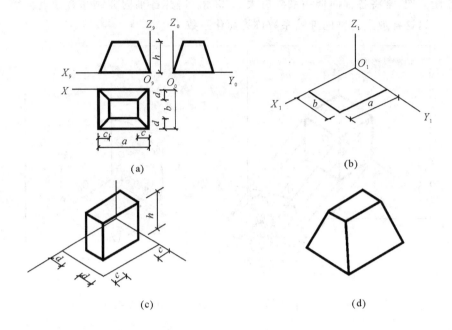

图 4-6　坐标法画正等轴测投影

（a）在正投影图上定出原点和坐标轴的位置；

（b）画轴测图，在 $OX$ 和 $OY$ 上分别量取 $a$ 和 $b$ 画出四棱台底面的轴测图；

（c）在底面上用坐标法根据尺寸 $c, d$ 和 $h$ 作棱台各角点的轴测图；

（d）依次接连各点，擦去多余的线并描深，即得四棱台的正等轴测投影

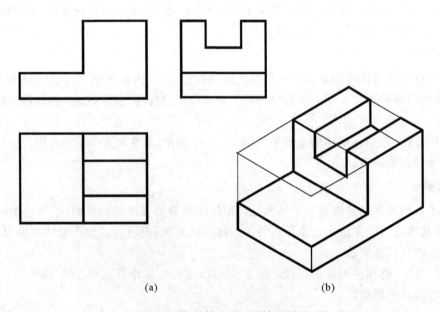

图 4-7　切割法画正等轴测投影

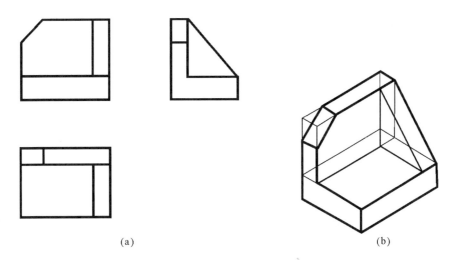

图 4 - 8 　堆积法画正等轴测投影

【例 4 - 4】　已知一台阶的正投影如图 4 - 9(a) 所示,求作其正等轴测投影。
作图方法和步骤略。

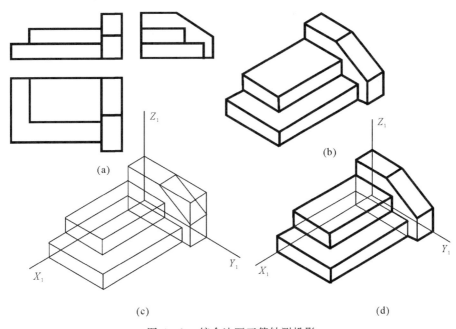

图 4 - 9 　综合法画正等轴测投影

# 4.3 　斜轴测投影

在斜轴测投影中,使用最多的是正面斜轴测与水平斜轴测两种。下面对这两种斜轴测的
形成和画法作详细的讲述。

### 一、正面斜轴测投影

如图 4-3 所示,当空间形体正面投影面($XOZ$)面与轴测投影面($P$)平行或重合时,且投影方向与投影面倾斜,这样所形成的轴测投影称为正面斜轴测投影。

**1.轴间角**

由于空间坐标系的 $V(XOZ)$ 面与轴测投影面 $P$ 平行或重合,故 $\angle X_1O_1Z_1 = 90°$ 而 $O_1Y_1$ 轴的方向则随投影方向 $S$ 的改变而改变(即轴间角是任意的)。为画图方便起见,通常取 $O_1Y_1$ 轴与水平线成 $30°,45°$ 或 $60°$ 角。

**2.轴向伸缩系数**

同样由于 $XOZ$ 坐标面与轴测投影面 $P$ 平行或重合,所以 $OX$ 轴与 $OZ$ 轴在经轴测投影后没有伸长或缩短,也即其轴向伸缩系数 $p_1=r_1=1$,而 $OY$ 轴的投影 $O_1Y_1$ 的伸缩程度则可随投影方向 $S$ 的变化而变化。因此为简便画图,常取 $q=1$ 或 $q=1/2$。当 $p=r=1,q=1/2$ 时称为正面斜二测,当 $p=q=r=1$ 时称为正面斜等测。

【**例 4-5**】 已知一形体的正投影如图 4-10(a) 所示,求作其正面斜轴测投影。

作图步骤如图 4-10 所示。

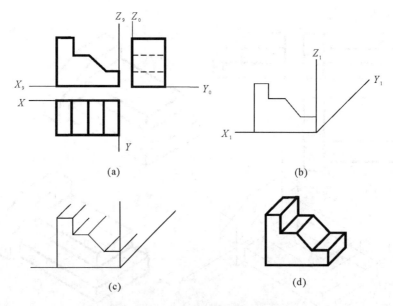

(a)

(b)

(c)

(d)

图 4-10 正面斜轴测投影的画法

(a) 在正投影图上定出原点和坐标轴的位置;

(b) 画出斜二测的轴测轴,并在 $X_1Z_1$ 坐标面上画出正面投影;

(c) 过各角点作 $Y_1$ 轴平行线,长度等于宽度的一半;

(d) 将平行线各角点连起来加深,即得其斜二测投影

【**例 4-6**】 已知门洞的正投影如图 4-11(a) 所示,求作其正面斜轴测投影。

作图步骤:

(1) 在正投影图上定出原点和坐标轴的位置。

(2) 画出斜二测的轴测轴,并在 $X_1Z_1$ 坐标面上画出正面投影。

(3) 过各角点作 $Y_1$ 轴平行线,长度等于宽度的一半。

(4) 将平行线各角点连起来加深即得其斜二测投影。

【**例 4 - 7**】　已知一空心圆台的正投影如图 4 - 12(a) 所示,求作空心圆台的正面斜二测投影。

作图步骤如图 4 - 12 所示。

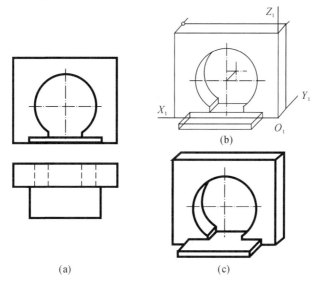

(a)

(b)

(c)

图 4 - 11　拱形门正面斜轴测投影的画法

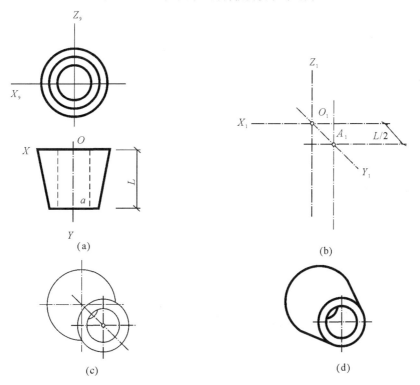

(a)

(b)

(c)

(d)

图 4 - 12　空心圆台正面斜轴测投影的画法

(a) 在正投影图中定出原点和坐标轴的位置;

(b) 画轴测轴,在 $O_1Y_1$ 轴上取 $O_1A_1 = L/2$;

(c) 分别以 $O_1$,$A_1$ 为圆心,相应半径的实长为半径画两底圆及圆孔;

(d) 作两底圆公切线,擦去多余线条并描深,即得空心圆台的斜二测投影

### 二、水平斜轴测投影

如图 4-3 所示,当空间坐标系的水平投影面($XOY$)面与轴测投影面($P$)平行或重合时,且投影方向与投影面倾斜,这样所形成的轴测投影称水平斜轴测投影。

#### 1. 轴间角

由于水平斜轴测形成时,其水平投影面($XOY$)面与轴测投影面 $P$ 平行或重合,所以它的投影 $X_1O_1Y_1$ 反映实形。因此 $\angle X_1O_1Y_1 = 90°$,而 $O_1Z_1$ 轴的方向则随投影方向 $S$ 的改变而改变(即轴间角是任意的)。为画图方便起见,通常取 $O_1Z_1$ 轴与水平线成 30°,45° 或 60°。但这样的 $O_1Z_1$ 轴给人一种倾倒的感觉,为避免这种现象的产生,画图时常令 $O_1Z_1$ 轴竖直向上,而令 $O_1X_1$ 轴与水平线成 30°,45° 或 60°。

#### 2. 轴向伸缩系数

由于 $X_1O_1Y_1$ 反映实形,所以 $O_1X_1$ 与 $O_1Y_1$ 轴没有长度上的改变,因此其轴向伸缩系数 $p_1 = q_1 = 1$,而 $O_1Z_1$ 的伸缩程度则可随投影方向 $S$ 的变化而变化。为简便画图,常取 $r = 1$ 或 $r = 1/2$。当 $p = q = 1$,$r = 1/2$ 时称为水平斜二测,当 $p = q = r = 1$ 时称为水平斜等测。

【例 4-8】 已知一形体的正投影,如图 4-13(a)所示,求作其水平斜等测投影。

作图步骤:

(1)在正投影图中定出原点和坐标轴的位置。

(2)画轴测轴,形体的水平投影逆时针旋转 30° 画出。

(3)从基底的各个顶点向上引垂线,并在竖直方向(沿 $O_1Z_1$ 轴)量取相应高度,画出形体顶面。

(4)擦去不可见线条并描深,即得形体的水平斜等测投影,如图 4-13(d)所示。

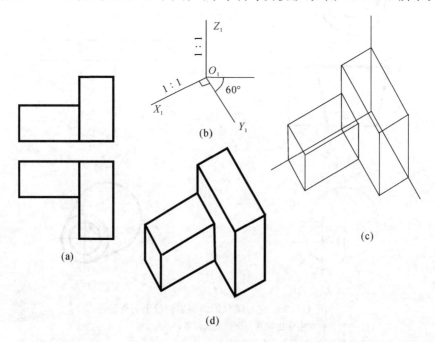

图 4-13　水平斜等测投影的画法

# 4.4　圆及曲面立体的轴测投影

**一、平行坐标面圆的轴测投影**

在正轴测投影中,与坐标面平行的圆,其轴测投影一般均为椭圆。画椭圆的方法很多,下面介绍两种常用方法。

1. 近似画法

在正等轴测投影中,平行于三个坐标面圆的正等轴测均为椭圆,当平行于三个坐标面圆的直径相等时,其轴测投影 —— 椭圆大小也相同。椭圆长短轴的大小与方向如图 4-14 所示。

三个坐标面上的椭圆长、短轴位置不同,但画法一样。图 4-14 所示为一水平圆的正等轴测投影的画法。

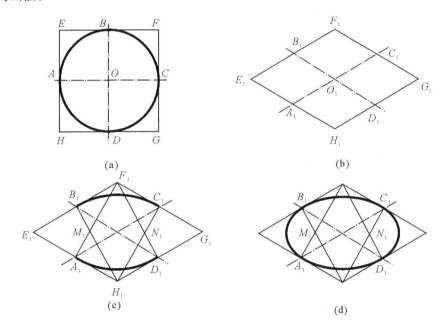

图 4-14　水平圆的正等轴测的近似画法

(a) 在圆的投影上定出原点和坐标轴位置,并作圆的外切正方形 $EFGH$;

(b) 画轴测轴及圆的外切正方形的正等测投影;

(c) 连接 $F_1A_1$,$F_1D_1$,$H_1B_1$,$H_1C_1$,分别交于 $M_1$,$N_1$,以 $F_1$ 和 $H_1$ 为圆心,$F_1A_1$ 或 $H_1C_1$ 为半径作大圆弧 $\overset{\frown}{B_1C_1}$ 和 $\overset{\frown}{A_1D_1}$;

(d) 以 $M_1$ 和 $N_1$ 为圆心,$M_1A_1$ 或 $N_1C_1$ 为半径作大圆弧 $\overset{\frown}{A_1B_1}$ 和 $\overset{\frown}{C_1D_1}$,即得平行于水平面的圆的正等轴测投影

2. 平行弦法

平行弦法就是作出圆周平行弦上若干点的轴测投影,然后依次将各点相连得出椭圆,如图 4-15 所示。这种方法适用于各种类型的轴测图。

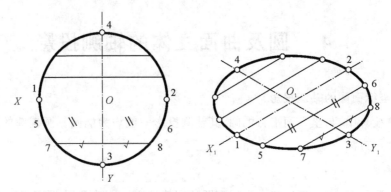

图 4-15  平行弦法画正等测投影

## 二、曲面立体轴测投影的画法

常见曲面立体多是回转体,而回转体的底面及截面则多为圆,因此掌握了圆的轴测图就不难画出曲面立体的轴测投影。

**【例 4-9】**  已知一圆柱的正投影如图 4-16(a) 所示,求作圆柱的正等轴测投影。

作图步骤如图 4-16 所示。

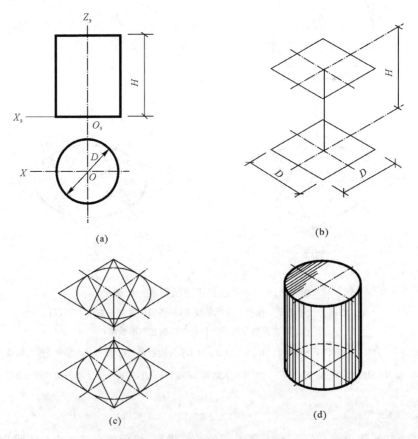

图 4-16  圆柱正等测投影的画法

(a) 在正投影图上定出原点和坐标位置; (b) 根据圆柱的直径 $D$ 和高 $H$,作上、下底圆外切正方形的轴测图;

(c) 用四心法画上、下底圆的轴测图; (d) 作两椭圆公切线,擦去多余线条并描深,即得圆柱体的正等轴测投影

【例 4 - 10】　已知一圆柱的正投影如图 4 - 17(a) 所示,求作圆台的正等轴测投影。

作图步骤如图 4 - 17 所示。

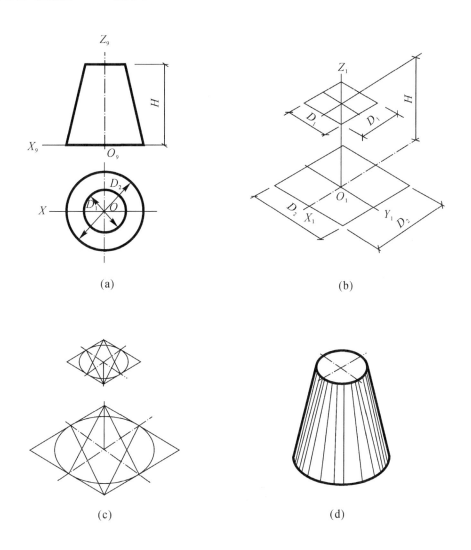

(a)　　　　　　　　　　　　　(b)

(c)　　　　　　　　　　　　　(d)

图 4 - 17　圆台正等测投影的画法

(a) 在正投影图上定出原点和坐标轴的位置;

(b) 根据上、下底圆直径 $D_1$,$D_2$ 和高 $H$ 作圆的外切正方形的轴测投影;

(c) 用四心法作上、下底圆的轴测投影;

(d) 作两椭圆的公切线,擦去不可见线条,加深,即得圆台的正等轴测投影

【例 4 - 11】　已知一圆角底板的正投影如图 4 - 18(a) 所示,求作圆角底板的正等轴测投影。

作图步骤如图 4 - 18 所示。

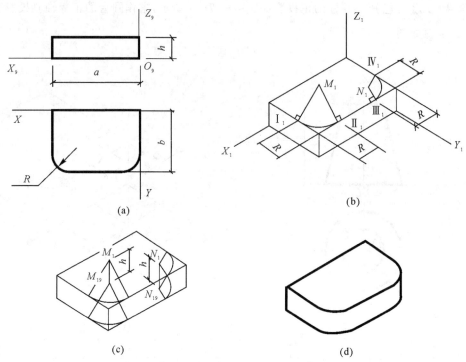

图 4-18　底板圆角正等测投影的画法

（a）在正投影图上定出原点和坐标轴的位置；

（b）先根据尺寸 $a,b,h$ 作平板的轴测图，由角点沿两边量取长度 $R$，分别得 $Ⅰ_1,Ⅱ_1,Ⅲ_1,Ⅳ_1$ 点，过各点作直线垂直于圆角的两边，分别以交点 $M_1,N_1$ 为圆心，$M_1Ⅰ_1,N_1Ⅲ_1$ 为半径作圆弧；

（c）过 $M_1,N_1$ 沿 $O_1Z_1$ 方向作直线，量取 $M_1M_{19}=N_1N_{19}=h$，以 $M_{19},N_{19}$ 为圆心，分别以 $M_1Ⅰ_1$，$N_1Ⅲ_1$ 为半径作弧得底面圆弧；

（d）作右边两圆弧切线，擦去不可见直线并加深，即得有圆角平板的正等轴测投影

# 4.5　轴测剖面图的画法

我们已经知道，轴测图能直观地反映物体的外观，但在建筑工程中，常常需要表示建筑及装饰构配件的内部及构造作法，并反映物体的内部材料，这就需要将前面所讲的剖面图及断面图的概念引入到轴测图中，即采用轴测剖面图的方法来表示形体的内部构造。

轴测剖面图是假设用平行于坐标面的剖切平面将物体剖开，然后将剖切后的剩余部分绘制出轴测图。剖切平面可以是单一的，也可以是几个相互呈阶梯平行的平面，用这样的剖切平面剖切形体得到的轴测全剖面图，如图 4-19 所示。有时，可以用两个或两个以上相互垂直的规则或对称的平面剖切物体，得到物体的轴测半剖面图或轴测局部剖面图，如图 4-19 所示。

**一、画剖切轴测图的规定**

（1）为了在轴测图上能同时表达出物体的内外形状，通常采用两个或三个相互垂直的平面来剖切物体，剖切平面应平行于坐标面。对于对称物体，剖切平面应通过其对称平面或主要轴线。

（2）剖切平面剖到的实体部分应画上剖面线，其方向如图 4 - 20 所示。

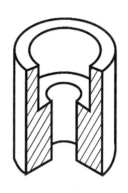

图 4 - 19　正等轴测剖视图

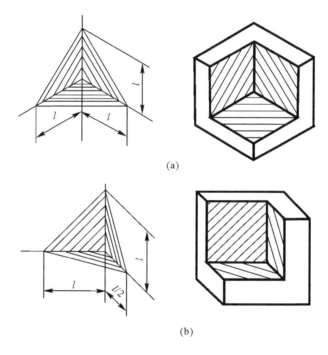

(a)

(b)

图 4 - 20　轴测图中剖面线的画法
(a)正等测投影；　(b)斜二等测投影

## 二、剖切轴测图的画法

绘制轴测剖面图一般有两画方法。一种画法是"先整体后剖切"，即首先画出完整形体的轴测图，然后将剖切部分画出，如图 4 - 21(b)所示。当剖切平面平行于坐标面时，被剖切平面切到的部分画上剖面线，未指明材料时，剖面线一般采用 45°角的等距平行线画出。如果需标明物体的材料种类，则将被切到的部分画上材料图例。若剖切平面不平行于坐标面，则剖切面的图例线不再是 45°斜线，其方向应根据各种轴测图的轴间角及轴向伸缩系数确定。

另一种画法是"先剖切后整体"，即首先根据剖切位置，画出剖断面的形状，并画上剖面线，然后再完成剩余部分的外形,如图4-21(c)所示。这种方法比前者作图线少,但初学者不易掌握。

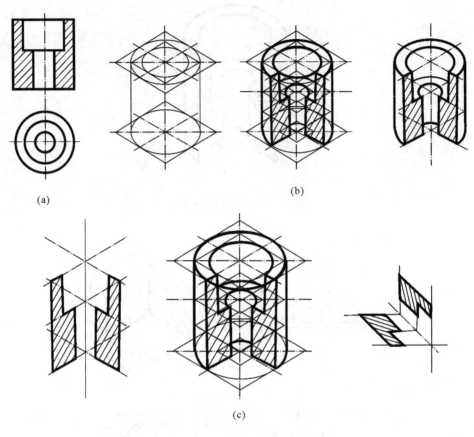

图4-21　剖切轴测图的画法
(a)已知;　(b)先画外形,后画剖面(方法一);　(c)先画剖面区域,后画外形(方法二)

# 4.6　轴测投影的选择及应用

## 一、轴测投影的选择

在工程制图中,选用轴测图的目的是直观形象地表示物体的形状和构造。但在轴测图形成过程中,由于轴测轴及投影方向的不同,轴间角和轴向伸缩系数存在差异,产生了多种不同的轴测图。通过前面对各种轴测投影知识的讲述,我们已经了解到,选择不同的轴测图的形式,产生的立体效果不同。因此,在选择轴测投影图的形式时,首先应遵循两个原则:

(1)选择的轴测图应能最充分地表现形体的线与面,立体感鲜明、强烈。

(2)选择的轴测图的作图方法应简便。

由于轴测投影方向的不同,每种形式的轴测图可以产生四种不同的视觉效果,每种形式重点表达的外形特征不同,产生的立体效果也不一样。因此在表示顶面简单而底面复杂的形体时,采用仰视轴测图;在表示顶面较复杂的形体时,常选用俯视轴测图。例如,基础或台阶类轴测图,宜采用俯视轴测图;而房屋顶棚或柱头处轴测图,则宜采用仰视轴测图。

总之,在实际工程图中,应因地制宜,根据所要表达的内容选择适宜的轴测投影图。具体考虑以下几点:

(1)形体三个方向及表面交线复杂时(尤其是顶面),宜选用正等测图,但遇到形体的棱线与轴测投影面成 45°方向时,则不宜选用正等测图,而应选用正二测图。

(2)正二测图立体感强,但作图较烦琐,故常用于画平面立体。

(3)斜二测图能反映一个方向平面的实形,且作图方便,故适合于画单向有圆或端面特征较复杂的形体。水平斜二测图常用于建筑制图中绘制建筑单体或小区规划的鸟瞰图。

**二、轴测投影在工程中的应用**

轴测图是建筑设计与室内装饰设计中经常采用的一种表现手法,其应用范围很广。为开阔视野,下面简单介绍一些运用实例供将来在设计实践中参考。

1.在家具设计中的应用

家具种类繁多、形式各异,为配合房间整体装修效果,常常要针对不同要求进行家具设计。家具构造有的也很复杂,不仅要画投影图还要辅之以轴测图,有时甚至也直接用轴测图指导生产,如图 4-22 所示。

图 4-22 办公桌的轴测图

2.在房间布置设计中的应用

在室内设计中,为便捷体现空间效果,常常用轴测图进行表达,表达时还常将一些墙体假想打断或拆除,以便看清房间内部布置状况,如图 4-23 所示。

3.在住宅布置设计中的应用

为表现住宅小区或街道两侧建筑群体之间的相互关系以及表现小区内绿化布置、四周环境关系等状况,常常用轴测图表达,其表达效果不但令人满意,且作图方法很简便,为广大设计人员所采用,如图 4-24 所示。

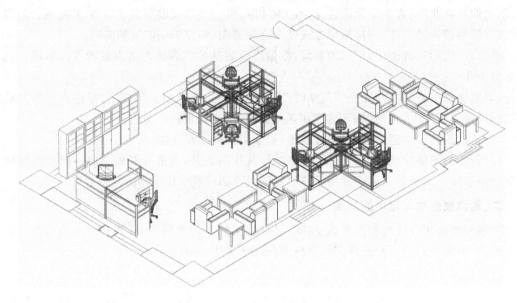

图 4-23　办公室的轴测图

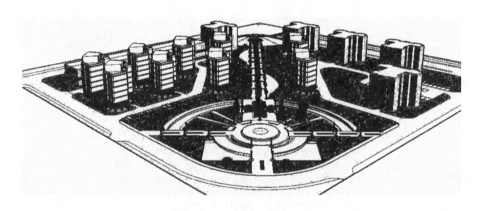

图 4-24　小区规划图

# 复习思考题

1. 轴测图与三面正投影图各有哪些优、缺点?
2. 正等轴测图、斜二等轴测图的轴间角和轴向伸缩系数各是多少?
3. 在正等轴测图中,平行于坐标面的圆投影成的椭圆其长、短轴方向有何特点?
4. 在斜二轴测图中,平行于哪一个坐标面上的圆的投影仍为圆且大小相等?

# 第5章 形体的表达方法

【主要内容】

(1)工程常见形体的基本视图和辅助视图的表达。

(2)剖面图和断面图的形成原理、表达方法及常用的材料图例。

(3)剖面图及断面图的识读及综合应用。

【学习目标】

(1)理解形体六面视图的形成、图名注写要求。

(2)明确剖面图及断面图的形成原理、表达方法,熟记常用的材料图例。

(3)明确各种剖面图、断面图的适用范围。

(4)熟练掌握剖面图及断面图的识读、绘制与综合应用。

【学习重点】

(1)掌握基本视图、向视图、局部视图和斜视图的画法和标注方法。

(2)掌握剖视图的概念,全剖、半剖、局部剖视图的画法和标注方法。

(3)掌握断面图的概念、画法和标注方法。

【学习难点】

(1)向视图、斜视图的配置和标注。

(2)半剖、局部剖视图的画法和标注的规定,剖切范围的选择。

(3)移出断面图的画法和标注的规定。

(4)各种图样表示方法中虚线的处理。

前几章介绍了正投影法和三视图。但在实际生产中,当形体的结构、形状比较复杂时,仍用前面所讲的三视图就很难将其内、外形状正确、完整、清晰地表达出来。为此,国家标准规定了各种画法——视图、剖视、断面等。在画图时,应根据形体的形状进行分析,选用合适的画法。

## 5.1 基本视图与辅助视图

### 一、基本视图

按照我国的制图标准,形体的视图应按正投影法并用第一角画法绘制。物体在正立面投影($V$)、水平投影($H$)和侧面投影($W$)上的视图分别称为:

正立面图 —— 由前向后作投影所得到的视图,也简称正面图;

平面图 —— 由上向下作投影所得到的视图;

左侧立面图 —— 由左向右作投影所得到的视图,也简称侧面图。

在原有三个投影面 $V,H,W$ 的对面再增设三个分别与它们平行的投影面 $V_1,H_1,W_1$,可得到一六面投影体系,这样的六个面称为基本投影面(见图 5-1)。物体在 $V_1,H_1,W_1$ 上的视图分别称为:

背立面图 —— 由后向前作投影所得到的视图;

底面图 —— 由下向上作投影所得到的视图;

右侧立面图 —— 由右向左作投影所得到的视图。

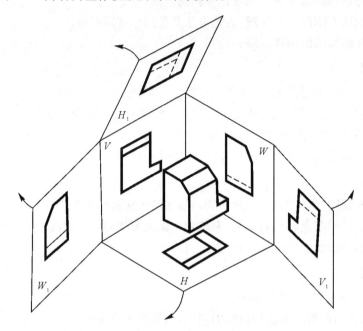

图 5-1　六个投影面的展开方法

以上六个视图称为六面基本视图(见图 5-2)。工程上有时也称以上六个基本视图为正视图(主视图)、俯视图、左视图、右视图、仰视图和后视图。画图时,可根据物体的形状和结构特点,选用其中必要的几个基本视图。每个视图一般均应标注图名,图名宜标注在视图的下方或一侧,并在图名下用粗实线绘制一条横线,其长度应以图名所占长度为准。

**二、向视图**

向视图是可以自由配置的视图。有时为了合理利用图幅,各视图不能按规定位置关系配置时可自由配置,但应在视图上用大写字母标注该视图的名称"×向",并在相应的视图附近用箭头指明投影方向,注上同样字母,如图 5-3 所示。

在绘制形体的图样时,应根据形体的复杂程度,选用其中的几个基本视图。形体的哪个方向外形复杂,即选用哪个基本视图。

**三、局部视图**

当形体的主体形状已表达清楚,只有局部形状尚未表达清楚时,不必再增加一个完整的基本视图,可采用局部视图。

将形体的某一部分向基本投影面投影所得的视图称为局部视图。

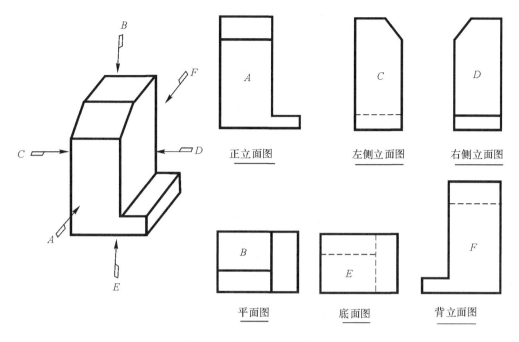

图 5-2  六面基本视图的配置

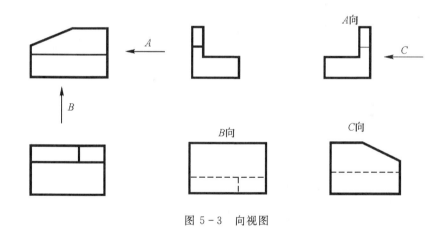

图 5-3  向视图

画局部视图,一般在局部视图上方标注出视图的名称"×",在相应的视图附近用箭头指明方向,并标注同样的字母,如图5-4所示。局部视图的断裂边界一般应以波浪线表示,如图5-4所示的 A 视图。当表达的局部形状外形轮廓完整且又成封闭图形时,局部视图的画法如图 5-4 所示的 B 视图,不画波浪线。

当局部视图按投影关系配置时,中间又没有其他图形隔开,可省略标注。

**四、斜视图**

使机件倾斜部分向不平行于任何基本投影面的平面投影所得的视图称为斜视图(见图5-5)。

对于图5-5所示的具有倾斜部分的机件,俯视图中不仅不能反映倾斜部分的实形,而且画图麻烦,也不方便看图。为了清楚表达倾斜表面的实形,可设立一个平行于倾斜表面的正垂面,将倾斜部分向正垂面投影。

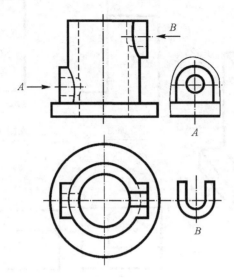

图 5-4  局部视图的画法

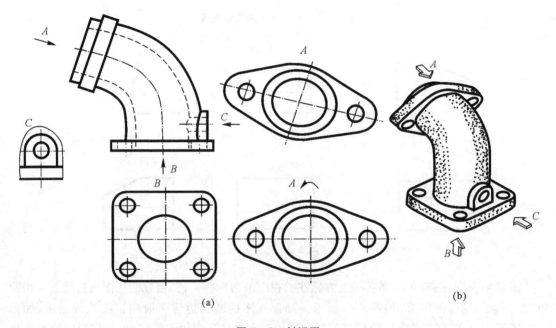

(a)                                    (b)

图 5-5  斜视图

画斜视图时必须在视图上方标出视图的名称"×",在相应的视图附近用箭头指明投影方向,并注上同样的字母。

斜视图一般按投影关系配置,也可配置在其他适当的位置,在不引起误解时,允许将图形旋转后画出,在视图上方标注"×向旋转"。

**五、展开视图**

有些形体的各个面之间不全是相互垂直的,某些面与基本投影面平行,而另一些面则与基本投影面成一倾斜的角度。与基本投影面平行的面,可以画出反映实形的投影图。为了同时表达出倾斜面的形状和大小,可假设将倾斜部分展开(旋转到)与某一选定的基本投影面平行后,再向该投影面作投影,这种经展开后向基本投影面投影所得到的视图称为展开视图(又称旋转视图)。

如图 5-6 所示房屋,中间部分的墙面平行于正立投影面,在正面上反映实形,而左、右两侧面与正立面投影面倾斜,其投影不反映实形。为此,可假想将左、右两侧墙面展至和中间墙面在同一平面上,这时再向正立投影面投影,则可以反映左、右两侧墙面的实形。

展开视图可以省略标注旋转方向及字母,但应在图名后加注"展开"字样。

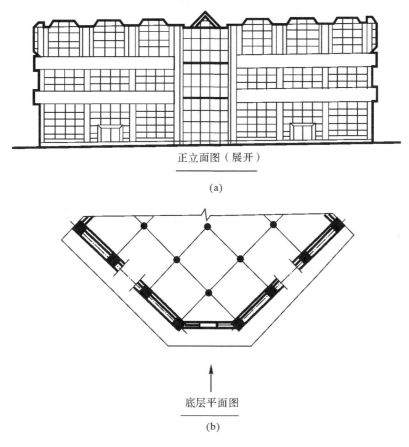

正立面图（展开）

(a)

底层平面图

(b)

图 5-6　展开视图
(a)正立面(展开)；　(b)底层平面图

**六、镜像视图**

当直接用正投影法所绘制的图样虚线较多,不易表达清楚某些工程构造的真实情况时,可用镜像投影法绘制图样,但应在图名后注写"镜像"两字。

如图 5-7 所示,把镜面放在物体的下面,代替水平投影面,在镜面中反射得到的图像,称为镜像投影图。由图可知,它与通常投影法绘制的平面图是不相同的。

在室内设计中,镜像投影常用来反映室内顶棚的装修、灯具或古代建筑中殿堂室内房顶上藻井(图案花纹)等的构造情况。

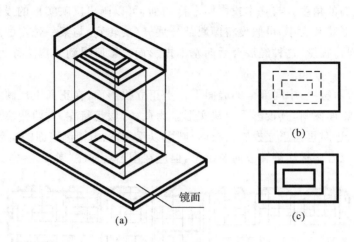

图 5-7　镜像投影

(a)镜像投影的形成；　(b)平面图；　(c)平面图(镜像)

# 5.2　剖　视　图

**一、剖视的基本概念**

当形体的内部结构比较复杂时,在视图中就出现很多虚线,不便于画图和看图。图 5-8 所示形体,若按视图画出三视图,则孔均用虚线表示。

为此,我们假想用剖切面在适当的位置剖开机件,将处在观察者和剖切面之间的部分移去,而将其余的部分向投影面投影所得的图形称为剖视图,如图 5-9 所示。被剖切到的实体部分应画上剖面符号,不同的材料采用不同的剖面符号。

根据国家标准规定,金属材料的剖面符号与水平方向倾斜 45°,且用互相平行、间隔相等的细实线画出,如图 5-10 所示。

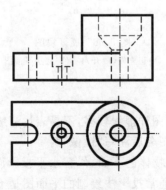

图 5-8　视图

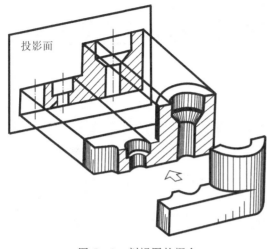

图 5 - 9　剖视图的概念

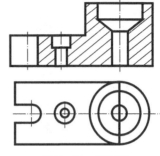

图 5 - 10　剖视图

因为剖切是假想的,实际上形体并没有被切掉一部分,所以在画其他视图时,仍应按照整个机件的结构形状绘制。

为了明显地表达这些结构,假想用一个通过各孔轴线的正平面将机件剖开,移去剖切面前面部分,则机件的内部结构就清楚地表现出来。剖切断面上应画出剖面符号。

**二、剖视图的画法**

画剖视图时,首先要确定剖切面的位置。剖切面一般应选取投影面的平行面或垂直面,并尽量与物体的内孔、槽等结构的轴线或对称面重合。这样,在剖视图上就可以反映出被剖切形体内部的真实形状。

物体被剖开后,物体内部的构造、材料等均已显露出来,因此在剖面图、断面图中被剖切到的实体部分应画上材料图例,材料图例应符合《房屋建筑制图统一标准》的规定。表 5 - 1 给出了常见材料的剖面图例。当不需要表明材料的种类时,可用同方向、等间距的 45° 细实线表示剖面线。

剖切面位置确定后,在相应的剖视图中画出与剖切面接触到的实体部分(称为剖面区域),然后,画出剖面区域后面的可见部分的投影(必要时画出不可见部分的投影)。剖面区域内需画上规定的剖面符号。

剖视图一般应按规定的投影关系配置,也可以根据需要配置在其他适当的位置。

画剖视图的步骤:

(1)确定剖切方法及剖面位置——选择最合适的剖切位置,以便充分表达机件的内部结构形状,剖切面一般应通过机件上孔的轴线、槽的对称面等结构。

(2)画剖面符号——为了分清机件的实体剖分和空心部分,在被剖切到的实体部分上应画剖面符号。

(3)剖切位置与剖视图的标注——一般应在剖视图的上方用大写的拉丁字母或数字标注剖视图的名称(如“3—3”),在相应的视图上用剖切符号表示剖切位置,同时在剖切符号的外侧画出与它垂直的细实线和箭头表示投影方向。字母一律水平方向书写。

### 表 5-1 常见材料的剖面图例

| 常见材料 | 剖面图例 | 常见材料 | 剖面图例 |
|---|---|---|---|
| 金属材料<br>（已有规定剖面符号者除外） | 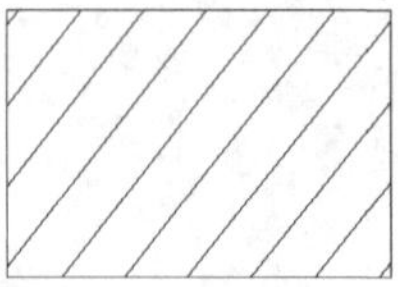 | 水质胶合板<br>（不分层数） | 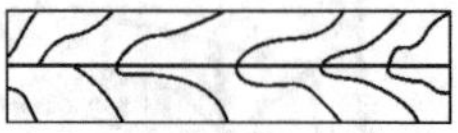 |
| 线圈绕组元件 | 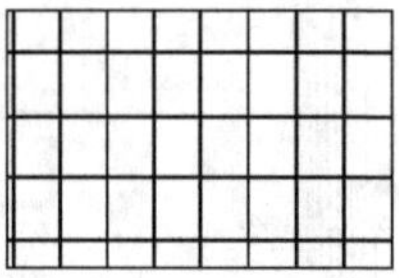 | 基础周围的泥土 | 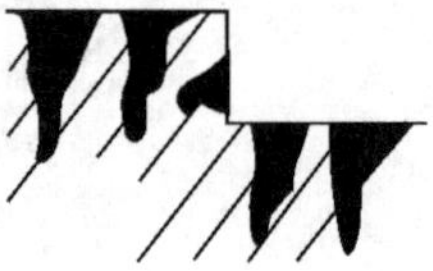 |
| 转子、电枢、变压器和<br>电抗器等的迭钢片 |  | 混凝土 | 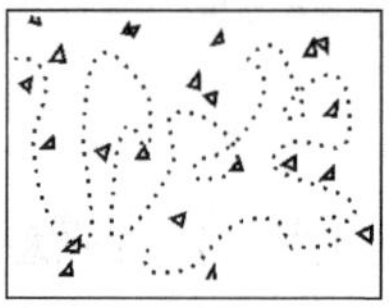 |
| 非金属材料<br>（已有规定剖面符号者除外） | 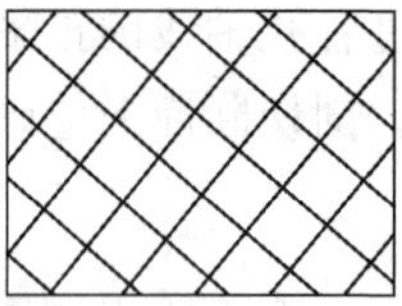 | 钢筋混凝土 | 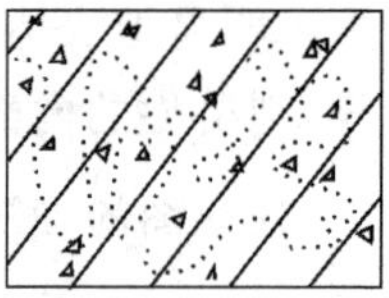 |
| 型砂、填砂、粉末冶金、<br>砂轮、陶瓷刀片、硬质<br>合金刀片等 | 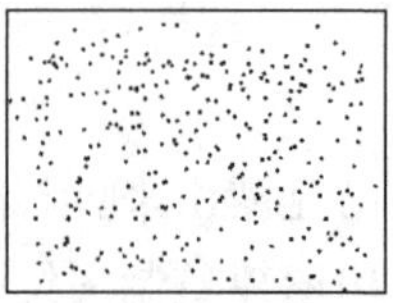 | 砖 | 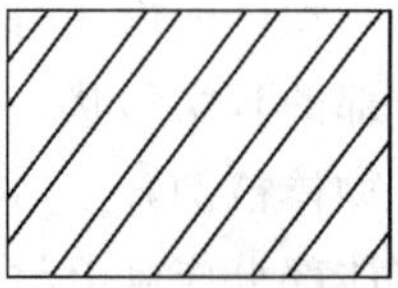 |
| 玻璃及供观察用的<br>其他透明材料 | 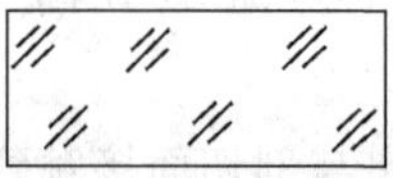 | 格网<br>（筛网、过滤网等） |  |
| 木材　纵剖面 | 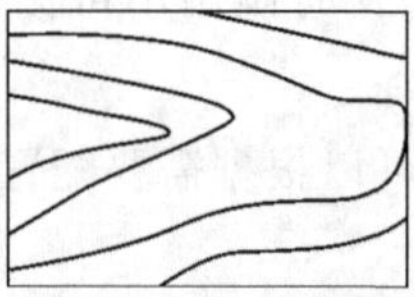 | 液体 | 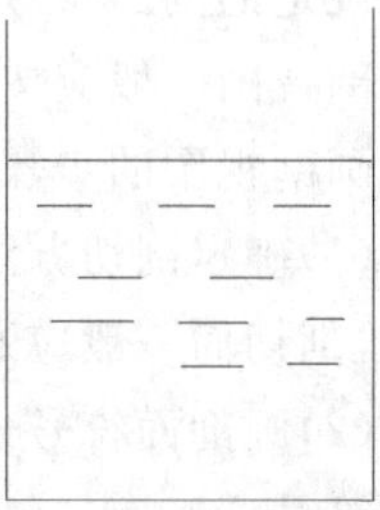 |
| 木材　横剖面 |  | | |

(4)画出剖视图——应把断面及剖切面后方的可见轮廓线用粗实线画出，如图 5-11

所示。

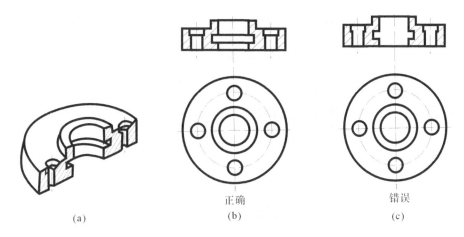

正确　　　　　　错误

(a)　　　　　　　(b)　　　　　　　(c)

图 5-11　剖视图的画法

（5）为了使图形更加清晰，剖面图中不可见的虚线，当配合其他图形已能表达清楚时，应该省略不画。没有表达清楚的部分，必要时可画出虚线。如图 5-12 所示。

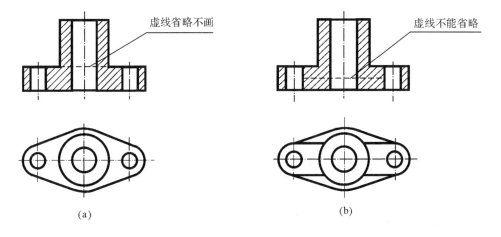

(a)　　　　　　　　　　　　　(b)

图 5-12　剖视图中的虚线

（6）当剖视图按投影关系配置，中间又没有其他图形隔开时，可以只画剖切符号，省略箭头。

（7）当单一剖切平面通过机件的对称平面或基本对称平面，且剖视图按投影关系配置，中间又没有其他图形隔开时，可不加任何标注。

**三、剖视图的种类**

1. 全剖视图

用剖切面完全地剖开机件所得的剖视图称为全剖视图（见图 5-13）。

适用范围：外形较简单，内形较复杂而图形又不对称。

2. 半剖视图

当机件具有对称平面时，在垂直于对称平面的投影面上投影所得的图形，以对称中心线为界,一半画成剖视,另一半画成视图,称为半剖视图(见图 5-14)。

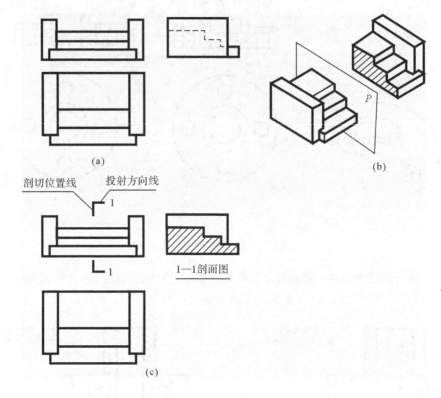

剖切位置线　投射方向线

1—1剖面图

图 5-13　台阶的剖面图

(a)三视图；　(b)剖切情况；　(c)剖视图

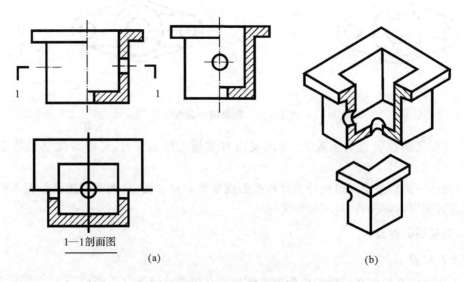

1—1剖面图

(a)　　　　　　　　(b)

图 5-14　半剖视图

(a)半剖视图的画法；　(b)剖切后的图形

画半剖视图时注意:

(1)半个剖视图与半个视图之间的分界线应是点画线,不能画成粗实线。

(2)机件的内部结构在半个剖视图中已表示清楚后,在半个视图中就不应再画出虚线。

习惯上,当对称线竖直时,半个剖面图画在对称线的右半边;当对称线水平时,半个剖面图画在对称线的下半边(见图 5 - 14)。

当剖切平面与物体的对称平面重合时,且半剖面图又位于基本投影图的位置时,其标注可以省略,如图 5 - 14 中的正立面图和左侧立面图位置的半剖面图。当剖切平面不是物体的对称平面时,应标注剖切符号及名称,如图 5 - 14 所示。

当机件的结构接近于对称,而且不对称的部分另有图形表达清楚时,可画成半剖视图(见图 5 - 14)。

3. 局部剖视图

用剖切面局部地剖开机件所得的剖视图称为局部剖视图(见图 5 - 15)。

局部剖视图不受图形是否对称的限制,在何部位剖切,剖切面有多大,均可根据实际机件的结构选择。

局部视图适用于下面几种情况:

(1)机件中仅有部分内形需要表达,不必或不宜采用全剖视图。

(2)不对称机件既需要表达机件的内部结构形状,又要保留机件的某些外部结构形状。

(3)当图形的对称中心线或对称平面与轮廓线重合时,要同时表达内外结构形状,又不宜采用半剖视。

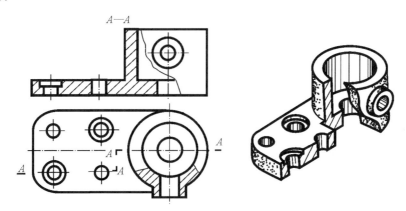

图 5 - 15　局部剖视图

注:局部视图要用波浪线与视图分界,波浪线可看作是机件断裂面的投影,因此波浪线不能超出视图的轮廓线,不能穿过中空处,也不允许波浪线与图样上其他图线重合。

局部剖视图是一种比较灵活的表达方法,但在一个视图中,局部剖视图的数量不宜过多,以免使图形过于破碎。

四、剖切面和剖切方法

前面介绍的所有剖视图,使用的都是一个剖切面,且剖切面平行于某一个基本投影面。实际上,国家标准(GB/T 17452—1998)规定:根据物体的结构特点,可选择单一剖切面(平面或圆柱面)、几个相交的剖切面、几个平行的剖切面来剖开机件。

1.单一剖切面(平面剖)

用单一剖切面剖开机件的方法称为单一剖。

单一剖切面有如下三种情况:

(1)剖切平面是平行于某一个基本投影面(即投影面平行面)的平面,如图 5-10 和图 5-13 所示都是投影面平行面剖切的。

(2)剖切平面是垂直于某一基本投影面(即投影面垂直面)的平面,如图 5-16 所示"A—A"就是用这种剖切平面剖切所得到的全剖视图,习惯称为斜剖视图。斜剖视图必须标注,不能省略。斜剖视图最好按投影关系配置,也可以平移或旋转配置在其他位置。当所得的斜剖视图旋转时,在相应的剖视图上方标注的视图名称中加注旋转符号,旋转符号的方向与图形的转向要一致,字母注写在箭头一端,如图 5-16 所示。

(3)剖切面是单一柱面,如图 5-17 所示的单一圆柱剖切所得的全剖视图,主要用于表示呈圆周分布的内部结构。通常采用展开画法,圆柱面剖切不能省略标注。

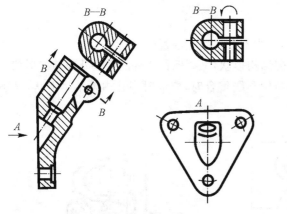

图 5-16 单一剖切平面

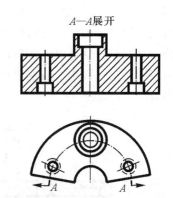

图 5-17 单一柱面剖切的全剖视图

2.两相交的剖切平面(旋转剖)

当几个相交剖切平面剖切时,必须保证相交平面交线垂直于某一个基本投影面。若采用这种方法剖切,则画剖视图时先按剖切位置剖开机件;若剖切平面不平行于基本投影面,则将该剖面旋转到与选定的基本投影面平行后再进行投射。该旋转后的剖视图与另一个平行于基本投影面的剖视图组合成一个全剖视图,如图 5-15 所示。几个相交剖切面可以是平面,也可以是柱面。

采用几个相交的剖切面剖切应注意如下几个问题:

(1)两剖切面的交线一般应与机件的轴线重合。

(2)先假想按剖切位置剖开物体,然后将与所选投影面不平行的剖切面剖开的结构有关部分旋转到与选定的投影面平行再进行投射。用这种"先剖切、后旋转、再投影"的方法绘制的剖视图,往往有些部分图形会伸长,如图 5-15 所示。

(3)在剖切平面后的其他结构一般仍按原来的位置投影,如图 5-16 所示。

(4)当采用几个相交的剖切面剖开物体时,往往难以避免出现不完整的要素。当剖切后产生不完整的要素时,此部分按不剖来绘制。

(5)当采用几个相交剖切面剖切时,必须加以标注。在剖切平面的起、止和转折处用剖切符号表示剖切位置,并在剖切符号附近注写相同字母,用箭头表明投射方向,如图 5-18 所示。当图形拥挤时,转折处可省略字母。当剖视图的配置符合投射关系,中间又无其他图形隔开时,可省略箭头,如图 5-19 所示。

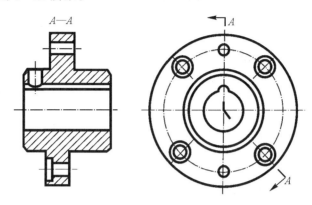

图 5-18 旋转剖切

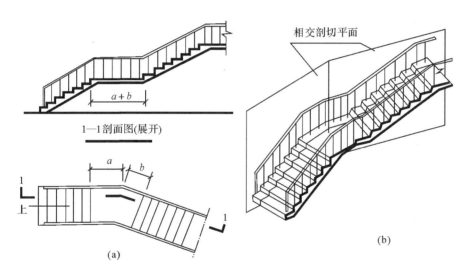

图 5-19 展开剖视图
(a)展开剖视图; (b)直观图

适用范围:当机件的内部结构形状用一个剖切平面剖切不能表达完全,且机件又具有回转轴时。

3.几个平行的剖切平面剖切(阶梯剖)

几个平行的剖切平面剖开机件后,向选定的投影面投射所得的剖视图,如图 5-20 所示。

采用几个平行剖切平面剖切应注意如下几个问题:

(1)由于剖切是假想的,因此在采用几个平行的剖切平面剖切的视图上,不应画出各剖切平面转折面的投影,即在剖切平面的转折处不应产生新的轮廓线,如图 5-20 所示。

(2)要正确选择剖切平面的位置,剖切平面的转折处不应与视图中的粗实线或细虚线重合。

(3)在剖视图内不能出现不完整的要素。只有当两个要素有公共对称中心线或轴线时,可以此为界各画一半。

(4)当物体上的两个要素具有公共对称面或公共轴线时,剖切平面可以在公共对称面或公共轴线处转折。

(5)采用几个平行的剖切平面剖切时,必须加以标注。在剖切平面的起、止和转折处用剖切符号表示剖切位置,并在剖切符号附近注写相同字母。当转折处图形拥挤时,转折处可省略字母。同时,需要用箭头表明投射方向。当剖视图的配置符合投射关系,中间又无其他图形隔开时,可省略箭头。

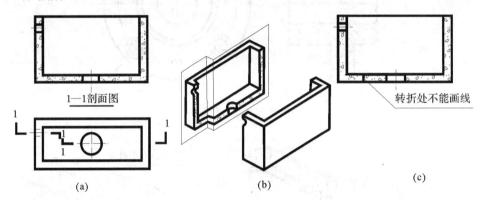

图 5－20　阶梯剖视图
(a)阶梯剖视图的画法；　(b)剖切情况；　(c)错误画法

适用范围:当机件上的孔槽及空腔等内部结构不在同一平面内时。

绘制剖视图时,几种剖切面既可单独使用,也可综合运用。三种剖切面均可得到全剖视图、半剖视图和局部剖视图。

**五、剖视图的标注**

为了方便看图,在剖视图上通常要标注 3 项内容:剖切符号、箭头和剖视图名称。

剖切符号:表示剖切位置,在剖切面的起、止、转折处画上短的粗实线并尽可能不与图形的轮廓线相交。

箭头:表示投射方向,画在剖切符号的起、止两端。

剖视图的名称:在剖视图的上方用大写字母标出剖视图的名称,形式为"×—×",并在剖切符号的起、止两端和转折处注上相同字母。若同一张图上同时出现几个剖视图,其名称按字母顺序排列,不能重复。

在下列情况下,可简化或省略标注:

(1)当剖视图按基本视图的投影关系配置,中间又无其他图形隔开时,可省略箭头。

(2)当单一剖切平面通过机件的对称平面或基本对称平面,且剖视图按基本视图的投影关系配置,中间又无其他图形隔开时,可省略标注,如图 5－10 所示。

(3)当单一剖切平面的剖切位置明显时,剖视图的标注可省略,如图 5－14 所示。

采用剖视图时,可以在物体的同一视图上或同时在它的几个视图上作出若干处剖视,彼此之间相互独立,不受影响。采用剖视后,若物体被剖到的内部形状已表达清楚,则在相应视图上的虚线可以省略,如图 5 - 15 所示。

# 5.3 断 面 图

## 一、断面图的形成

假想用剖切平面将机件的某处切断,仅画出断面的图形,这个图形称为断面图,如图 5 - 21(b)所示,简称断面。

## 二、断面图的表示方法

断面图的断面轮廓线用粗实线绘制,断面轮廓线范围内也要绘出材料图例,画法同剖面图。

断面图的剖切符号由剖切位置和编号两部分组成,不画投影方向线,而以编号写在剖切位置的一侧表示投影方向。如图 5 - 21(b)所示,断面图剖切符号注写在剖切位置线的左侧,则表示投影方向从右向左。

视图中,在断面图的下方或一侧也应注写相应的编号,如图 5 - 21(b)所示"1—1"。

## 三、剖面图与断面图的区别

(1)剖面图与断面图的表达内容不同。断面图仅画出断面的图形,而剖视图除了要画出断面形状外,还必须画出剖切平面后边的可见部分轮廓,如图 5 - 21(c)所示。

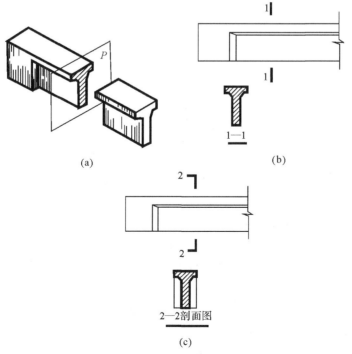

图 5 - 21 剖面图与断面图的比较

(a)剖切情况; (b)梁的断面图; (c)梁的剖面图

(2)剖面图与断面图的表示方法不同。剖面图的剖切符号要画出剖切位置线及投影方向线;断面图的剖切符号只画剖切位置线,投影方向用编号所在的位置来表示,如图 5-21(b)(c)所示。

(3)剖面图与断面图中剖切平面数量不同。剖面图可采用多个剖切平面,断面图一般只使用单一剖切平面。通常,画剖面图是为了表达物体的内部形状和结构,断面图则通常用来表达物体某一局部的断面形状。

**四、断面的分类**

断面分为移出断面(见图 5-22)和重合断面(见图 5-23)。

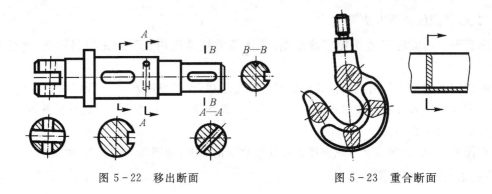

图 5-22 移出断面　　　　图 5-23 重合断面

**1. 移出断面**

移出断面画在视图外,轮廓线用粗实线绘制,应尽量配置在剖切符号或剖切平面迹线的延长线上,剖切平面迹线是剖切面与投影面的交线,用细点画线表示。

断面图形对称时,也可画在视图的中断处,如图 5-24 所示。

图 5-24 移出断面(上、下对称)　　　图 5-25 移出相交断面

必要时可将移出断面配置在其他适当位置,如图 5-22 所示。

用两个以上相交平面剖切机件得出的移出断面,中间一段应断开,如图 5-25 所示。

当剖切平面通过回转面形成的孔或凹坑的轴线时,这些结构按剖视绘制,如图 5-26 所示。

移出断面一般用剖切符号表示剖切位置,用箭头表示投射方向,并注上字母,在断面图的上方用同样的字母标出相应的名称"×—×"。配置在剖切符号延长线上的不对称移出断面可省略字母。剖切平面迹线上的对称移出断面以及配置在视图中断处的移出断面均可省略标注。

## 2. 重合断面

画在视图内的断面称为重合断面。重合断面的轮廓用细实线绘制,当视图中的轮廓线与重合断面的图线重合时,视图中的轮廓线仍应连续画出,不可中断,如图 5 - 26 所示。

立体图　　　　投影图

(a)　　　　　　　　　　　　　　　(b)

图 5 - 26　重合断面图

(a)梁板结构图上的重合断面图;　(b)墙面装饰图上的重合断面图

# 5.4　综 合 举 例

在介绍了表达机件的各种方法之后,以支架(见图 5 - 27)为例说明其实际应用。

### 1. 分析形体

支架是由下部倾斜底板、上部空心圆柱和中间的十字形截面的肋板 3 部分组成的。支架前后对称,倾斜底板上有 4 个通孔。

### 2. 选择主视图

画图时,应选择能反映机件形状特征的视图为主视图。同时,必须将机件的主要轴线或主要平面,尽可能放在平行于投影面的位置。因此,把支架的空心圆柱轴线水平放置,主视图投影方向如图 5 - 27 所示。对空心圆柱采用局部剖,既表达了内部结构,又保留了肋板的外形。

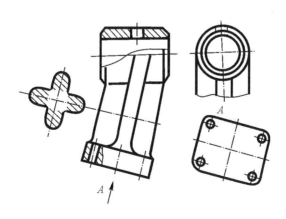

图 5 - 27　支架

**3. 选择其他视图**

因为支架的倾斜底板在俯、左视图中的投影均不反映其实形,故采用"A"倾斜视图表达斜板的实形。用局部左视图和移出断面表达十字形肋板形状,在主视图上用局部剖表达上部圆柱通孔和底板上的4个通孔,这种表达方案较为清楚、简练,如图5-27所示。

图5-28所示为一幢房屋的一组视图,除了用正立面图表示外形外,还用了水平剖面图、1—1横剖面图和2—2阶梯剖面图表示房屋的内部情况。

水平剖视图是假想用一个水平面沿窗台上方将房屋切开,移去上面部分所得的剖切平面以下部分的水平投影,实际上是一个水平全剖视图,在房屋工程图中习惯上称为平面图,且在立面图中也不标注剖切符号。这样的平面图能清楚地表达房屋内部各房间的分隔情况、墙身厚度,以及门、窗的数量、位置和大小。

1—1剖面图是一个横向的全剖面图,剖切位置选在房屋第二开间的窗户部位,剖切后,从右向左投影。

2—2剖面图是一个纵向的阶梯剖面图,通过剖切线的转折,同时表示右侧入口处的台阶、大门、雨篷和左侧门厅的情况。

这组视图通过正立面图、平面图和剖面图的相互配合,就能够完整地表明整个建筑物从内到外的形状及构造情况。

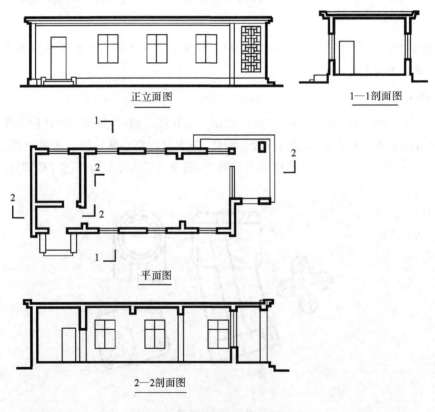

图5-28 房屋的表达方法

# 复习思考题

1. 视图有几种？各适合于哪些场合？
2. 对各种视图的配置和标注有哪些要求？
3. 剖视图有几种？剖切面的种类和剖切方法有哪些？各适合于什么条件？
4. 画剖视图时,应考虑哪些方面的问题？
5. 剖视图如何标注？哪些情况下可省略标注？
6. 在采用几个平行的剖切平面画剖视图时应注意什么问题？
7. 在采用几个相交的剖切面画剖视图时应注意什么问题？
8. 断面图有几种？在画法上各有什么特点？
9. 断面图怎么标注？什么情况下可以省略？
10. 断面图和剖视图有什么区别？

# 下篇 工程应用

# 第6章 零 件 图

【主要内容】

(1)零件图的作用和零件图表达的内容。

(2)不同类型零件图的视图选择与尺寸标注。

(3)零件上的技术要求,常见工艺结构的作用和表示方法。

(4)零件图的识读和绘制。

【学习目标】

(1)掌握零件图的作用及其所表达的内容。

(2)熟练掌握轴套类、盘盖类、叉架类、箱体类等零件图的视图选择与表达。

(3)理解表面粗糙度、尺寸公差的含义,理解圆角、拔模斜度等工艺结构的作用。

(4)熟练掌握零件图的读图技巧和绘图方法。

【学习重点】

(1)不同类型零件图的视图选择。

(2)零件上的常见结构。

(3)零件图的尺寸标注。

【学习难点】

零件图的视图选择和尺寸标注。

零件图是表示单个零件的结构、尺寸大小和制造要求的图样,是制造、检验机器零件的主要依据。本章主要介绍零件图的视图选择、尺寸和技术要求的标注。

# 6.1 零件图的作用和内容

机器或部件都是由许多零件装配而成的,制造机器必须首先制造出零件。零件是机器中不可拆分的最小单元。

表达单个零件的详细结构、尺寸大小和技术要求的图样叫作零件工作图(简称零件图),它是加工、检验和生产机器的主要依据,是设计和生产过程中的重要技术资料。

完整的零件图(以图6-1和图6-2所示减速箱输入轴的零件为例)应包括以下四项内容:

(1)一组视图:综合应用各种表达方法(各种视图、剖视图、断面图等),正确、完整、清晰、简洁地表达出零件的内外结构形状。

(2)完整的尺寸:正确、完整、清晰、合理地标注出零件的全部尺寸。

(3)技术要求:用规定的符号和文字等,简明、准确地给出零件在使用、制造、检验和安装时应达到的质量要求,如图中的表面粗糙度、尺寸公差、形位公差以及其他用文字形式注释出的要求。

(4)标题栏:用来填写零件名称、图号、材料、数量、比例等零件管理信息,以及设计、审核、批准等相关责任人员的签名、日期等。

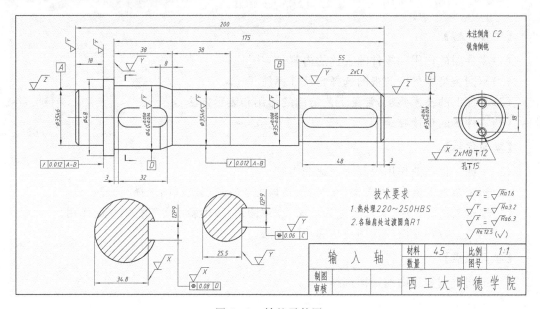

图 6-1　轴的零件图

图 6-2　轴的立体图

# 6.2　零件图的视图表达

## 6.2.1　视图的选择

选择视图时,要结合零件的形状特点,完整、清晰、简洁地表达出零件的内外形结构,并力求读图方便、快捷。

**一、主视图的选择**

选好一组视图,关键是选好主视图。主视图的选择包括选择零件的放置方向和投射方向。

1.零件的放置方向

零件的放置应使其符合加工状态或工作状态。

主视图与加工位置一致,便于工人在加工、测量时图、物对照(见图 6 - 3)。但有些零件如支架、箱体类零件,它们的加工状态变化不定,其主视图一般按零件在机器中的工作位置(在部件中工作时所处的状态)绘制,以便于将零件和机器联系起来进行画图、读图。

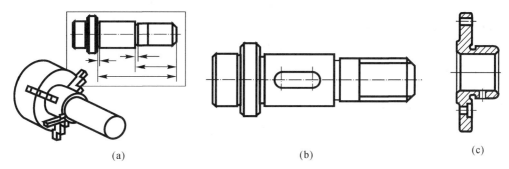

(a)            (b)            (c)

图 6 - 3    轴套类零件的放置方向(便于零件的加工)

2.投射方向

投射方向应使主视图尽量反映零件主要形体的形状特征;另外,主视图的投射方向应使其他视图上的虚线尽量少,并使整个视图形成合理的布局。如图 6 - 4 中方案(b)比方案(a)好。

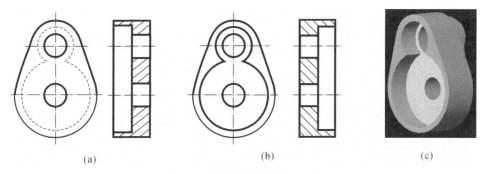

(a)            (b)            (c)

图 6 - 4    主视图的投射方向选择

**二、其他视图的配置**

主视图确定后,按照以下方法选择其他视图:

(1)可以从表达主要形体入手,选择表达主要形体的其他视图,并优先选择基本视图及在基本视图上作剖视。

(2)检查并补全局部结构的视图。

**三、总体方案的确定**

好的表达方案应使图形不但正确、完整,还应力求简单、清晰。表达方案中的每个视图应具有明确的表达重点,并避免不必要的细节重复。可以列举出多个方案进行比较,选出最合适的表达方案。

## 6.2.2　典型零件的表达方案举例

**一、零件的类型**

机器中的零件,按其标准化程度和组织生产方式的不同,可分为标准件和非标准件。

标准件如第 7 章所述的螺栓及垫圈、螺母和销等,它们由专门的企业制造,一般不需要绘制零件图;而非标准件是由生产机器的企业组织生产的,需要画出其零件图。

按照结构和功能特点的不同,零件又可分为:

(1)轴套类——如图 6-5 中的轴、轴套、螺母(非标准件);

(2)轮盘盖类——如齿轮、端盖等;

(3)叉架类——如拨叉、支架等;

(4)箱体类——如泵体、箱体、箱盖等。

零件的视图表达方案与其结构和功能特点有着密切的关系。

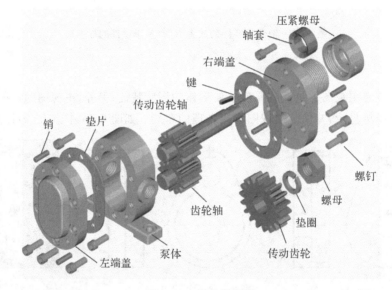

图 6-5　零件的类型

**二、典型零件的视图选择**

1. 轴套类零件

轴主要用来支承传动零件(带轮、齿轮等)和传递动力;轴套一般装在轴上或孔中,用于定位、支承、导向或保护传动零件(见图 6-6)。

轴套类零件大多是由同轴线、不同直径的数段回转体组成的。轴上常有圆角、倒角、轴台肩、键槽、螺纹及退刀槽等标准结构。这类零件主要在车床或磨床上加工,一般按加工位置原则将轴线水平放置,通常大头朝左、小头朝右,以便于加工时与实物对照读图。轴上键槽、孔可朝前或朝上放置,以清晰表示其形状和位置(见图 6-3)。除主视图外,常用断面图和局部剖视图来表示轴上的键槽、凹坑等,用局部放大图表示细小结构。

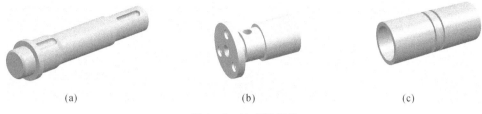

(a)　　　　　　　　(b)　　　　　　　　(c)

图 6 - 6　轴套类零件

2.轮盘盖类零件

轮盘盖类零件包括各种轮子(手轮、齿轮、带轮等)和法兰盘、端盖等(见图 6 - 7)。轮子一般用键、销与轴连接,用来传递扭矩。盘和盖可起支承、轴向定位和密封等作用。

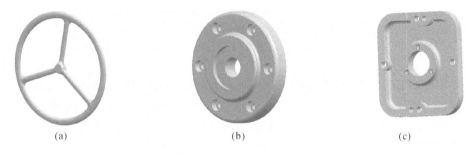

(a)　　　　　　　　(b)　　　　　　　　(c)

图 6 - 7　轮盘类零件

(a)轮盘类零件；　(b)法兰盘；　(c)端盖

轮盘盖类零件基本形状一般为回转体,故其主视图轴线也水平放置。为了反映其厚度方向的内形,常采用各种剖视方法作出全剖的主视图。如图 6 - 8 所示。

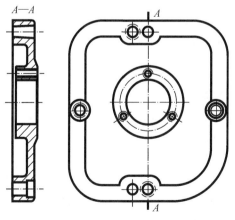

图 6 - 8　端盖的视图

这类零件一般需要两个基本视图。侧视图用来表达主视图中尚未表达清楚的外形轮廓和孔、肋板、槽的分布情况,个别细节采用局部剖、断面图、局部放大等方法表示。

### 3.叉架类零件

叉架类零件包括各种叉和支架（见图 6-9）。此类零件外形往往不规则，形式多样，其毛坯通常为铸件或锻件。

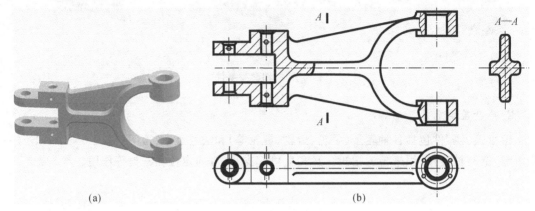

(a)          (b)

图 6-9 拨叉的立体图和零件图

这类零件加工时各工序位置不同，叉杆类一般按便于绘图的位置放置，支架类零件常按工作位置放置。选取最能反映形状特征的方向作为主视图的投射方向。除基本视图外，常采用局部剖视图兼顾内外形来表达孔、槽等，用断面图表达连接部分的筋或肋板结构，而倾斜部分通常用斜视图表达。

### 4.箱体类零件

箱体类零件是机器或部件的外壳或座体，起着支承、包容其他零件的作用（见图 6-10 和图 6-11）。它们结构复杂，多由铸造或焊接而成。

箱体类零件的加工位置不止一个，而工作位置较为固定。因此，主视图一般按工作位置放置、按形状特征原则投射。常采用各种剖视方法表达其内形。

箱体类零件一般需采用多个视图，且各视图之间应保持直接的投影关系；基本视图没表达清楚的地方采用局部视图或断面图表示。

### 5.特殊零件

（1）薄板冲压零件。机电设备中的簧片、支架、罩壳或操纵台的机架、面板等零件，一般是用板材经裁剪、冲孔、冲压或弯折而成型的。弯折处有圆角，板面上开有通孔和槽口，用来安装电子元器件或其他轻小型零件。

这类零件一般按照工作位置放置。由于这类零件上的孔、槽均为通孔，数量较多且分布不规则，其视图方案的选择应以表达清楚各个方向上薄板的形状，以及板上孔、槽的形状和位置为原则，一般不用剖视。常常需要单独绘制或与某视图结合画出弯折前的展开图，以便于裁剪下料和冲孔。展开图应标出"展开图"字样，并用细实线画出弯制时的弯折处。

图 6-12 所示为某电容器壳体的立体图及其视图方案。

（2）镶合件。为了便于装配，很多压塑件需要将钳装的轴套、螺母等金属件提前装入模具中，等压入塑料后就可形成不可拆卸的整体零件，这就是镶合件。

图 6-13 所示为一镶合件——旋钮的图样。

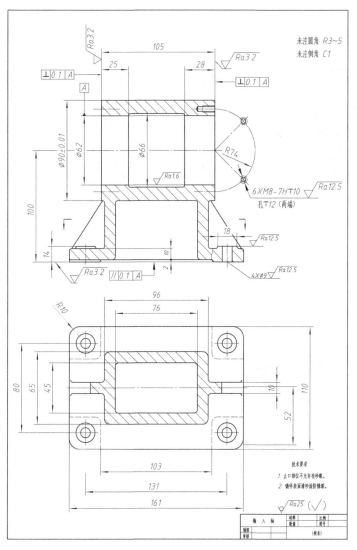

图 6-10 箱体的零件图

图 6-11 箱体的立体图

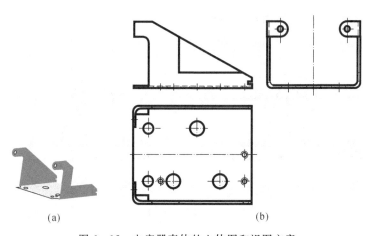

(a)                              (b)

图 6-12 电容器壳体的立体图和视图方案

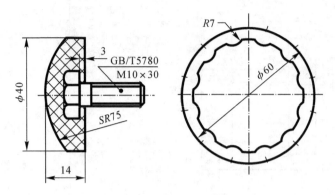

图 6-13　镶合件图例

镶合件一般应画两张图样，一张是预制金属件的零件图（如果镶入的金属件是标准件，则只要注明其标准代号和规格即可）；另一张是镶合后的整体图，图中注出塑料部分的全部尺寸及金属件在注塑时的定位尺寸（见图 6-13 中的尺寸"3"）。

# 6.3　零件尺寸的合理标注

零件尺寸的标注除了要满足第 5 章所述的正确、完整、清晰要求外，还应标注得合理。即所标注的尺寸应满足：

（1）保证零件的功能要求；

（2）便于零件的加工和测量检验。

要做到合理标注尺寸，需要具备一定的设计和制造工艺的专业知识和实际的生产经验。本节只介绍合理标注尺寸的基本原则。

*1. 重要尺寸直接注出*

直接影响零件在机器中的工作性能、装配精度的重要尺寸，应直接注出。如图 6-14 中轴承座上轴孔的中心高度尺寸，应直接从底面注出（见图 6-14(a)），而不宜通过其他尺寸间接得到（见图 6-14(b)），以免产生累积误差。

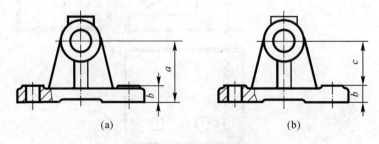

(a)　　　　　　　　(b)

图 6-14　功能尺寸直接注出

(a)正确；　(b)错误

2.其余尺寸标注应便于加工和测量

零件上的局部结构如各种孔、键槽、倒角、退刀槽等尺寸,以及精度要求不高的一般尺寸,标注时应考虑加工顺序和便于测量。图 6-15 所示为套筒的轴向尺寸标注。

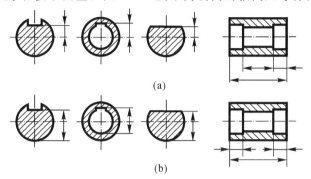

图 6-15　标注尺寸便于测量

(a)不便于测量;　(b)便于测量

表 6-1 列出了零件上常见结构的尺寸标注方法。

**表 6-1　零件图上常见结构的尺寸标注法**

| 序号 | 类型 | 简化注法 | | 一般注法 |
|---|---|---|---|---|
| 1 | 光孔 | $4 \times \phi 4 \downarrow 10$ | $4 \times \phi 4 \downarrow 10$ | $4 \times \phi 4$ |
| 2 | 螺孔 | $3 \times M6-7H$ | $3 \times M6-7H$ | $3 \times M6-7H$ |
| 3 | | $3 \times M6-7H \downarrow 10$<br>孔 $\downarrow 12$ | $3 \times M6-7H \downarrow 10$<br>孔 $\downarrow 12$ | $3 \times M6-7H$ |
| 4 | 沉孔 | $4 \times \phi 7$<br>$\vee \phi 13 \times 90°$ | $4 \times \phi 7$<br>$\vee \phi 13 \times 90°$ | $90°$<br>$\phi 13$<br>$4 \times \phi 7$ |
| 5 | | $4 \times \phi 6.5$<br>$\sqcup \phi 12 \downarrow 5$ | $4 \times \phi 6.5$<br>$\sqcup \phi 12 \downarrow 5$ | $\phi 12$<br>5<br>$4 \times \phi 6.5$ |
| 6 | | $4 \times \phi 9$<br>$\sqcup \phi 20$ | $4 \times \phi 9$<br>$\sqcup \phi 20$ | $\phi 20$ 锪平<br>$4 \times \phi 9$ |

续 表

| 序号 | 类型 | 简化注法 | 一般注法 |
|------|------|----------|----------|
| 7 | 45°倒角注法 | | |
| 8 | 30°倒角注法 | | |
| 9 | 退刀槽越程槽注法 | | |

**3.避免出现封闭尺寸链**

图 6-16(b)中的尺寸 $a,b,c,l$ 构成一个封闭的尺寸链。由于 $l=a+b+c$,若尺寸 $l$ 的误差一定,则 $a,b,c$ 三个尺寸的误差就要定得很小。这会导致加工困难,所以应当避免封闭的尺寸链,将一个不重要的尺寸 $c$ 去掉(见图 6-16(a))。有时为了避免加工时计算尺寸,可用括号将此尺寸括住标出,表示该尺寸为参考尺寸(见图 6-16(c))。参考尺寸不需要检验。

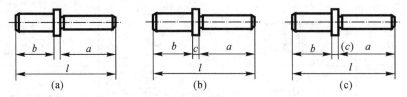

图 6-16 避免注成封闭尺寸链

(a)有开环的尺寸注法; (b)封闭尺寸链; (c)参考尺寸注法

# 6.4 零件图上常见的技术要求

除了视图、尺寸外,还应对零件提出制造质量要求,一般称为技术要求,它们以符号或文字方式注写在零件图中。技术要求的内容通常有表面粗糙度、尺寸公差、几何公差、材料的热处理要求、表面镀涂要求等。

技术要求一般采用规定的代号、数字和字母等标注在视图上。不能用符号形式标注的要求,应采用文字形式写在标题栏上方"技术要求"标题下。技术要求涉及的专业知识面很广,本节只介绍零件图上常见的技术要求的概念和标注方法。

## 6.4.1 表面粗糙度

**1.概述**

零件表面不论加工得多么光滑,放在显微镜下观察,都可以看到高低不平的状况(见图 6 - 17)。为了表达对零件表面光滑程度的要求,国家标准中用表面粗糙度来衡量零件表面的这种微观几何误差。

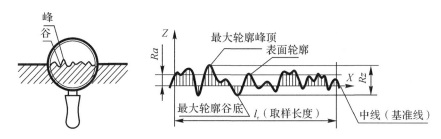

图 6 - 17 评定粗糙度轮廓的常用参数

最常用的表面粗糙度评价参数是轮廓算术平均偏差 $Ra$,其含义为:在一个取样长度 $l_r$ 内,纵坐标 $Z(X)$ 绝对值的算术平均值(见图 6 - 17)。显然,$Ra$ 数值较大的表面粗糙,数值较小的表面光滑。

**2.表面粗糙度在图样中的标注**

(1)表面粗糙度用国家标准规定的符号标注在图样中。表 6 - 2 中列举了常见符号的画法及其含义。

**表 6 - 2 表面粗糙度符号画法及含义**

| 符 号 | 含 义 | 符号画法及注法 |
|---|---|---|
| $\sqrt{Ra3.2}$ | 表示用去除材料(例如车、铣、钻、磨、剪切、抛光、腐蚀、电火花加工、气割等)的方法获得的表面,$Ra$ 的最大允许值为 3.2 $\mu$m | |
| $\sqrt{Ra3.2}$ | 表示用不去除材料的方法(如铸、锻、冲压变形、热轧、冷轧、粉末冶金等)获得的表面,$Ra$ 的最大允许值为3.2 $\mu$m | |
| $\sqrt{Ra3.2}$ | 表示用任何方法获得的表面,$Ra$ 的最大允许值为3.2 $\mu$m | |
| | 加一圆圈,表示某个视图上构成封闭轮廓的各表面有相同的表面结构要求 | |

(2)图样中的注法举例。国家标准规定了表面粗糙度在图样中的注法,见表 6 - 3。

### 表 6-3  表面粗糙度在图样中的注法

| 标注方法 | 说　明 |
|---|---|
| 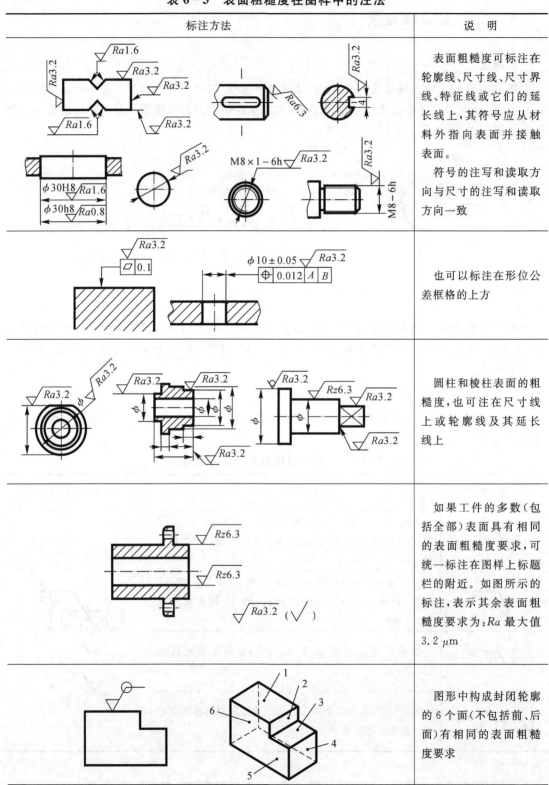 | 表面粗糙度可标注在轮廓线、尺寸线、尺寸界线、特征线或它们的延长线上,其符号应从材料外指向表面并接触表面。<br><br>符号的注写和读取方向与尺寸的注写和读取方向一致 |
| | 也可以标注在形位公差框格的上方 |
| | 圆柱和棱柱表面的粗糙度,也可注在尺寸线上或轮廓线及其延长线上 |
| | 如果工件的多数(包括全部)表面具有相同的表面粗糙度要求,可统一标注在图样上标题栏的附近。如图所示的标注,表示其余表面粗糙度要求为:$Ra$ 最大值 3.2 $\mu$m |
| | 图形中构成封闭轮廓的 6 个面(不包括前、后面)有相同的表面粗糙度要求 |

3.表面粗糙度的选用

表面粗糙度是根据零件在机器中的运动要求和位置精度要求决定的,同时还应考虑加工经济性。通常可以根据类比法选用。一般来说,对相互接触表面的要求高于非接触表面,对尺寸精度高的表面、运动速度大的表面要求较高。表 6-4 中列举了零件上常见的表面粗糙度参数应用实例。

**表 6-4　表面粗糙度的特征和应用举例**

| $Ra$ 值 | 表面特征 | 应用举例 |
|---|---|---|
| 50 | 明显可见刀痕 | 一般很少应用 |
| 25 | 可见刀痕 | 一般很少应用 |
| 12.5 | 微见刀痕 | 钻孔表面、倒角、端面、穿螺栓用的光孔、沉孔、要求较低的非接触面 |
| 6.3 | 可见加工痕迹 | 要求较低的静止接触面,如轴肩、螺栓头的支撑面、一般盖板的结合面;要求较高的非接触面,如支架、箱体、离合器、皮带轮、凸轮的非接触面 |
| 3.2 | 微见加工痕迹 | 要求紧贴的静止结合面及有较低配合要求的内孔表面,如支架、箱体上的结合面等 |
| 1.6 | 看不见加工痕迹 | 一般转速的轴孔,低速转动的轴颈;一般配合用的内孔,如轴套的压入孔,一般箱体的滚动轴承孔;齿轮的齿廓表面,轴与齿轮、皮带轮的配合表面等 |
| 0.8 | 可见加工痕迹的方向 | 一般转速的轴颈,定位销、孔的配合面,要求保证较高的定心及配合的表面,一般精度的刻度盘,需要镀铬抛光的表面 |
| 0.4 | 微辨加工痕迹的方向 | 要求保证规定的配合特性的表面,如滑动导轨面,高速工作的滑动轴承;凸轮的工作表面 |
| 0.2 | 不可辨加工痕迹的方向 | 精密机床的主轴锥孔,活塞销和活塞孔,要求气密的表面和支撑面 |
| 0.1 | 暗光泽面 | 保证精确定位的锥面 |
| 0.05 | 亮光泽面 | 精磨仪器摩擦面,量具工作面,保证高度气密的结合面,量规的测量面,光学仪器的金属镜面 |
| 0.025 | 镜状光泽面 | |
| 0.012 | 雾状镜面 | |

## 6.4.2　尺寸公差简介

### 1.公差的概念

在成批生产中,要求一批互相配合的零件只要按照零件图的要求加工出来,不经任何选择或修配,任取一组装配起来,就能达到设计的工作性能要求,零件间的这种性质称为互换性。

　　互换性是现代化批量生产的重要基础,它使机器装配、维修获得高速度并取得最佳的经济效益。例如,一台机器上的多种零件可以同时分别加工;有些大量使用的零件和组件,如螺钉、螺母、轴承、车轮等可以由专门企业集中生产,效率高、成本低,且能保证产品质量;机器零件坏了,换一个相同规格的就可以迅速装上继续工作。

　　为使零件具有互换性,必须保证零件的尺寸、表面粗糙度、几何形状等技术指标的一致性。但由于机床震动、刀具磨损、测量误差等一系列原因,上述指标的数值不可能做到绝对准确。因此,应该允许这些指标数值在一定的范围内变动。这个允许的变动范围就叫作公差。

　　国家标准对尺寸公差与配合均作了规定。本节仅简单解释尺寸公差的基本概念和在机械图样上的标注方法,而配合的概念和标注方法将在第8章装配图8.5节中介绍。

　　**2.尺寸公差的表示方法**

　　现以图6-18(a)中的孔为例,说明国家标准对于尺寸公差的表示方法。

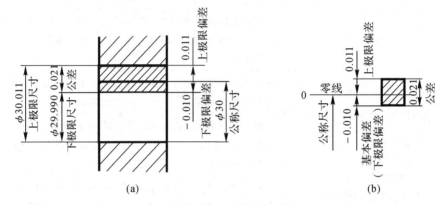

(a)　　　　　　　　　　　　(b)

图6-18　孔的公差术语图解

　　(1)尺寸公差与极限尺寸。现有一零件,其上有孔,孔的公称尺寸为 $\phi30$。为保证互换要求,该孔的尺寸允许在 $\phi29.990\sim\phi30.011$ 之间变化,这个许可的变化范围就是该孔的尺寸公差(见图6-18(b)中阴影部分),本例中公差值=30.011-29.990=0.021。被允许的最大尺寸叫作上极限尺寸,如30.011;最小尺寸叫作下极限尺寸,如29.990。一批零件中的某一个,其上孔的尺寸如果介于 $\phi29.990\sim\phi30.011$ 之间,则该孔的尺寸合格。显然,公差范围越大,意即允许的尺寸变动范围越大,则尺寸的精度就越低,而制造成本也越低。

　　(2)公差带图与标准公差。为了形象地表示公称尺寸与尺寸公差的关系,用图6-18(b)所示的简图将该孔的尺寸公差范围单独画出。图中,用放大了的矩形框图(公差带)表示公差,用一条直线(零线)来表示孔的上轮廓位置,这样该图形就有了普遍意义,即任何公称尺寸的孔或轴都可以用此图来示意其公差范围及其与公称尺寸的关系。这样的图形叫作公差带图。

　　在公差带图中,方框的宽度叫作公差带的宽度,它表示公差范围,如本例中公差带宽度=0.021;方框的长度可以根据需要任意确定。

　　在国家标准中,根据实际需要将公差带的宽度分成为20个等级,并将其数值规定为标准值,叫作标准公差,用符号"IT+标准公差等级数字"表示。按IT01,IT0,IT1,…,IT18,公差等级逐渐降低,公差范围逐渐变大,尺寸精度等级逐渐降低。标准公差的具体大小见附表C-1。可以看出,标准公差等级相同(意味着精度等级相同)时,如果公称尺寸所处的分段不同,那么公差值大小也不同。

(3)极限偏差与基本偏差(见图 6 - 18(b))。有了公差带宽度,还须知道公差带与零线之间的相对位置,这样才能结合公称尺寸得到实际使用所需要的上、下极限尺寸。公差带的位置是用偏差(某尺寸与零件之间的代数差)来表示的。公差带的上、下限与公称尺寸间的代数差分别叫作上、下极限偏差,本例中的上极限偏差=30.010-30=0.011,下极限偏差=29.990-30=-0.010,它们统称为极限偏差。显然,上、下极限偏差之差等于公差值。两个极限偏差中,只用其一就可确定公差带的位置。一般是用离零线较近的那一个极限偏差来确定公差带的位置,这个偏差叫作基本偏差,如本例中基本偏差为下极限偏差。

图 6 - 19 所示为与图 6 - 18 中的孔相配合的一个轴,其上、下极限尺寸和上、下极限偏差及公差带图。

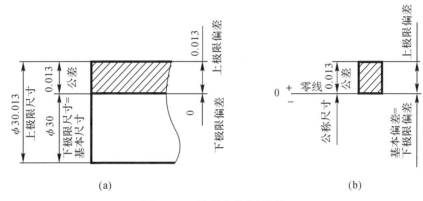

图 6 - 19　轴的公差术语图解

为便于标准化,国家标准中将基本偏差分为 28 种,用英文字母或字母组合表示基本偏差的类型(大写代表孔、小写代表轴。在公差与配合中,孔与轴的概念是广义的,孔尺寸指外表面之间的距离,轴尺寸表示内表面之间的距离)。图 6 - 20 所示为基本偏差系列示意图,它定性地表示了 28 种基本偏差所代表的公差带与零线间的相对位置。图中只画出公差带方框的一端,此端即为基本偏差,开口的一方表示公差带的延伸方向,公差带的终端未确定,因为它取决于标准公差数值的大小。基本偏差的具体数值可查阅附表 C - 3。

(4)尺寸公差代号。一个完整的尺寸公差代号为公称尺寸+基本偏差+标准公差,据此代号就可以确定生产实际中所需要的上、下极限尺寸,如 $\phi$30K7。

【例 6 - 1】　说明代号 $\phi$50K7 中各部分的意义,并计算该尺寸公差所确定的极限尺寸。

**解**　这是一个孔的尺寸公差代号,其中 $\phi$50 表示孔的公称尺寸,K 为基本偏差代号,IT7 代表标准公差等级为 7 级。

经查附表 C - 3,及附表 C - 1,尺寸 $\phi$50 所对应的基本偏差 K 为上偏差,其值为-0.002+$\Delta$(=0.009)=0.007;$\phi$50 所对应的 7 级标准公差数值为 0.025。据此可绘出公差带图如图 6 - 21 所示。

$$上偏差=0.007$$
$$下偏差=-(0.025-0.007)=-0.018$$
$$上极限尺寸=50+0.007=50.007$$

下极限尺寸＝50－0.018＝50.007－0.018＝49.982

尺寸公差在实际中广泛使用。为了快速得到尺寸公差代号所确定的上、下极限尺寸,有关部门已将每个尺寸和每种尺寸公差代号组合后所确定的极限偏差数值算出,以表格形式列出供设计和制造时直接查阅。表8-1及表8-2摘录了优先常用配合的极限偏差数值。

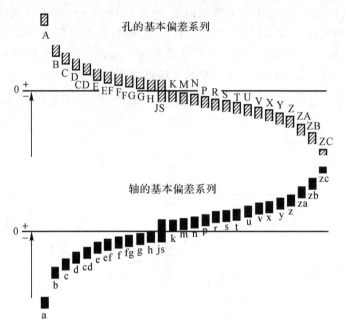

图 6-20　基本偏差系列示意图

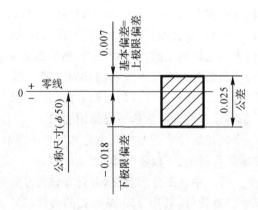

图 6-21　φ50K7 的公差带图示意

**3.尺寸公差在零件图上的标注**

在零件图中标注尺寸公差的形式通常有以下 3 种:

(1)标注公差带代号,如图 6-22(a)所示。这种注法常用于大批量生产时。

(2)标注极限偏差数值,上偏差注在公称尺寸右上角,下偏差注在公称尺寸右下角,且上、下偏差的小数点必须对齐,小数点后的位数必须相同,偏差数字比公称尺寸数字小一号,如图 6-22(b)所示。若是其中一个极限偏差为零,为零的偏差应与另一偏差小数点前的个位数对齐,如图 6-22(b)所示。如果上、下极限偏差数值相同,则在公称尺寸后标注"±"符号,其后紧跟偏差数字,只写出上或下极限偏差即可(见图 6-22(a))。标出极限偏差的注法常用于少量或单件生产时。

(3)公差代号和极限偏差数值同时标注,如图 6-22(c)所示,这时极限偏差应加上圆括号。

当尺寸仅需限制单个方向的极限时,应在该极限尺寸的右边加注符号"max"或"min",例如:"$R5\max$"和"$30\min$"。

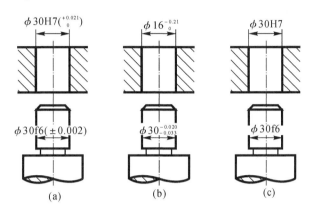

图 6-22  零件图中公差的 3 种注法

零件图中未注公差的尺寸是精度较低的非配合尺寸,称为一般公差。一般公差在车间通常加工条件下就可以得到保证。为了保证零件的使用功能,国标对一般公差也做了规定。线性尺寸一般公差的极限偏差数值与公差等级有关,分四级,分别用字母 f(精密)、m(中等)、c(粗糙)和 v(最粗)表示;其公差带对称地配置于零线两侧;在图样中不单独注出,而是在图样标题栏附近、技术要求或技术文件(如企业标准)中作出总的说明。例如,选用中等级时,说明为"尺寸一般公差按 GB/T 1804-m 执行"。

必须指明的是,零件图中的尺寸公差要求是根据装配设计中对配合的要求而来的,而不是由单独一个零件的设计决定的。装配图中的配合概念参见第 8 章。

【例 6-2】  计算 $\phi50H7$ 的孔、$\phi50g6$ 的轴所确定的极限偏差和极限尺寸,并画出该孔和轴的公差带图。

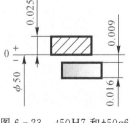

图 6-23  $\phi50H7$ 和 $\phi50g6$ 公差带图

**解**  查附表 C-1 及附表 C-3,尺寸 $\phi50H7$ 所确定的标准公差 IT7=0.025,其基本偏差为下极限偏差,数值为 0。则其上极限偏差为 0+0.025=0.025,上极限尺寸为 50+0.025=50.025,下极限尺寸为 50-0=50.000,如图 6-23 所示。

查附表 C-1 及附表 C-2,尺寸 $\phi50g6$ 所确定的 IT6=0.016,基本偏差为上极限偏差,其值为 -0.009。故下极限偏差为 -0.009-0.016=-0.025,上极限尺寸=50-0.009=49.991,下极限尺寸=50-0.025=59.975。

### 6.4.3 几何公差简介

**1.几何公差的基本概念**

为使零件具有互换性,不但要求零件的尺寸误差不能超过一定限度,而且几何误差也不应超过一定范围。例如图 6-24(a)中的销轴,其轴线弯曲了,或者某段圆柱在尺寸范围内出现了圆锥形,这种误差称为形状误差;又如图 6-24(b)中的阶梯轴,其两段圆柱轴线不在同一条直线上,形成错位,这种误差称为位置误差。上述两种误差统称为几何误差。

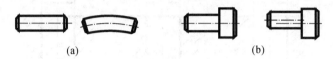

图 6-24 几何误差的概念
(a)形状误差; (b)位置误差

几何误差对产品的性能和寿命影响很大。因此,必须限制零件几何误差的最大变动量。零件几何误差的允许最大变动量称为几何公差,允许变动量的值称为公差值。

表 6-5 列出了图样上常见的几何公差项目和名称符号。

**表 6-5 几何公差项目和符号**

| 类别 | 几何特征 | 符号 | 有无基准 | 类别 | 项目 | 符号 | 有无基准 |
|---|---|---|---|---|---|---|---|
| 形状公差 | 直线度 | —— | 无 | 方向公差 | 线轮廓度 | ⌒ | 有 |
| | 平面度 | ▱ | | | 面轮廓度 | ⌓ | |
| | 圆度 | ○ | | 位置公差 | 位置度 | ⊕ | 有或无 |
| | 圆柱度 | ⌀ | | | 同轴(同心)度 | ◎ | 有 |
| | 线轮廓度 | ⌒ | | | 对称度 | ═ | |
| | 面轮廓度 | ⌓ | | | 线轮廓度 | ⌒ | |
| 方向公差 | 平行度 | // | 有 | | 面轮廓度 | ⌓ | |
| | 垂直度 | ⊥ | | 跳动公差 | 圆跳动 | ↗ | |
| | 倾斜度 | ∠ | | | 全跳动 | ↗↗ | |

**2.几何公差标注方法概述**

在机械图样中,几何公差有以下两种表达形式:

(1)不在图中注出,将国家标准规定的未注公差值在图样的技术要求中加以说明。未注公差值是工厂中常用设备就能保证的精度。

(2)采用代号形式标注,代号的组成如图 6-25 所示。

形状公差框格用细实线绘制,框格中的数字与尺寸数字同高。框格分成两格或多格,第一格为正方形,第二格及以后各格视需要而定。基准符号填写在矩形框格内,用涂黑的或空白的基准三角形连接到基准几何要素上。

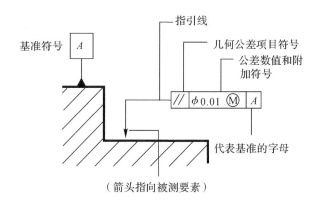

图 6-25　几何公差框格标注方法及含义

框格第一项填写几何公差的特征符号。本例中"∥"表示对箭头所指表面的平行度公差要求。表 6-6 中列出了其他几何公差特征的规定符号及其意义。

框格第二项为公差值和附加符号。本例中指平行度公差值为 $\phi 0.01$,其后的符号Ⓜ含义为所采用的公差原则为最大实体原则。

框格第三项为基准几何要素的代号。本例中指基准为 $A$(即左侧基准符号所指向的表面)。

3.几何公差标注实例

图 6-26 所示为几何公差综合标注实例,各公差代号的含义列于表 6-6 中。

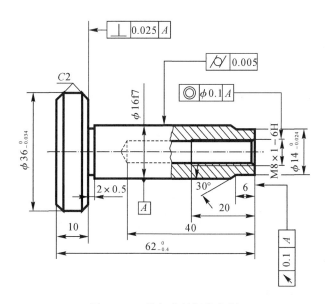

图 6-26　几何公差标注实例

表 6 - 6   综合标注示例说明

| 标注代号 | 说　明 |
|---|---|
| $\boxed{A}$ | 以 $\phi16f7$ 圆柱的轴线为基准 |
| $\boxed{\diagup}$ $0.005$ | $\phi16f7$ 圆柱面的圆柱度公差为 $0.005$ mm,其公差带是与基准 $A$ 同轴,直径为公差值 $0.005$ mm 的两同轴圆柱面,是该圆柱面纵向和正截面形状的综合公差 |
| $\boxed{\odot}$ $\phi0.1$ $\boxed{A}$ | M8×1 的轴线对基准的同轴度公差为 $0.1$ mm,其公差带是与基准 $A$ 同轴,直径为公差值 $0.1$ mm 的圆柱面 |
| $\boxed{\nearrow}$ $0.1$ $\boxed{A}$ | $\phi14^{\ 0}_{-0.024}$ 的端面对基准 $A$ 的端面圆跳动公差为 $0.1$ mm,其公差带是与基准轴线同轴的任一直径位置的测量圆柱面上,沿母线方向宽度为公差值 $0.1$ mm 的圆柱面区域 |
| $\boxed{\perp}$ $0.025$ $\boxed{A}$ | $\phi36^{\ 0}_{-0.034}$ 的右端面对基准 $A$ 的垂直度公差为 $0.025$ mm,其公差带位于与基准轴线垂直的、相距为公差值 $0.02\ 5$mm 的两个平行平面内 |

# 6.4.4  其他技术要求

零件的技术要求除了尺寸公差、表面粗糙度和几何公差外,还有对表面的特殊加工和修饰,以及对表面缺陷的限制、对材料及热处理性能的要求,对加工方法、检验和试验方法的具体指示等。其中有些项目可单独在技术文件中指出,有的可用规定的符号注在图上。

1.对零件毛坯的要求

对于铸造或锻造的毛坯零件,应有必要的技术说明。如铸造零件的圆角、气孔裂纹、缩孔等影响使用性能的现象应有具体限制,锻造零件应去除氧化皮等。

2.热处理要求

热处理是通过提高材料的温度并控制材料处于不同温度时的时间以及温度变化的速度,使材料的机械性能得到改善的一种措施。热处理要求一般用文字注写在技术要求中。对于表面渗碳及局部热处理要求也可用规定的符号直接标注在视图中,如图 6 - 27 所示。

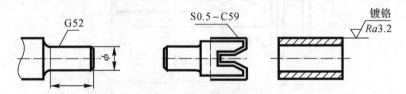

图 6 - 27   热处理和表面处理标注

3.对表面的特殊要求和修饰要求

根据零件用途不同,常对一些零件表面提出必要的特殊加工和修饰。如为防止零件表面生锈,对非加工面应喷漆;工具手柄的表面为防滑应提出滚花加工等。

4.对试验条件和方法的要求

为保证零部件安全使用,常提出试验条件和方法要求。如一些压力容器应进行压力和强度试验,一些液压元器件为防渗漏应提高密封要求等。

## 6.4.5 零件上常见的工艺结构

设计零件时,应该使零件的结构既能满足使用要求,又能满足工艺要求,即便于加工和测量的要求。为工艺要求而设置的结构,如倒角、退刀槽等,叫作零件的工艺结构。表6-7列出了零件上常见的工艺结构,供绘图和读图时参考。

### 表6-7 常见工艺结构

| 内 容 | 图 例 | 说 明 |
|---|---|---|
| 铸造圆角和拔模斜度 | | 为了防止铸件在浇注时砂型落砂,以及金属冷却收缩时产生裂纹或缩孔,在铸件各表面的相交处都有圆角,称为铸造圆角。一个表面和一个切削加工表面相交时,相交处画成尖角(标有 √ 符号的表面为切削加工表面)。<br>在铸造零件毛坯时,为便于将木模从砂型中取出,零件的内、外壁沿起模方向应有一定的斜度,称为拔模斜度。若斜度较小,在图上可不画出;若斜度较大,则应画出 |
| 铸件壁厚 | | 为防止铸件浇注时,由于金属冷却速度不同而产生缩孔,或在断面处突然变化处出现裂纹,在设计铸件时,壁厚应尽量均匀或逐渐过渡 |
| 凹槽、凹坑和凸台 | | 为保证加工表面的质量,节省材料,降低制造费用,应尽量减少加工面。常在零件上设计出凸台、凹槽、凹坑或沉孔 |

续表

| 内　容 | 图　例 | 说　明 |
|---|---|---|
| 倒角或圆角 | 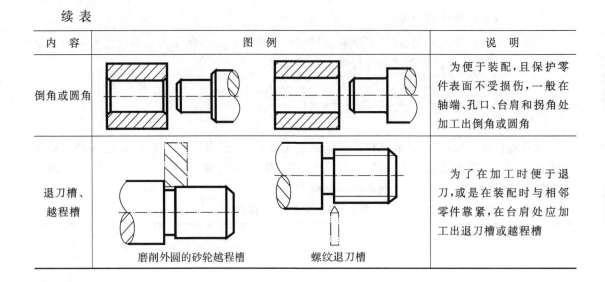 | 为便于装配,且保护零件表面不受损伤,一般在轴端、孔口、台肩和拐角处加工出倒角或圆角 |
| 退刀槽、越程槽 | 磨削外圆的砂轮越程槽　　螺纹退刀槽 | 为了在加工时便于退刀,或是在装配时与相邻零件靠紧,在台肩处应加工出退刀槽或越程槽 |

由于铸件两表面相交处存在铸造圆角,使两表面的交线不够明显。为了区分不同表面,仍画出两表面的理论交线,通常称为过渡线。常见结构过渡线的画法见表 6-8。

表 6-8　常见结构过渡线的画法

| 内　容 | 图　例 | 说　明 |
|---|---|---|
| 两曲面相交的过渡线 | 不与圆角轮廓接触　　切点附近断开 | 过渡线不与圆角的轮廓相接触。当两曲面轮廓线相切时,过渡线在切点附近应断开 |
| 平面与平面或平面与曲面的过渡线 | 与A处圆角弯向一致　　与A处圆角弯向一致 | 应在转角处断开,并画出过渡圆弧,其弯向与铸造圆角的弯向一致 |

# 6.5　读零件图

读零件图就是通过看零件图了解零件的作用,弄清楚零件的结构形状、尺寸、技术要求以及材料等等。

现以图 6-28 所示端盖零件图为例,说明读零件图的一般方法和步骤。

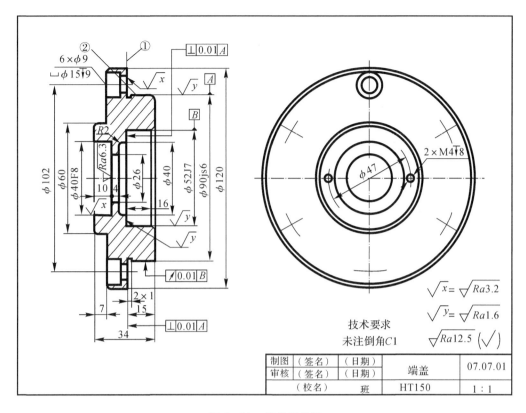

图 6-28 端盖零件图

1.概括了解

可先从标题栏了解零件的名称、材料、图样比例等,并大致了解零件的作用。由图 6-28 的标题栏可知,零件的名称为端盖,材料为牌号 HT150 的铸铁,图样比例为 1∶1。该零件属于盘盖类零件,是某箱体上一个孔的盖子。

2.读懂零件的结构形状

(1)分析主视图。先找出主视图,然后分析各视图之间的相互关系及其所表示的内容。剖视图应找出剖切面的位置和投射方向。

端盖零件图采用两个基本视图表示盘盖类零件。其中主视图采用全剖视图,表达了端盖零件的外部结构特征,以及内部台阶孔的结构。左视图表达了该零件圆盘形状特征,以及均布沉孔的相对位置,图中采用了简化画法。

(2)分析结构形状。在形体分析的基础上,结合零件上常见结构的特点以及一般的工艺知识,分析零件各个结构的形状及其功能和作用,最终想象出整个零件的形状。

从端盖零件图的主视图中可以看出,①是端盖凸缘部分(连接板)的平面,安装时起到与某箱体零件接触连接的作用。结合主视图和左视图可看出,在凸缘部分上,沿圆周分布了六个安装螺钉所用的沉孔。②是端盖上标注尺寸 φ90js6 的圆柱面将插入箱体上的孔。圆柱面左端有砂轮越程槽。内部的阶梯孔是方便轴穿过,并用来安装轴承和密封件的。

**3.分析尺寸**

根据形体和结构特点,先分析出三个方向的尺寸基准,再分析哪些是重要尺寸,哪些是非功能尺寸。端盖零件的轴向尺寸以接触面①为主要基准,径向基准为轴孔轴线。重要尺寸主要有轴孔尺寸 $\phi26$,圆柱尺寸 $\phi90js6$,轴承孔尺寸 $\phi52J7,16$ 等。砂轮越程槽尺寸 $2\times1$,沉孔尺寸 $6\times\phi9,\phi15,9$ 为工艺结构尺寸。

**4.分析技术要求**

了解图中的尺寸公差、几何公差、表面结构要求以及热处理等的基本含义。

端盖零件图中标出有尺寸公差要求的配合尺寸包括圆柱面直径 $\phi90js6$,轴承孔直径 $\phi52J7$,以及轴套孔直径 $\phi40F8$。标出有几何公差要求的有三处。表面结构粗糙度要求最高的是 $\phi90js6$ 圆柱面及轴承孔的两个面,其 $Ra$ 值均为 1.6。接触面①及 $\phi40F8$ 孔表面的粗糙度 $Ra$ 值为 3.2。其余表面 $Ra$ 值为 12.5。所有表面均为以去除表面材料的方法获得。

# 复习思考题

1.一张完整的零件图应包括哪些内容?标题栏中应填写哪些内容?

2.零件图上的常见结构有哪些?它们的画法和尺寸注法有什么特点?

3.选择零件主视图的一般原则是什么?不同类型零件的视图选择有什么异同?

4.零件图中如何合理标注尺寸?

5.零件图的尺寸标注有哪些要求?

6.零件图的尺寸基准怎样选择?

7.零件图中合理标注尺寸应注意哪些方面的问题?

8.零件表面结构要求粗糙度符号怎样画?表面结构代号在图样中如何标注?

9.公差带包括哪两部分内容?

10.尺寸公差指的是什么?配合分哪几种类型?

# 第7章 标准件与常用件

【主要内容】

(1)常见标准件的规定标记和查表方法。

(2)螺纹的要素、种类、规定画法及常用螺纹的标记和标注方法。

(3)螺纹紧固件的基本知识及其画法。

(4)齿轮、轴承、弹簧的基本知识。

【学习目标】

(1)了解标准化的意义和常见的标准件,熟悉常见标准件的规定标记和查表方法。

(2)了解螺纹的形成、螺纹要素和螺纹的种类,掌握螺纹的规定画法、常用螺纹的标记和标注方法。

(3)掌握螺栓连接的装配图画法,熟悉螺柱连接、螺钉连接、键连接和销连接的基本知识及其画法。

(4)熟悉直齿圆柱齿轮轮齿部分的名称、参数及尺寸关系,掌握规定画法及其啮合的画法。

(5)了解滚动轴承的结构、类型、基本代号及其查表方法,掌握滚动轴承的通用画法。

(6)了解弹簧的基本知识。

【学习重点】

(1)螺纹连接、直齿圆柱齿轮、滚动轴承的通用画法。

(2)螺栓、螺母等螺纹连接标准件的规定标记、简化画法及其查表。

(3)螺栓连接装配图的画法。

【学习难点】

(1)标准件及其连接,斜齿轮、圆锥齿轮等的参数。

(2)螺栓、螺柱、螺钉以及键和销连接图画法中的有关规定。


在工厂中或现实生活中经常会听到一个词"标准",那么标准件和常用件到底是什么呢?

标准件和常用件的区别:

(1)标准件:结构、尺寸、画法、标记等各个方面完全标准化,并由专业厂家生产的常用的零(部)件,例如螺纹件、键、销、滚动轴承等。

(2)常用件:机器中经常用到的零件(仅将部分结构和参数进行标准化、系列化),例如螺纹件、键、销、滚动轴承、弹簧、齿轮等。

使用标准件和常用件的优势:

(1)提高设计效率,选用方便(避免设计人员的重复劳动)。

(2)便于大批量生产,降低成本。

(3)提高零部件的互换性,便于装配和维修。

# 7.1 螺　纹

### 7.1.1　螺纹的形成

在圆柱(或圆锥)表面上,沿着螺旋线所形成的具有相同剖面的连续凸起和沟槽即为螺纹。螺纹在工件外表面的称为外螺纹(见图 7-1(a)),螺纹在零件孔腔内表面的称为内螺纹(见图 7-1(b))。

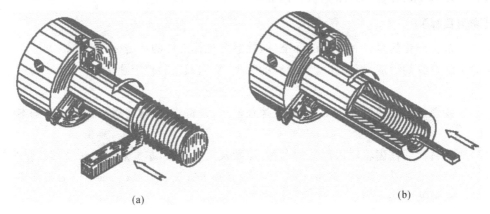

(a)　　　　　　　　　　　　　　　　(b)

图 7-1　车削螺纹

(a)车削外螺纹；　(b)车削内螺纹

加工螺纹的方法很多,常用的方法有:①车削加工(见图 7-1);②专用工具(丝锥和板牙,见图 7-2)加工;③碾压螺纹(见图 7-3)。

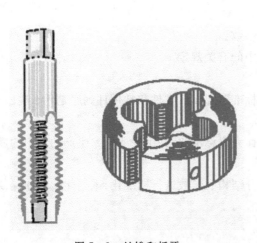

图 7-2　丝锥和板牙

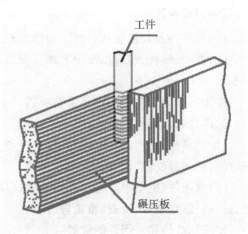

图 7-3　碾压螺纹

## 7.1.2 螺纹的要素

螺纹的主要要素：牙型、直径、线数、螺距和导程、旋向。

（1）牙型。螺纹轴线的断面线上，螺纹的轮廓形状。常见的螺纹牙型有三角形（〈〈〈）、梯形（〈〈〈）和锯齿形（〈〈〈）等。

（2）直径。螺纹的直径有大径（米制螺纹以螺纹大径为公称直径，而各种管螺纹的公称直径是管子的公称直径，并且以英寸为单位）、小径和中径。其外螺纹、内螺纹分别用符号 $d,d_1$，$d_2$ 和 $D,D_1,D_2$ 表示（见图 7-4）。

（3）线数 $n$。螺纹有单线和多线。单线螺纹是指沿一条螺旋线所形成的螺纹（见图 7-5（a）），多线螺纹是指沿着两条或更多条在轴向等距分布的螺旋线所形成的螺纹（见图 7-5（b））。

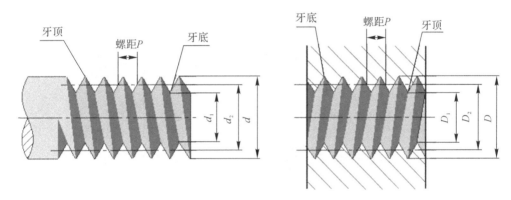

图 7-4 螺纹直径

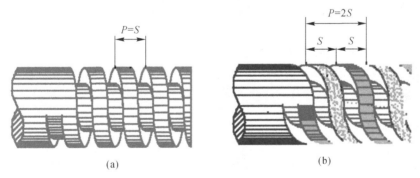

(a)                                (b)

图 7-5 单线螺纹和多线螺纹

(a)单线螺纹； (b)双线螺纹

（4）螺距 $P$ 和导程 $S$。相邻两牙在中径线上对应两点间的轴向距离为螺距，用 $P$ 表示。同条螺旋线上相邻两牙在中径线上对应两点的轴向距离称为导程，用 $S$ 表示。

注意 $P$ 与 $S$ 的关系：单线螺纹 $P=S$，多线螺纹则 $P=nS$（$n$ 为多线螺纹的线数）。

（5）螺纹的旋向。螺纹旋向可分为左旋（见图 7-6（a)）和右旋（见图 7-6（b)）。可分别用左、右手判定,逆时针方向旋转时旋入的螺纹为左旋螺纹,顺时针方向旋转时旋入的螺纹为右旋螺纹(工程上此种螺纹应用较多)。

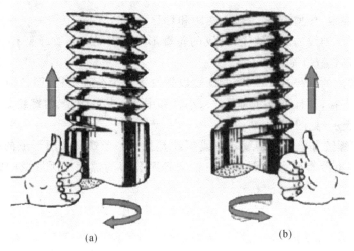

图 7-6　螺纹旋向
(a)左旋;　(b)右旋

只有上述几个要素完全相同的内、外螺纹才能旋合在一起。

## 7.1.3　螺纹的规定画法

大家对于螺纹都不陌生,螺纹的种类也很多,国标规定按照螺纹的牙型、公称直径(大径)和螺距三要素是否符合标准,将其分为以下 3 类:

(1)标准螺纹:均符合三要素。

(2)特殊螺纹:牙型符合标准,公称直径和螺距不符合。

(3)非标准螺纹:牙型不符合标准。

按照螺纹用途的不同,可将螺纹分为连接螺纹和传动螺纹(一般地,三角形螺纹用于连接,梯形、锯齿形及方牙螺纹用于传动)。

按照国家标准 GB/T 4459.1—1995 中的规定进行螺纹的绘制,见表 7-1。

表 7-1　螺纹的规定画法

| 分　类 | 图　例 | 说　明 |
| --- | --- | --- |
| 基本规定 | | (1)牙顶圆的投影用粗实线表示<br>(2)牙底圆的投影用细实线表示,在垂直于螺纹轴线的投影面的视图中,表示牙底圆的细实线只画约 3/4 圈<br>(3)螺纹终止线用粗实线表示<br>(4)在剖视图或断面图中,剖面线一律画到粗实线 |

续 表

| 分　类 | | 图　例 | 说　明 |
|---|---|---|---|
| 单个螺纹 | 外螺纹 | 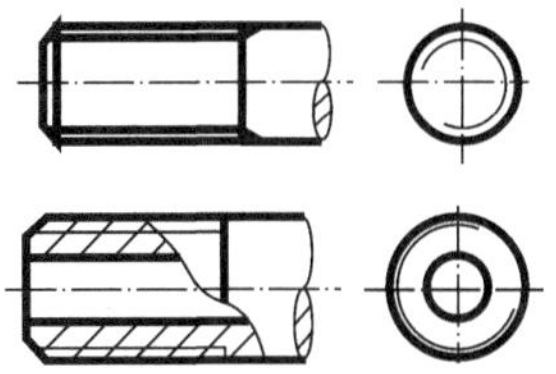 | (1)外螺纹大径画粗实线,小径画细实线<br>(2)小径通常按大径的 0.85 倍绘制<br>(3)牙底线在倒角(或倒圆)部分也应画出;在垂直于螺纹轴线的投影面的视图中画出牙底圆时,倒角的投影省略不画<br>(4)螺尾部分一般不必画出,当需要表示螺尾时,该部分用与轴线成 30°的细实线画出 |
| | 内螺纹 | 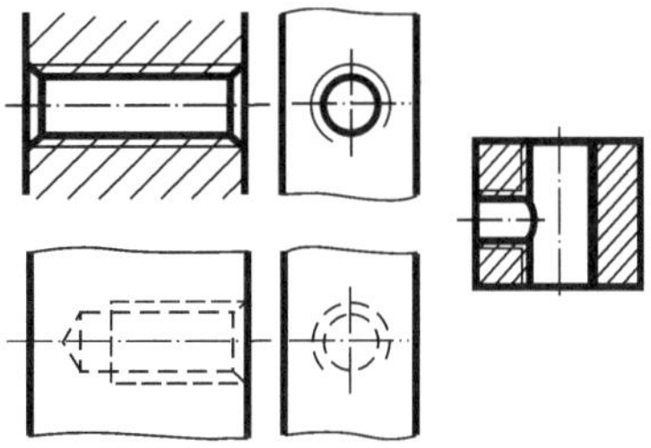 | (1)可见内螺纹的小径画粗实线,大径画细实线<br>(2)不可见螺纹的所有图线用虚线绘制<br>(3)螺孔的相贯线仅在牙顶处画出 |
| | 不通螺孔 | 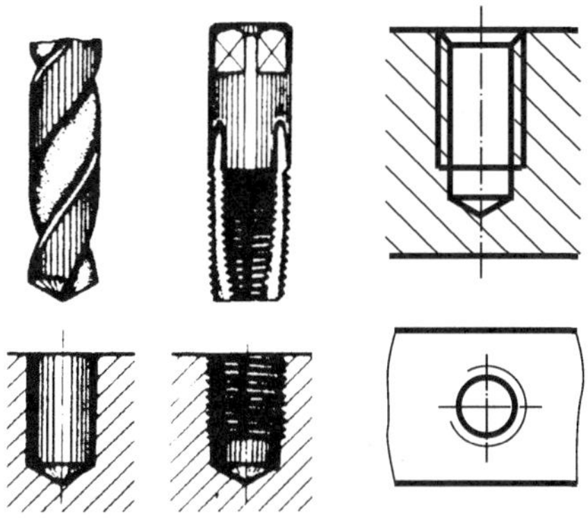 | 不通螺孔是先钻孔后攻丝形成的,因此一般应将钻孔深度与螺纹部分的深度分别画出,底部的锥顶角应画成 120° |
| 螺纹连接画法 | | 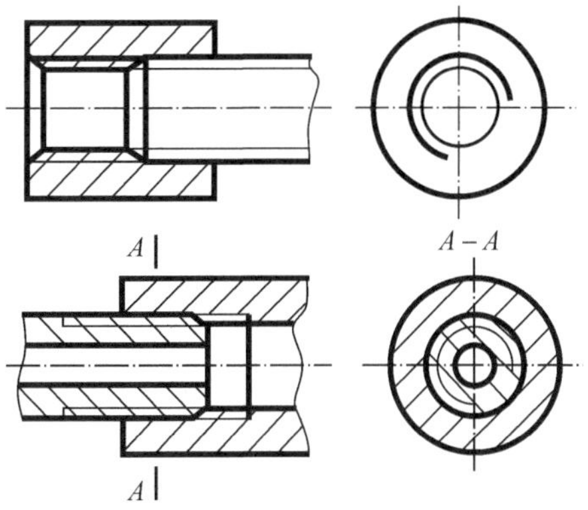 | 以剖视图表示内外螺纹的连接时,其旋合部分应按外螺纹的画法绘制,其余部分按各自的画法表示<br>注意表示内外螺纹牙底和牙顶的粗、细线必须对齐 |

## 7.1.4 螺纹的规定标记和标注

一个完整螺纹标记由螺纹代号、螺纹公差带代号和旋合长度代号三部分组成。其标记格式为

$$\boxed{螺纹代号}-\boxed{公差带代号}-\boxed{旋合长度代号}$$

**1.螺纹代号**

内容及格式为 $\boxed{特征代号}\ \boxed{尺寸代号}\ \boxed{旋向}$ 。

(1)特征代号。各种标准螺纹的特征代号见表7-2。

(2)尺寸代号。应反映出螺纹的公称直径、螺距、线数和导程。

单线螺纹的尺寸代号为 $\boxed{公称直径}\times\boxed{螺距}$ ,但粗牙普通螺纹和管螺纹不标注螺距,因为它们的螺距与公称直径是一一对应的。

多线螺纹的尺寸代号为 $\boxed{公称直径}\times\boxed{导程(P\ 螺距)}$ 。

(3)旋向。规定左旋螺纹用代号"LH"表示旋向。

**2.螺纹公差带代号**

由表示螺纹公差等级的数字和表示基本偏差的字母(外螺纹为小写字母,内螺纹为大写字母)表示,应分别注出中径和顶径的公差带代号,二者相同时则只标注一次。

各种管螺纹仅有一种公差带,故不注公差带代号。

**3.旋合长度代号**

旋合长度分为长、中、短三种,分别用代号 L,N,S 表示,应用最多的中等旋合长度不标 N。

**4.标准螺纹的标记**

标准螺纹的标记示例见表7-2。

**表7-2 螺纹的特征、标记和标注**

| 螺纹种类 | | | 牙型放大图 | 特征代号 | 标记示例 | 说明 |
|---|---|---|---|---|---|---|
| 连接螺纹 | 普通螺纹 | 粗牙 | 60° | M | M10-5g6g-S | 公称直径为10 mm的粗牙普通外螺纹,右旋,中径、大径公差带分别为5g,6g,短旋合长度 |
| | | 细牙 | | | M20×2LH-6H | 公称直径为20 mm,螺距为2 mm的左旋细牙普通内螺纹,中径与大径的公差带均为6H,中等旋合长度 |

续 表

| 螺纹种类 | | | 牙型放大图 | 特征代号 | 标记示例 | 说明 |
|---|---|---|---|---|---|---|
| 连接螺纹 | 管螺纹 | 非螺纹密封的管螺纹 | | G | G1/2A | 管螺纹,公称直径为1/2″ 外螺纹公差分 A、B 两级,内螺纹公差只有一种 |
| | | 用螺纹密封的管螺丝纹 | 圆锥外螺纹 | R | R1/2-LH | 圆锥外螺纹,尺寸代号为 1/2″左旋 |
| | | | 圆锥内螺纹 | Rc | Rc1/2 | 圆锥内螺纹,尺寸代号为 1/2°,右旋 |
| | | | 圆柱内螺纹 | Rp | Rp1/2 | 用螺纹密封的圆柱内螺纹,尺寸代号为1/2″,右旋 |
| 传动螺纹 | 梯形螺纹 | | | Tr | Tr40×7-7H | 公称直径为 40mm,螺距为 7mm 的单线梯形内螺纹,右旋,中径公差带代号为7H,中等旋合长度 |
| | | | | | Tr40×14(P7) LH-7e | 公称直径为 40 mm,导程为 14 mm,螺距为 7 mm 的双线梯形外螺纹,左旋,每项公差带代号为 7e,中等旋合长度 |
| | 锯齿形螺纹 | | | B | B40×7-7A | 公称直径为 40 mm,螺距为 7 mm 的单线锯齿形内螺纹,右旋,中径公差带代号为 7A,中等旋合长度 |
| | | | | | B40×14(P7) LH-8c-L | 公称直径为 40 mm,螺距为 7 mm 的双线锯齿形外螺纹,左旋,中径公差带代号为 8c,长旋合长度 |

5.螺纹标注示例

(1)普通螺纹的标注及图形的画法(见图 7-7)。

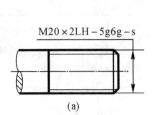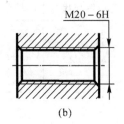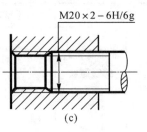

图 7-7　普通螺纹的标注及画法

(a)细牙外螺纹；　(b)粗牙内螺纹；　(c)内外螺纹旋合

(2)梯形螺纹的标注及图形的画法(见图 7-8)。

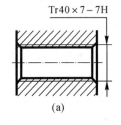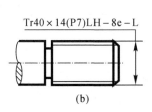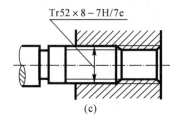

图 7-8　梯形螺纹的标注及画法

(a)内螺纹；　(b)外粗牙内螺纹；　(c)内外螺纹旋合

(3)非螺纹密封性管螺纹的标注及图形的画法(见图 7-9)。

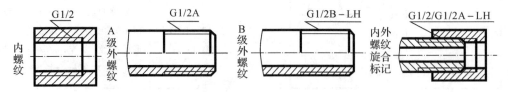

图 7-9　非螺纹密封性管螺纹的标注及画法

(4)锯齿形螺纹的标记及画法(见图 7-10)。

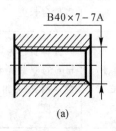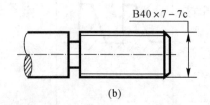

图 7-10　锯齿形螺纹的标记及画法

(a)内螺纹；　(b)外螺

(5)特殊螺纹的画法及标注。标注时注意在牙型前加"特"字,并注明大径和螺距(见图
7-11)。

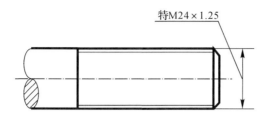

图 7-11 特殊螺纹的画法及标注

（6）非标准螺纹的画法及标注。标注时要注意，应标出螺纹的大径、小径、螺距和牙型的尺寸（见图 7-12）。

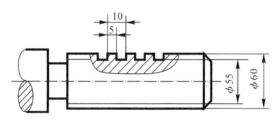

图 7-12 非标准螺纹的画法及标注

# 7.2 螺纹连接件

螺纹连接是最常见的一种连接形式。常见的螺纹紧固件有螺钉、螺栓、螺柱、螺母、垫片等（具体样品见图 7-13）。这类零件一般都是标准件，在绘制装配图时可采用简化画法。其具体尺寸和结构可查标准手册。

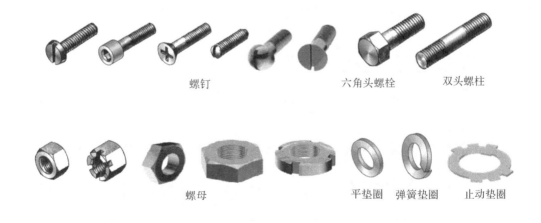

图 7-13 常见的螺纹紧固件

## 7.2.1　螺纹紧固件的规定标记及画法

在标记螺纹的相关标准件时,一般采用的格式为

$$\boxed{名称}\ \boxed{标准号}\ \boxed{规格}$$

其中,规格由能够代表该标准件大小及形式的代号和尺寸组成。

常用螺纹连接标准件标记示例见表 7-3。

### 表 7-3　常用螺纹连接标准件标记

| 名　称 | 图　例 | 说　明 |
|---|---|---|
| 六角头螺栓 | 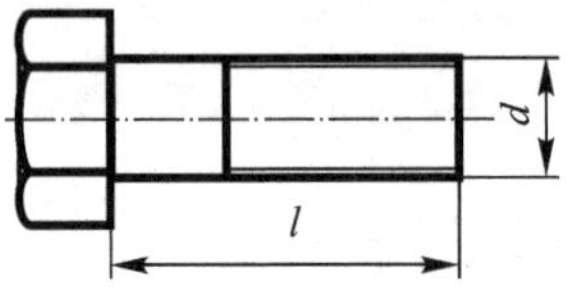 | 标记:<br>螺栓 GB/T 5782—2000 M10×40<br>说明:<br>螺纹规格 $d=10$ mm,公称长度 $l=40$ mm,性能等级为 8.8级,表面氧化的 A 级六角头螺栓 |
| 双头螺注 | 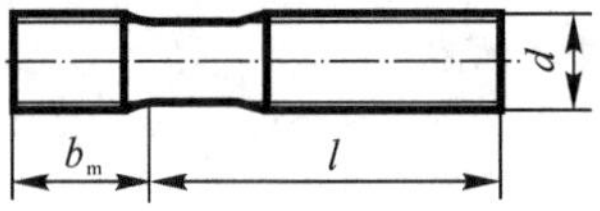 | 标记:<br>螺柱 GB/T 897—1988 M12×50<br>说明:<br>两端均为粗牙普通螺纹,螺纹规格 $d=12$ mm,$l=50$ mm 性能等级为 4.8级,不经表面处理 B 型,旋入机体长度 $b_m=d=12$ mm |
| 六角螺母 | 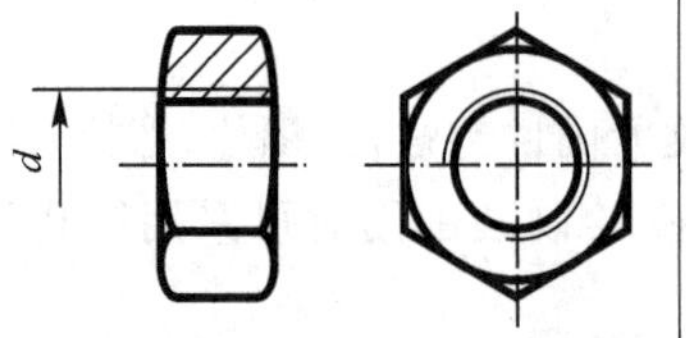 | 标记:<br>螺母 GB/T 6170—2000 M12<br>说明:<br>螺纹规格 $d=12$ mm,性能等级为 10 级,不经表面处理,A 级 I 型 |
| 开槽沉头螺钉 | 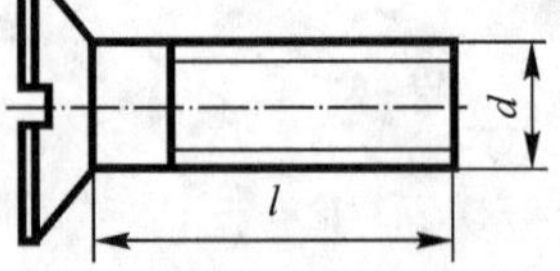 | 标记:<br>螺钉 GB/T 67—2000　M10×30<br>说明:<br>螺纹规格 $d=10$ mm,$l=30$ mm,性能等级为 4.8级,不经表面处理的开槽盘头螺钉 |
| 平垫圈 | 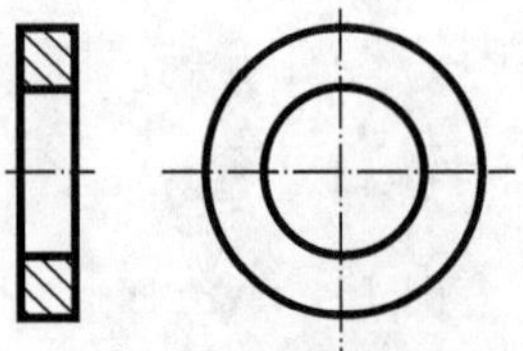 | 标记:<br>垫圈 GB/T 97.1—2002 8-140HV<br>说明:<br>螺纹规格 $d=8$ mm(螺杆大径),性能等级为 140HV 级,不经表面处理,A 级平垫圈 |

在绘制螺纹紧固件时可采用这两种方法:①查表画法;②比例画法。

具体画法示例如图 7-14 所示。

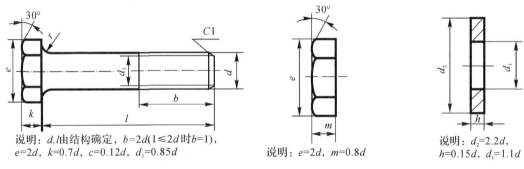

说明：$d,l$ 由结构确定，$b=2d(1\leq2d$ 时 $b=1)$，
$e=2d$，$k=0.7d$，$c=0.12d$，$d_1=0.85d$

说明：$e=2d$，$m=0.8d$

说明：$d_2=2.2d$，
$h=0.15d$，$d_1=1.1d$

图 7－14　螺纹紧固件的画法

## 7.2.2　螺纹紧固件连接形式及画法

常见的螺纹连接形式有螺栓连接、双头螺柱连接和螺钉连接。螺栓连接是将螺栓穿入两个被连接件的光孔,套上垫圈,旋紧螺母(见图 7－15);双头螺柱两端均制有螺纹,一端直接旋入较厚的被连接件的螺孔内(称为旋入端),另一端则穿过较薄零件的光孔,套上垫圈,用螺母旋紧(见图 7－16);螺钉连接(主要用于受力不大并不经常拆卸的地方)是指在较厚的机件上加工出螺孔,在另一连接件上加工成通孔,用螺钉穿过通孔直接拧入螺孔即可实现连接(见图7－17)。

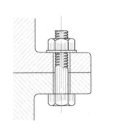

图 7－15　螺栓连接

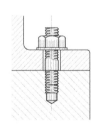

图 7－16　双头螺柱连接

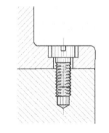

图 7－17　螺钉连接

螺纹紧固件连接的画法有以下几种。

(1)螺栓连接的画法及其尺寸关系(见图 7－18)。

画螺纹连接装配图时,各连接件的尺寸可根据其标记查表得到。但为提高作图效率,通常采用近似画法,即根据公称尺寸(螺纹大径 $d$)按比例大致确定其他各尺寸,而不必查表。螺栓连接中常用的标准件各结构尺寸与螺纹大径之间的近似比例关系见表 7－4。

表 7－4　螺栓连接的各部分比例关系式

| 名称 | 螺栓 | 螺母 | 平垫圈 |
|---|---|---|---|
| 尺寸关系 | $b=2d$，$k=0.7d$，$c=0.1d$<br>$e=2d$，$R=1.5d$，$R_1=d,r,s$ 由作图决定 | $m=0.8d$ | $h=0.15d$<br>$D=2.2d$ |

画螺栓连接图时,要符合装配图的画法规定。①对于螺栓、垫圈和螺母,当剖切平面通过

它们的基本轴线剖切时按不剖绘制。②两零件的接触面画一条线,而非接触面,如被连接件光孔与螺杆之间应留有空隙,并且注意在此空隙内应画出两被连接件结合面处的可见轮廓线。③相邻两被连接件的剖面线方向应相反,或方向一致但间隔不等。

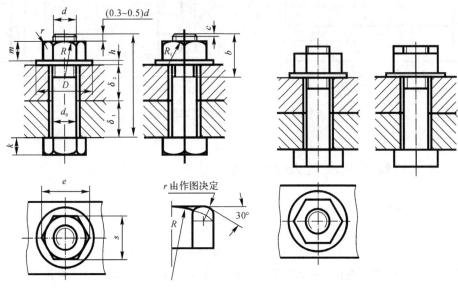

图 7-18  螺栓连接的画法及其尺寸关系

画图时还应注意螺栓末端应伸出螺母外一段长度,一般为$(0.3\sim0.5)d$。在确定螺栓长度($l$)的数值时,需由被连接件的厚度($\delta_1$,$\delta_2$)、螺母高度($m$)、垫圈厚度($h$)按下式计算并取标准值:

$$l=\delta_1+\delta_2+h+m+(0.3\sim0.5)d$$

(2)双头螺柱连接的画法。

图 7-19 所示为双头螺柱连接的示意画法、一般画法和简化画法。

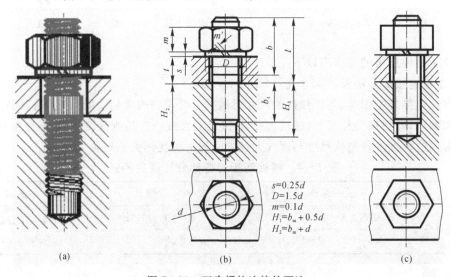

$s=0.25d$
$D=1.5d$
$m=0.1d$
$H_1=b_m+0.5d$
$H_2=b_m+d$

图 7-19  双头螺柱连接的画法
(a)示意画法;  (b)一般画法;  (c)简化画法

（3）螺钉连接的画法。

图 7 - 20 所示为螺钉连接的画法。

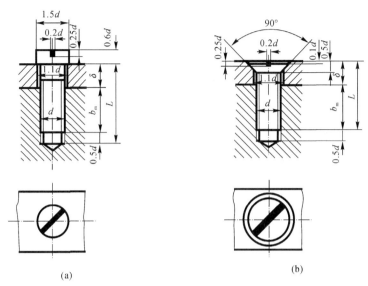

图 7 - 20　螺钉连接的画法

(a)开槽圆柱头螺钉连接画法；　(b)开槽沉头螺钉连接画法

# 7.3　齿轮和轴承

## 7.3.1　齿轮

齿轮传动已成为各类机器设备中应用广泛的一种传动方式。齿轮是这些机器中的零件，它用来将主动轴的动力传送到从动轴上，以完成变速、改向等功能。

按照齿轮啮合的轴线的相对位置不同，齿轮传动主要可分为：①圆柱齿轮传动，如图 7 - 21(a)所示；②圆锥齿轮传动，如图 7 - 21(b)所示；③蜗轮蜗杆传动，如图 7 - 21(c)所示。

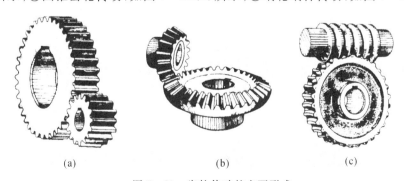

图 7 - 21　齿轮传动的主要形式

(a)圆柱齿轮传动；　(b)圆锥齿轮传动；　(c)蜗轮蜗杆传动

现以圆柱齿轮为例,介绍齿轮的基本知识和规定画法。

1.圆柱齿轮的基本知识

标准直齿圆柱齿轮的基本参数为齿数($z$)、模数($m$)和齿形角($\alpha$)。模数和齿形角决定了轮齿的大小和形状,国家标准对它们做出了规定。

(1)齿顶圆。通过齿轮各轮齿顶部的圆,其直径用 $d_a$ 表示。

(2)齿根圆。通过齿轮各轮齿根部的圆,其直径用 $d_f$ 表示。

(3)分度圆。加工齿轮时作为齿轮轮齿分度的圆,其直径用 $d$ 表示。两个标准齿轮啮合时,两分度圆相切。

(4)齿高($h$)。轮齿齿顶圆与齿根圆之间的径向距离。其中,齿顶圆与分度圆之间的径向距离称为齿顶高($h_a$),齿根圆与分度圆之间的径向距离称为齿根高($h_f$)。显然,$h = h_a + h_f$。

(5)齿形角。两个齿轮啮合时,轮齿齿廓在节圆上啮合点 $P$ 处的受力方向(即 $P$ 点处二齿廓的公法线方向)与该点的瞬时速度方向(即 $P$ 点处二节圆的公切线方向)所夹的锐角 $\alpha$ 称为齿形角,如图 7-22 所示。

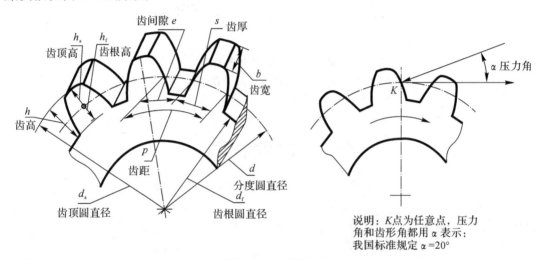

图 7-22　齿轮特征

齿形角决定了渐开线齿廓的形状,影响着轮齿承载能力和传动平稳性。和模数一样,为了统一齿轮规格和加工刀具,国家标准对齿形角做了统一规定,即 $\alpha = 20°$。

(6)模数。分度圆的周长一方面由分度圆直径决定,另一方面又可由齿距和齿数决定,因此有

$$\pi d = pz$$

据此可得到分度圆直径

$$d = \frac{p}{\pi} z$$

式中,$\pi$ 是一个无理数。为了计算方便,取

$$m = \frac{p}{\pi}$$

并称其为模数。

显然,模数大小与齿距成正比,也就与轮齿的大小成正比。模数越大,轮齿就越大。两齿轮啮合,轮齿的大小必须相同,因而模数必须相等。

模数是设计、制造齿轮的一个重要参数。为了统一齿轮的规格,提高标准化、系列化程度,便于加工,国家标准对齿轮的模数已做了统一规定,见表 7-5。

**表 7-5　圆柱齿轮的模数(GB/T 1357—1987)**

| 第一系列 | 1　1.25　2　2.5　3　4　5　6　8　10　12　16　20　25　32　40 |
|---|---|
| 第二系列 | 2.25　2.75　(3.25)　3.5　(3.75)　4.5　5.5　(6.5)　7　9　(11)　14 |

注:优先选用第一系列,其次是第二系列,括号内的模数尽可能不用。

#### 2.圆柱齿轮的规定画法

(1)单个齿轮的画法(见图 7-23)。齿顶圆和齿顶线用粗实线绘制;分度圆与分度线用细点画线绘制;齿根圆和齿根线用细实线绘制,也可省略不画;在剖视图中,当剖切平面通过齿轮轴线时,轮齿一律按不剖绘制,这时齿根线用粗实线绘制,不能省略。

(2)啮合画法。两齿轮啮合时,除啮合区外,其余的画法与单个齿轮相同。啮合区的画法为,在垂直于齿轮轴线投影面的视图中,齿顶圆按粗实线绘制,如图 7-24(a)所示,也可将啮合区内齿顶圆省略不画,如图 7-24(b)。

在平行于齿轮轴线的投影面的视图中,当通过两齿轮的轴线剖切时,在啮合区内将一个齿轮的轮齿用粗实线绘制,另一个齿轮的轮齿被遮的部分用虚线绘制,虚线也可省略不画,如图 7-24(a)所示。当不采用剖视时,啮合区画法如图 7-24(b)所示。

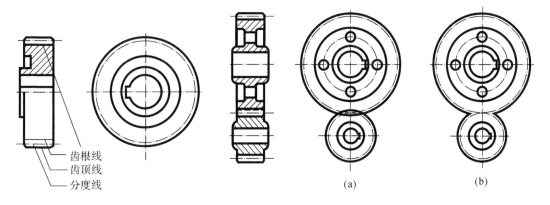

齿根线
齿顶线
分度线

(a)　　　　(b)

图 7-23　单个直齿圆柱齿轮的画法　　　　图 7-24　直齿圆柱齿轮啮合的两种画法

齿轮零件图一般采用主、左两个视图,主视图采用剖视,左视图表达外形,形状简单时可仅用局部视图画出轴孔和键槽。标注尺寸时,轮齿部分应注出齿顶圆和分度圆直径。齿轮零件图上,除零件图的一般内容外,还应在图框右上角画出参数表,填写模数、齿数、齿形角等级等基本参数(见图 7-25)。

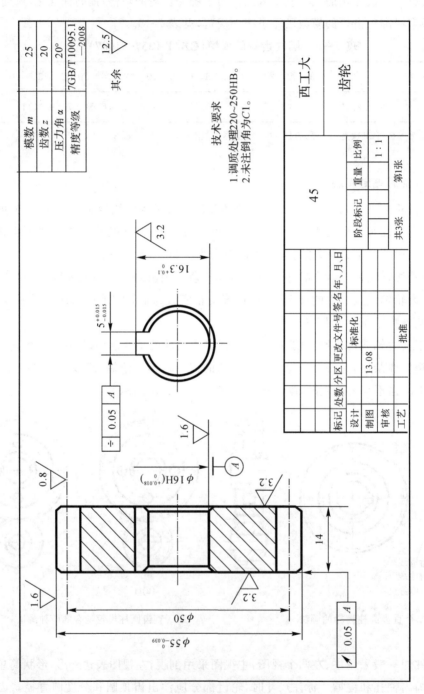

图7-25 齿轮零件图

| 模数 m | 25 |
| 齿数 z | 20 |
| 压力角 α | 20° |
| 精度等级 | 7GB/T 10095.1—2008 |

其余 12.5

技术要求
1.调质处理220~250HB。
2.未注倒角为C1。

西工大    齿轮

45

| | 阶段标记 | 重量 | 比例 |
| | | | 1:1 |
| | | 共3张 | 第1张 |

| 标记 | 处数 | 分区 | 更改文件号 | 签名 | 年、月、日 |
| 设计 | | | | | |
| 制图 | | 13.08 | 标准化 | | |
| 审核 | | | | | |
| 工艺 | | | 批准 | | |

## 7.3.2　轴承

轴承是支承轴颈的部件。根据支承表面和轴颈两表面之间的摩擦状态(滚动和滑动)的不同情况,可将其分为滚动轴承和滑动轴承。现以滚动轴承为例,对其知识点进行讲解分析。

**一、滚动轴承的结构和分类**

1.滚动轴承的分类

滚动轴承种类很多,按承受载荷的方向可分为以下3类:

(1)向心轴承:主要承受径向载荷,如深沟球轴承。

(2)推力轴承:只承受轴向载荷,如圆锥滚子轴承。

(3)向心推力轴承:可以承受径、轴向载荷,同时可承受双向载荷,如平底推力球轴承。

2.滚动轴承的结构

滚动轴承的结构一般由以下几部分组成(见图7－26)。

(1)内圈:套在轴上,与轴一起转动。

(2)外圈:装在机座孔中,一般固定不动或微动。

(3)滚动体:装在内、外圈之间的滚道中,有球形、圆柱形和圆锥形等。

(4)隔离罩(或保持架):用于均匀地隔开滚动体。

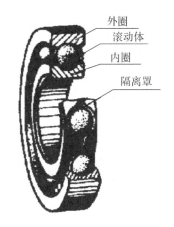

图 7－26　轴承结构

3.滚动轴承基本代号

滚动轴承基本代号由轴承类型代号、尺寸系列代号和内径代号组成。

(1)类型代号:由数字或字母表示(见表7－6)。

**表 7－6　轴承类型代号(摘自 GB/T 272—1993)**

| 代号 | 轴承类型 | 代号 | 轴承类型 |
|------|----------|------|----------|
| 0 | 双列角接触球轴承 | 6 | 深沟球轴承 |
| 1 | 调心球轴承 | 7 | 角接触球轴承 |
| 2 | 调心滚子轴承和推力调心滚子轴承 | 8 | 推力圆柱滚子轴承 |
| 3 | 圆锥滚子轴承 | N | 圆柱滚子轴承 |
| 4 | 双列深沟球轴承 | U | 外球面球轴承 |
| 5 | 推力球轴承 | QL | 四点接触球轴承 |

(2)尺寸系列代号:由轴承的宽(高)度系列代号和直径系列代号组成,用两位阿拉伯数字表示。例如:

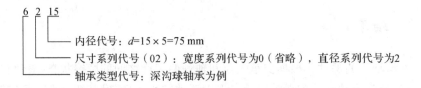

内径代号：$d=15 \times 5=75$ mm

尺寸系列代号（02）：宽度系列代号为0（省略），直径系列代号为2

轴承类型代号：深沟球轴承为例

#### 4.轴承的画法

在装配图中应采用简化画法（即通用画法或特征画法）。当不需要确切地表示滚动轴承的外形轮廓、载荷特性、结构特征时，采用通用画法。

通用画法用粗实线绘制的矩形线框及十字形符号示意性地表示滚动轴承，矩形线框的大小应与滚动轴承的外形尺寸一致。通用画法及其尺寸比例关系如图 7-27 所示。

特征画法在矩形线框内画出结构要素符号，较形象地表示滚动轴承的结构特征和载荷特性。规定画法则比较真实地反映滚动轴承的结构和尺寸，剖视图中轴承的滚动体不画剖面线，其各套圈等可画成方向和间隔相同的剖面线，在不致引起误解时也允许省略不画。

常见类型滚动轴承的特征画法和规定画法见表 7-7。

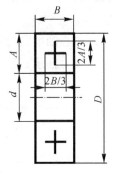

图 7-27　通用画法

**表 7-7　常见滚动轴承的特征画法及规定画法的尺寸比例示例**

| 种类 | 深沟球轴承<br>(GB/T 276—1993) | 圆锥滚子轴承<br>(GB/T 297—1994) | 推力球轴承<br>(GB/T 301—1993) |
|---|---|---|---|
| 特征画法 | | | |
| 规定画法 | | | |

## 7.3.3　键和销连接

**一、键连接**

键连接一般用来实现轴与轮之间的连接,如图 7 - 28(a)所示。常用的键型如图 7 - 28(b)所示,常见的键及其连接画法见表 7 - 8。

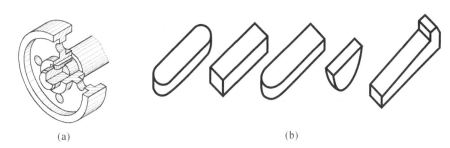

   (a)            (b)

图 7 - 28　键连接及键型

(a)键连接;　(b)键型

**表 7 - 8　各种键连接画法**

| 名称 | 连接画法 | 说明 |
|---|---|---|
| 普通平键连接 | | 普通平键的两侧面为工作面,与槽侧面接触;键顶面与轮毂上键槽顶面存在间隙,画两条线。<br>键的倒角、圆角省略不画。<br>在反映键长度方向的剖视图中,键按不剖绘制 |
| 半圆键连接 | | 半圆键的两侧面为工作面;上表面与键槽顶面存在间隙,画两条线 |
| 钩头楔键连接 | | 钩头楔键的上下表面为工作面,上表面有一定的斜度(1:100)。图中顶面、侧面均不留间隙 |

续 表

| 名称 | 连接画法 | 说明 |
|---|---|---|
| 矩形花键连接 | 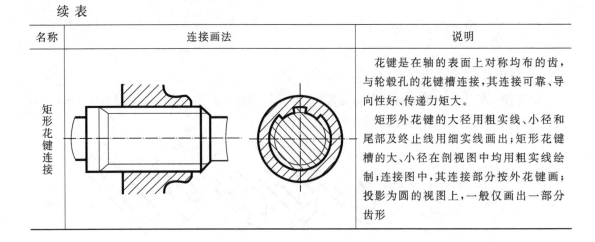 | 花键是在轴的表面上对称均布的齿,与轮毂孔的花键槽连接,其连接可靠、导向性好、传递力矩大。<br><br>矩形外花键的大径用粗实线、小径和尾部及终止线用细实线画出;矩形花键槽的大、小径在剖视图中均用粗实线绘制;连接图中,其连接部分按外花键画;投影为圆的视图上,一般仅画出一部分齿形 |

键及键槽的尺寸是根据被连接轴的公称直径($d$)确定的。对于普通平键,可按 GB/T 1096—2003 确定尺寸。图 7-29 为平键键槽的图示及尺寸标注。

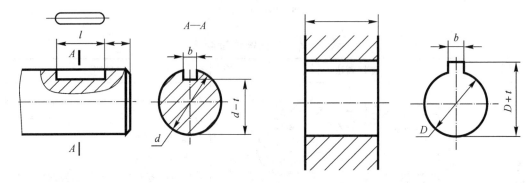

图 7-29　平键键槽的图示及尺寸标注

### 二、销连接

销主要用于固定零件的相对位置,也可用于轴与毂或其他零件的连接,并传递不大的载荷。销可分为圆柱销、圆锥销、异形销(如轴销、开口销等),其画法如图 7-30 所示。在画销连接图时,若剖切平面通过销的轴线则销按不剖绘制,轴取局部剖。由于用销连接的两个零件(见图 7-31)上的销孔通常需一起加工,因此,在图样中标注销孔尺寸时一般要注写"配作"。圆锥销的公称直径是小端直径,在圆锥销孔上需用引线标注尺寸。

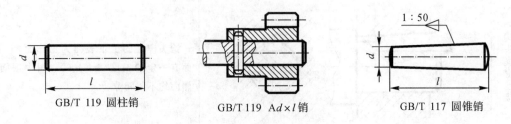

GB/T 119 圆柱销　　　　GB/T 119 A$d×l$销　　　　GB/T 117 圆锥销

图 7-30　各类销标记及连接画法

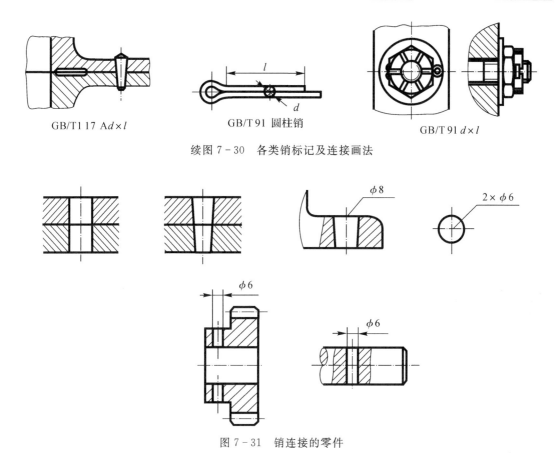

GB/T117 A$d \times l$

GB/T91 圆柱销

GB/T91 $d \times l$

续图 7 - 30 各类销标记及连接画法

$\phi 8$

$2 \times \phi 6$

$\phi 6$

$\phi 6$

图 7 - 31 销连接的零件

## 7.3.4 弹簧

弹簧是机械中常用的功、能转换零件,具有减震、测力、夹紧、复位和存储能量等功用。其种类较多,用途广泛。常见的有螺旋弹簧、蜗卷弹簧、板弹簧等。螺旋弹簧按所承受的载荷性质不同又分为压力弹簧、拉力弹簧和扭力弹簧,如图 7 - 32 所示。

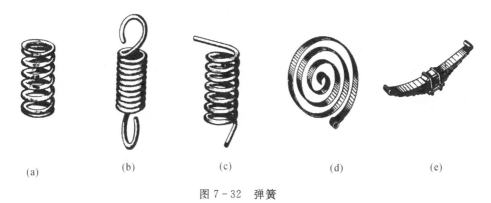

(a)         (b)         (c)         (d)         (e)

图 7 - 32 弹簧

(a)圆柱螺旋压力弹簧; (b)圆柱螺旋拉力弹簧; (c)圆柱螺旋扭力弹簧; (d)蜗卷弹簧; (e)板弹簧

**一、圆柱螺旋压缩弹簧的基本参数**

圆柱螺旋压缩弹簧的基本参数如图 7-33 所示。

1. 簧丝直径($d$)

弹簧的钢丝直径。

弹簧直径：

(1)弹簧外径($D$)。弹簧的最大直径。

(2)弹簧内径($D_1$)。弹簧的最小直径，$D_1 = D - 2d$。

(3)弹簧中径($D_2$)。弹簧的平均直径，$D_2 = D - d$。

2. 节距($p$)

相邻两有效圈上对应点间的轴向距离。

3. 圈数

为了使压缩弹簧工作平稳,受力均匀,保证轴线垂直于支承端面,制造时将弹簧的两端并紧磨平,这部分圈数仅起支承作用,称为支承圈数($n_2$)。支承圈数一般有 1.5 圈、2 圈、2.5 圈,常用的是 2.5 圈。除了支承圈外,其余具有相等节距的圈称为有效圈数($n$),支承圈数和有效圈数之和为总圈数($n_1$),即 $n_1 = n + n_2$。

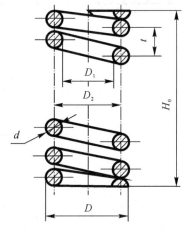

4. 自由高度($H_0$)

弹簧在不受外力时的高度,$H_0 = np + (n_2 - 0.5)d$。

5. 弹簧展开长度($L$)

制造时弹簧钢丝的长度。

图 7-33　圆柱螺旋压力弹簧

6. 旋向

圆柱螺旋弹簧分左、右旋两种。

**二、弹簧的画法**

1. 圆柱螺旋弹簧的规定画法

圆柱螺旋弹簧可画成视图、剖视图及示意图(见图 7-34)。国家标准(GB/T 4459.4—1984)对弹簧的画法做了以下规定：

(1)在平行于弹簧轴线的视图中,其各圈的轮廓线画成直线。

(2)螺旋弹簧均可画成右旋,但左旋螺旋弹簧,不论画成左旋还是右旋,一律要注出代号"LH"表示左旋。

(3)有效圈圈数在四圈以上的螺旋弹簧,允许两端各只画两圈(不包括支承圈),中间部分可省略不画,允许适当缩短图形的长度。

(4)不论螺旋压缩弹簧支承圈数多少和末端贴紧情况如何,均按图 7-34(a)(b)所示形式来画。

图 7-35 所示为螺旋弹簧的画图步骤。

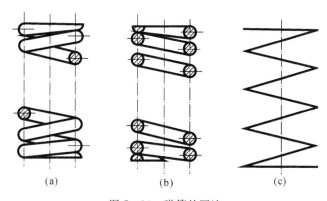

图 7 - 34　弹簧的画法

(a)视图；　(b)剖视图；　(c)示意图

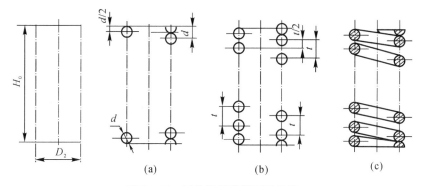

图 7 - 35　圆柱螺旋弹簧画图步骤

**2.装配图中弹簧的画法**

(1)在装配图中,被弹簧挡住的结构一般不画出,可见部分应从弹簧的外轮廓线或从弹簧剖面中线画起,如图 7 - 36(a)所示。

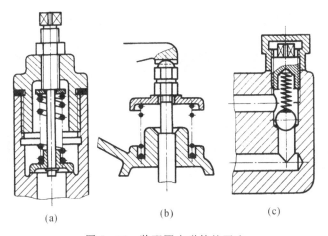

图 7 - 36　装配图中弹簧的画法

(2)被剖切弹簧的直径在图形上小于或等于 2 mm 时,其剖面可用涂黑表示,如图 7 - 36

(b)所示。

(3)簧丝直径或厚度小于或等于 2 mm 的螺旋弹簧,允许用示意图绘制,如图 7 - 36(c)所示。

# 复习思考题

1.标准件和常用件有没有区别?若有,说出二者的区别。

2.举例说明常见的标准件和常用件,说说使用常用件和标准件的优势。

3.螺纹的主要要素有哪些?各要素的作用是什么?

4.国家标准 GB/T 4459.1—1995 中对螺纹绘制的基本规定有哪些?

5.已知某螺纹的主视图(见习题 5 图),按照标准规定补画其左视图。假如已知左视图,那么主视图有几种情况?

(a)                        (b)

习题 5 图

(a)主视图;  (b)主视图

6.说明 M20×2 - 5g6g - L 代表的含义。其中螺纹代号、公差代号、旋合长度代号分别是什么?

7.分析习题 7 图中各图形的画法是否正确,若错误请给以更正。

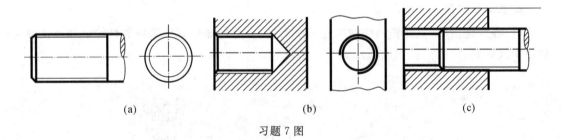

(a)                    (b)                    (c)

习题 7 图

# 第8章 装配图

【主要内容】

(1)装配图的作用和内容,装配图的规定画法、简化画法。

(2)装配图的尺寸标注。

(3)装配图的技术要求,装配图中明细栏、标题栏的注写。

(4)由装配图拆画零件图。

【学习目标】

(1)了解装配图的作用和内容。

(2)熟悉装配图的规定画法、简化画法及特殊化法。

(3)了解装配图的技术要求及尺寸配合的类型、要求。

(4)掌握装配图中明细栏、标题栏的注写方法,零、部件序号的编写。

(5)能够由装配图正确拆画出零件图。

【学习重点】

(1)装配图的规定画法、简化画法及特殊画法。

(2)装配图的技术要求及尺寸配合的类型、要求。

(3)装配图中明细栏、标题栏的注写方法,零、部件序号的编写。

(4)由装配图正确拆画出零件图。

【学习难点】

(1)装配图的画法。

(2)由装配图拆画零件图。

装配图是表达机器的组成、各零件间的位置关系、工作原理、构造特点和装配要求的图样,是设计、安装、检测、使用及维修等工作的重要技术文件。本章主要介绍装配图的画法、尺寸标注,以及配合等方面的一般要求。

# 8.1 装配图的作用和内容

1.装配图的作用

在机器的设计阶段,通常是先画出产品的装配图,再根据装配图的设计意图画出零件图。在制造中,要以装配图为依据,将零件组装成机器或部件;在机器的使用和维修中,则要通过装配图来了解机器的结构和安装配合要求,因此装配图是设计机器零件、制订工艺流程、安装、检测、使用及维修的重要技术文件。

**2.装配图的内容**

图 8-1 所示为一简易螺旋千斤顶的装配图,图 8-2 所示为其立体图。可以看出一张完整装配图应当包含以下几个方面的内容。

(1)一组图形。用来表达机器的结构特点、零件间的装配关系、主要零件的形状特点。

(2)必要的尺寸。表示机器的性能规格,以及装配、安装所需的必要尺寸。

(3)技术要求。用文字或符号说明机器在装配、安装、运行中应达到的技术指标。

(4)零件序号、明细栏和标题栏。为便于生产组织和管理,对零部件编号后,将其序号、数量、材料等项目填写在明细栏中。标题栏包含机器或图样的管理信息,以及相关责任人的签名等。

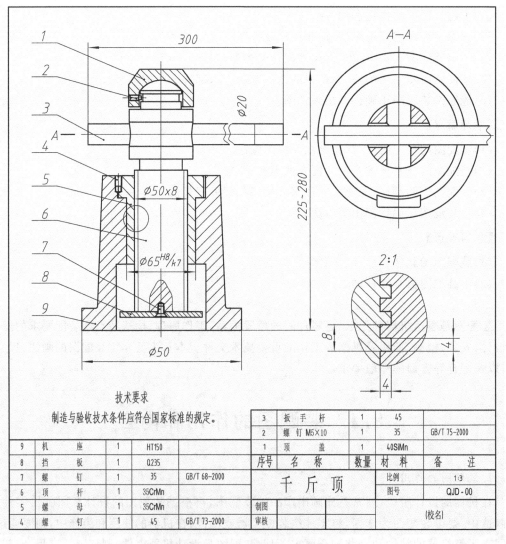

图 8-1 千斤顶的装配图

图 8-2　千斤顶的立体图

# 8.2　装配图的表达方法

零件的各种表达方法,如视图、剖视、剖面和局部放大图等,在装配图中也同样适用。但为了重点表达出装配关系,还须按照国家标准的要求,采用下面的规定画法,或者选用特殊画法和简化画法。

## 8.2.1　装配图的规定画法

规定画法是画装配图时必须遵守的规则。

### 1.接触面的画法

公称尺寸相同的两个相邻零件,其接触面只画一条线,如图 8-3 所示。但公称尺寸不相同时,即使其间隙很小,也必须画出两条线,如图 8-3 中轴与端盖孔之间,因公称尺寸不同,应画出两条线。

### 2.剖面线的画法

在装配图中,剖面线还用来区分同一零件和相邻零件的图线。在同一零件所有的剖视图和断面图中,其剖面线应保持同一方向,且间隔一致,如图 8-1 中主视图、*A—A* 视图和局部放大视图中螺杆的剖面线一样,据此可以识别出这三个视图中表示螺杆的图线区域;两个相邻零件的剖面线,其倾斜方向应相反,或者方向一致但间隔不等;剖面厚度在 2 mm 以下的图形,允许以涂黑来代替剖面符号,如图 8-3 中机座和端盖之间的垫片。

3.剖视图中标准件和实心杆件的画法

在剖视图中,当剖切平面通过螺纹紧固件、销、键等标准件,以及轴、手柄、连杆、球等实心件的轴线时,这些零件均按不剖绘制,如图8-3和图8-1所示。如果这些零件上有孔、槽等结构需要表达时,则可采用局部剖视。但若剖切平面横向剖断这些零件时,则需画出剖面线。

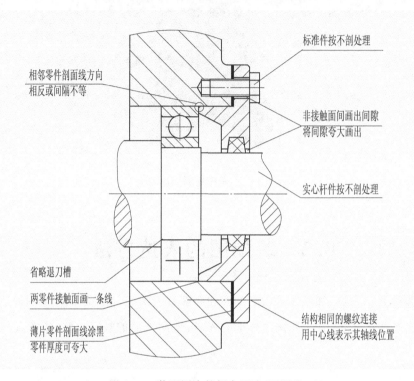

相邻零件剖面线方向相反或间隔不等

标准件按不剖处理

非接触面间画出间隙将间隙夸大画出

实心杆件按不剖处理

省略退刀槽

两零件接触面画一条线

薄片零件剖面线涂黑零件厚度可夸大

结构相同的螺纹连接用中心线表示其轴线位置

图8-3 装配图中的规定画法(两图选一)

## 8.2.2 装配图的特殊画法和简化画法

特殊画法和简化画法是为了简化图样,根据需要而选用的画法。

1.拆卸画法

在装配图中,当某些零件遮住了所需表达的部分时,可假想沿某些零件的结合面剖切或拆卸某些零件后绘制,并注明"拆去零件××"等字样,单个零件上必须表达出的结构形状,如果在各视图中尚未表达,可以单独画出该零件的视图。

2.夸大画法

在装配图中,有些薄片零件、细丝零件、微小间隙,或者直径小于2 mm的孔,以及小斜度、小锥度,若按实际尺寸,则很难画出或难以明显表示,因此可以不按比例而采用夸大画法。如图8-3所示,垫片(涂黑部分)的厚度就是采用夸大画法画出的。

3.假想画法

为了表达运动零件的极限位置或本部件和相邻零部件的位置关系,可以用双点画线画出运动零件处于极限位置的轮廓或相邻零部件的轮廓。如图 8 - 4 所示,用双点画线画出了手柄的两个极限位置。

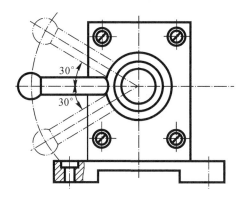

图 8 - 4　运动零件的极限位置

4. 透明件和网状物画法

由透明材料制成的零件,按不透明绘制;被网状物挡住的部分均按不可见图线处理。

5. 简化画法

在装配图中,零件上的工艺结构,如小圆角、倒角、退刀槽等可不画出,如图 8 - 3 所示。

对于若干相同的零件组,如螺栓连接等,可详细地画出一组或几组,其余只需要用点画线表示其装配位置即可,如图 8 - 3 所示。

# 8.3　装配图中的尺寸标注

由于装配图不直接用于零件的生产制造,因此无须注出零件的全部尺寸,而只须标注以下几类必要的尺寸。

1. 规格尺寸

表示机器的性能、规格的尺寸。它是设计和选用机器产品大小的主要依据,如扬声器喇叭口的直径、电视机荧屏对角线长度、减速器中心距、虎钳钳口大小等。有些机器产品的规格尺寸是通过其他尺寸间接表示出的,如图 8 - 1 所示千斤顶的总高尺寸,表明了该千斤顶的最大顶起高度为 280 mm。

2. 装配尺寸

包括保证零件间重要配合关系、相对位置、连接关系的尺寸,它们直接影响到机器产品的工作精度或性能。如图 8 - 1 中的 $\phi 65 \frac{H8}{k7}$,图 8 - 15 所示泄气阀中的 $\phi 10 \frac{h8}{s7}$(配合尺寸)、56(装配时必须保证的重要相对位置尺寸)、M30×1.5 - 6H/6G(连接尺寸)等。

3. 安装尺寸

将机器安装到其他零件上,或将部件安装到机座上所需的尺寸,即机器部件对外连接的尺寸,如图 8 - 15 中的尺寸 G1/2、G3/4、$\phi 12$ 及其定位尺寸 48。

4. 总体尺寸(外形尺寸)

表示机器或部件的外形轮廓总长、总宽和总高的尺寸。它是包装、运输和安装的依据。

5. 其他重要尺寸

除上述四类尺寸外,在装配或使用中必须遵循的尺寸,也必须标注在装配图上。例如,运动零件的位移尺寸等,如图8-4中手柄的位置尺寸30°。

需要说明的是,装配图上的某些尺寸有时兼有上述几种意义,如千斤顶的总高尺寸同时也是该千斤顶的规格尺寸。此外,有的装配图也并不全部具备上述五类尺寸。

# 8.4 装配图中的技术要求、零件序号与明细栏

## 8.4.1 装配图中的技术要求

装配图中的技术要求通常包括装配体在装配、检验、使用时必须达到的指标和某些外观上的要求,一般包括以下几项内容。

(1)装配制造要求。即对装配方法、装配时所应达到的精度等方面的要求。

(2)检验要求。应进行的试验、检验方法和条件,及必须达到的技术指标等。

(3)使用要求。包装运输、安装维护等要求。

技术要求可用规定的符号标注在图中,无法在图中表达清楚的技术要求,可以用文字形式注写在标题栏附近的"技术要求"下,如图8-1所示。

## 8.4.2 装配图零件序号与明细栏

为了便于图纸管理,以及便于读图时查找零件,装配图上各零部件都必须编写序号,并连同零部件的信息填写在标题栏上方明细栏中。

1. 零件序号的编排方法

零件序号包括三项内容:圆点、指引线和序号数字,如图8-5所示。需要注意的是:

(1)序号指引线相互间不能相交。当它通过有剖面线的区域时,不应与剖面线平行;必要时,指引线可以画成折线,但只允许曲折一次,如图8-5所示。

(2)序号数字的书写形式可以采用图8-5中的三种形式之一,序号的字高应比尺寸数字大一号或两号,但在同一张装配图中所采用的序号标注形式要一致。

(3)圆点表示序号的终端,它应该点在零件中的清晰位置,令读图者能明确地断定该序号所指的零件。对于很薄的零件或涂黑的剖面,可在指引线末端画出箭头,并指向该部分的轮廓,如图8-5所示。

(4)一组紧固件及装配关系清楚的零件组,可采用公共指引线,如图8-6所示。

(5)对于标准化组件,如油杯、滚动轴承、电动机等可看成一个整体,只编一个号,如图8-3中的滚动轴承。

（6）零部件序号应沿水平或垂直方向排列整齐，并按顺时针或逆时针方向顺次编号，尽可能均匀分布，如图 8-1 所示。

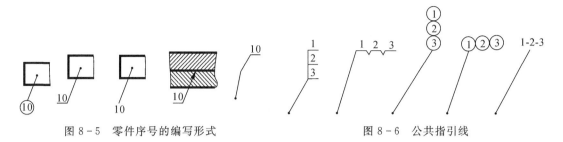

图 8-5 零件序号的编写形式　　　　　图 8-6 公共指引线

2. 标题栏和明细表

明细表是装配图中全部零部件的详细目录。国家标准（GB/T 10609.2—1989）对明细表的内容和格式均有规定。本书推荐作业中采用的标题栏和明细表格式，如图 8-7 所示。绘制和填写明细表时应注意以下几点：

（1）明细表紧挨在标题栏正上方，并与标题栏同宽。明细表和标题栏的分界线是粗实线，明细栏的外框竖线是粗实线，明细表的横线和内部竖线均为细实线。

（2）序号应按自下而上顺序填写，如向上延伸位置不够，可以贴紧标题栏左侧自下而上延续，如图 8-1 所示。

（3）标准件的国家标准编号可写入备注栏。

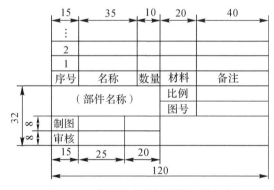

图 8-7 装配图中的标题栏和明细表

# 8.5　装配图中的尺寸配合

在机器中，按照工作或运动要求，两个相互接触的零件表面之间，可以形成不同松紧程度的配合。例如相对运动的两个零件之间，必须留有一定的间隙；而要求相对位置精确或有密封要求的表面之间，则要求形成紧密的配合。

为了便于设计和批量制造，国家标准在"极限与配合"中对零件间的配合种类、配合制度、以及尺寸配合在装配图中的标注均做出了规定。第 6 章中零件的尺寸公差标注，就是根据装配设计中对配合的要求而得到的。下面简单介绍这些规定。

1. 配合代号

一对孔与轴之间的配合用配合代号表示。配合代号的组成形式如图 8-8 所示(图中的分式也可为斜分式),它表示这一对配合是 $\phi30H8$ 的孔与 $\phi30$ f7 的轴所形成的(图中名词术语的含义见第 6.4.2 节)。

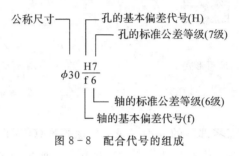

图 8-8 配合代号的组成

2. 配合种类

对于两个相互配合的表面,若孔与轴的尺寸代数差为正,则轴、孔之间存在着间隙;若孔与轴的尺寸代数差为负,则轴、孔之间存在过盈。国家标准将配合分为 3 种类型:间隙配合、过渡配合和过盈配合。

(1)间隙配合:一批孔和轴任意装配,均形成具有间隙(包括最小间隙为零)的配合,称为间隙配合。这时,孔的公差带应完全位于轴的公差带之上,如图 8-9 所示。当两配合表面具有运动要求,或定位要求不高时,采用间隙配合,如在轴上移动的齿轮与轴的配合。

(2)过渡配合:一批孔和轴任意装配,可能具有间隙,也可能具有过盈(间隙和过盈量一般都不大),称为过渡配合。这时孔的公差带和轴的公差带相互交叠。对于不经常运动、相对位置要求较高,又需拆卸的两零件的配合表面,采用过渡配合,如普通平键连接中键侧面与键槽的配合。

(3)过盈配合:一批孔和轴任意装配,均形成具有过盈(包括最小过盈为零)的配合,称为过盈配合。这时,孔的公差带应完全位于轴的公差带之下。当相互配合的两零件间需要准确定位时,采用过盈配合,如定位用的销连接中销轴与销孔的配合。

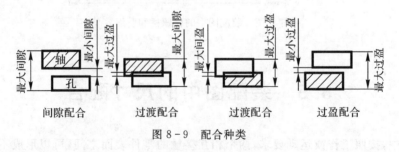

图 8-9 配合种类

3. 配合制度

要形成某种类型的配合,相互配合的孔和轴可以有多种搭配方式。如图 8-9 所示,只要使孔公差带位于轴公差带之上,均可以形成间隙配合。同理,其他两种配合的形成方式也有很多种。使用时如果不加限制任意选用,会造成巨大的刀具、夹具、量具等工艺装备数量,给设计、制造带来不便。因此,为了简化起见,在孔和轴中,将其中之一的基本偏差类型固定下来,改变另一零件的基本偏差来获得不同种类的配合,这样就可大大减少刀、夹、量具的数量。为此,国家标准规定了两种配合制度,即基孔制和基轴制。

(1)基孔制配合:在基孔制配合中,孔的公差带是一定的,且将其基本偏差代号规定为 H,改变轴的公差带,就可使轴与孔之间形成不同性质的配合,如图 8-10 所示。例如 $\phi$30H8/f7,$\phi$30H9/s8 所表示的配合为基孔制配合。

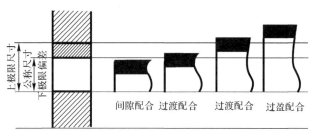

图 8-10 基孔制配合示意图

(2)基轴制配合:在基轴制配合中,将轴的基本偏差代号规定为 h,它与各种不同基本偏差的孔之间,可形成各种不同的配合种类,如图 8-11 所示。例如 $\phi$30F7/h6(表示 $\phi$30F7 的孔与 $\phi$30h6 的轴形成的配合)、$\phi$30S7/h6 所表示的配合为基轴制配合。

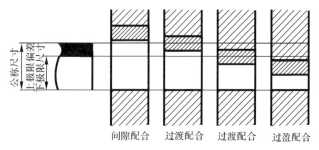

图 8-11 基轴制配合示意图

有些配合的代号中既有 H 又有 h,如 H7/h7,一般视为基孔制配合,也可视为基轴制配合。

4.公差与配合的选用

(1)配合制度的选用。基孔制与基轴制是两种并列的配合制度,它们都可以形成间隙、过盈、过渡三种不同类型的配合。一般优先采用基轴制配合,以便减少生产中加工孔所需的专门工具的规格、种类,从而获得好的技术经济效益。基轴制配合通常仅用于结构设计不适宜采用基孔制配合的情况,或者采用基轴制配合具有明显经济效益的场合。例如,使用一根冷拔的圆钢做轴,轴与几个具有不同公差带的孔组成的配合,此时就宜采用基轴制配合。与标准件形成的配合,则要根据标准件所用的基准制类型确定。例如,与滚动轴承内圈相配合的轴应选用基孔制配合,而与其外圈相配合的孔则应选用基轴制配合。若有特殊需要,允许用任一孔、轴公差带组成配合,如 $\phi$30F8/js7。

表 8-1 和表 8-2 列出了常用的基孔制和基轴制配合,设计时可从中选用。

## 表 8－1　基孔制优先、常用配合

| 基准孔 | a | b | c | d | e | f | g | h | js | k | m | n | p | r | s | t | u | v | x | y | z |
|---|---|---|---|---|---|---|---|---|---|---|---|---|---|---|---|---|---|---|---|---|---|
| | 间隙配合 | | | | | | | | 过渡配合 | | | | 过盈配合 | | | | | | | | |
| H6 | | | | | | H6/f5 | H6/g5 | H6/h5 | H6/js5 | H6/k5 | H6/m5 | H6/n5 | H6/p5 | H6/r5 | H6/s5 | H6/t5 | | | | | |
| H7 | | | | | | H7/f6 | ▼H7/g6 | ▼H7/h6 | H7/js6 | ▼H7/k6 | H7/m6 | ▼H7/n6 | ▼H7/p6 | H7/r6 | ▼H7/s6 | H7/t6 | ▼H7/u6 | H7/v6 | H7/x6 | H7/y6 | H7/z6 |
| H8 | | | | | H8/e7 | ▼H8/f7 | H8/g7 | ▼H8/h7 | H8/js7 | H8/k7 | H8/m7 | H8/n7 | H8/p7 | H8/r7 | H8/s7 | H8/t7 | H8/u7 | | | | |
| | | | | H8/d8 | H8/e8 | H8/f8 | | H8/h8 | | | | | | | | | | | | | |
| H9 | | | H9/c9 | ▼H9/d9 | H9/e9 | H9/f9 | | ▼H9/h9 | | | | | | | | | | | | | |
| H10 | | | H10/c10 | H10/D10 | | | | H10/h10 | | | | | | | | | | | | | |
| H11 | H11/a11 | H11/b11 | ▼H11/c11 | H11/d11 | | | | ▼H11/h11 | | | | | | | | | | | | | |
| H12 | | H12/b12 | | | | | | H12/h12 | | | | | | | | | | | | | |

注:(1)H6/n5,H7/p6 在基本尺寸小于或等于 3 mm 和 H8/r7 小于或等于 100 mm 时,为过渡配合。

　(2)标注▼的配合为优先配合。

## 表 8－2　基轴制优先、常用配合

| 基准轴 | A | B | C | D | E | F | G | H | JS | K | M | N | P | R | S | T | U | V | X | Y | Z |
|---|---|---|---|---|---|---|---|---|---|---|---|---|---|---|---|---|---|---|---|---|---|
| | 间隙配合 | | | | | | | | 过渡配合 | | | | 过盈配合 | | | | | | | | |
| h5 | | | | | | F6/h5 | G6/h5 | H6/h5 | JS6/h5 | K6/h5 | M6/h5 | N6/h5 | P6/h5 | R6/h5 | S6/h5 | T6/h5 | | | | | |
| h6 | | | | | | F7/h6 | ▼G7/h6 | ▼H7/h6 | JS7/h6 | ▼K7/h6 | M7/h6 | ▼N7/h6 | ▼P7/h6 | R7/h6 | ▼S7/h6 | T7/h6 | ▼U7/h6 | | | | |
| h7 | | | | | E8/h7 | ▼F8/h7 | | ▼H8/h7 | JS8/h7 | K8/h7 | M8/h7 | N8/h7 | | | | | | | | | |
| h8 | | | | D8/h8 | E8/h8 | F8/h8 | | H8/h8 | | | | | | | | | | | | | |
| h9 | | | | ▼D9/h9 | E9/h9 | F9/h9 | | ▼H9/h9 | | | | | | | | | | | | | |
| h10 | | | | D10/h10 | | | | H10/h10 | | | | | | | | | | | | | |
| h11 | A11/h11 | B11/h11 | ▼C11/h11 | D11/h11 | | | | ▼H11/h11 | | | | | | | | | | | | | |
| h12 | | B12/h12 | | | | | | H12/h12 | | | | | | | | | | | | | |

注:标注▼的配合为优先配合。

（2）公差等级的选用。公差等级的高低不仅影响产品的性能,还关乎制造成本。因此选择的原则是:在满足使用要求的前提下,尽可能采用较低的公差等级。

公差等级较高时,孔较轴难加工,所以当尺寸≤5 000 mm 时,通常使孔的公差等级比轴的公差等级低一级。在一般机械中,常用 IT6～IT8,重要的精密部位可选用 IT5,IT6,次要部位用 IT8,IT9。要求不高的非配合表面,其尺寸公差等级一般为 IT12～IT18,这些等级的公差在一般条件下加工即可达到要求,通常不用标出,称为一般公差。

5.配合在图样上的标注

装配图上的配合有 3 种形式的标注方法。

（1）一般是用配合代号的形式注出,如图 8-12(a)所示。

（2）必要时也可按图 8-12(b)或图 8-12(c)的形式标出极限偏差,孔的代号注在尺寸线上方,轴的代号注在下方;若是需要明确指出装配件的代号时,可按图 8-12(d)的形式标注。

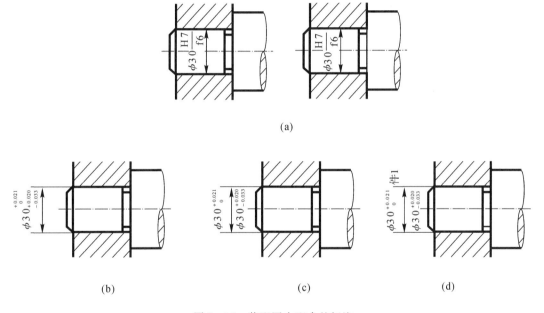

(a)

(b)　　　　　　　　　　　　(c)　　　　　　　　　(d)

图 8-12　装配图中配合的标注

（3）如果标准件与一般零件配合,可以仅标注相配合零件的公差代号,如图 8-13 所示。

【例 8-1】　指出 $\phi50H7/g6$ 的孔轴配合属于何种配合制,形成何种配合类型。

从配合代号中的 H 可知,该配合属于基孔制配合;从表 8-1(或基本偏差系列)中查知,该配合为间隙配合。

组成该配合的孔和轴,其公称尺寸均为 $\phi50$;H7 为孔的公差代号,H 是孔的基本偏差代号,标准公差等级为 7 级。f6 为轴的公差代号,其中 f 为轴的基本偏差代号,轴的标准公差等级为 6 级。

该配合的公差带图如图 8-14 所示。

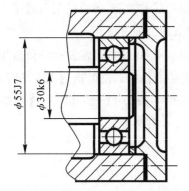

图 8-13　与轴承配合时的配合标注

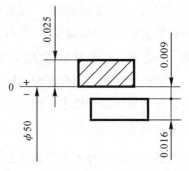

图 8-14　基孔制间隙配合的公差带图

# 8.6　由装配图拆画零件

在产品的图纸设计阶段,一般是先设计、绘制装配图,然后根据装配总体要求绘制零件图,即拆画零件图。拆画零件图是设计人员必须掌握的技能。

拆画零件图时应在看懂装配图的基础上,首先读懂零件的结构形状和对零件的性能要求,然后确定图形的表达方案,再解决零件的尺寸标注和技术要求等问题。

本节以泄气阀装配图(见图 8-15)为例说明拆画零件图的方法和步骤。

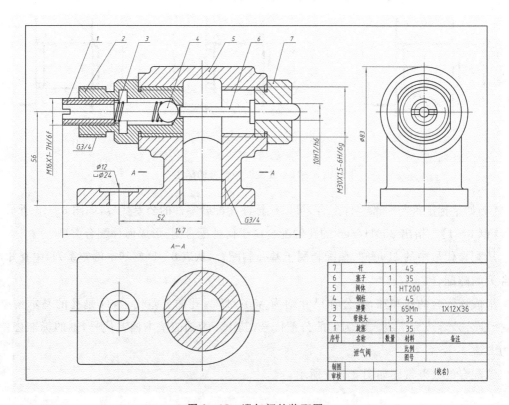

图 8-15　泄气阀的装配图

1. 看懂装配图

从泄气阀的名称可知,它是用在通气管路中、将多余气体泄出的阀类部件。主视图从主要装配线剖开,表达了各零件间的装配位置关系,俯视图用来补充零件 3——阀体的底座形状,其余两个视图则补充表示零件 6 和零件 2 的端面形状。

这是一个包含 7 种零件的简单装配。可以看出,位于装配线上的 7 个零件中,直接位于装配主线上的零件是推杆 1、钢珠 4、弹簧 5 和旋塞 7,推杆 1 的右侧被塞子 2 限制了轴向位置,但是如果向左推动推杆,它就会克服弹簧力在塞子的孔内向左移动,推开钢珠,此时阀体内腔中部的气体就可进入管接头中间的孔,经由旋塞中间的孔排出。推杆与塞子之间的配合属于较为紧密的间隙配合,这种配合设计使得推杆即能在塞子孔中移动,又能在一定程度上防止气体从此缝隙中泄漏。

2. 构思零件结构形状,拆画阀体 3 的零件图

在略读装配图时,读懂主要零件的结构特点和它们之间的连接关系,进而读懂主要工作原理。若要拆画阀体的零件图,则需要详细地读出它的全部结构和配合关系、充分分析它在产品中所起的作用。

从主视图中可看出,阀体上部在装配图中断开成上、下两部分,通过剖面线和与其他零件的位置关系,可以断定上、下两部分同属于阀体,其内腔主要是轴线水平的圆形,用来容纳其他 6 个零件;圆孔两端制有内螺纹,以连接管接头和塞子;阀体内腔中部有通向底部的圆孔,孔口制有螺纹(从这一点也可以断定有螺纹的这一段为圆形内孔),从螺纹标注中可以读出这是管螺纹,用来连接气路中的管接头。

阀体的外形,可通过侧视图和俯视图读出。如果没有侧视图,还可以通过圆形内腔来判断阀体上面部分的外形也应该是圆形。

3. 确定零件图的表达方案

拆画零件图时,一般不能照搬装配图中零件的表达方法,因为装配图的视图选择是以表达清楚整个产品为出发点的,不一定符合每个零件视图选择的要求。画零件图时,应按照零件图的视图选择原则确定表达方案。

阀体属于箱体类零件,其零件图放置方向就按工作位置放置,主视图的投射方向按照形状特征原则,也恰好同装配图中的方向一致。主视图采用全剖视后,配合直径标注,就可以将阀体上除底板以外的部分全部表达清楚。从支撑部分全部剖开的俯视图,是表达底板形状的最佳选择。这样主、俯两个视图就可以完整地表达阀体的结构了。

值得一提的是,由于装配图主要表示部件的工作原理和零件间的装配关系,对每个零件的某些局部的形状和结构不一定能够完全表达清楚,对零件上某些标准结构(如倒角、倒圆、越程槽、退刀槽等)也未表达完全,因此在拆画零件图时,应结合设计和工艺的要求,补画这些结构。本例中的阀体,除了装配图中已有表达的铸造圆角外,应在三个螺孔入口处补充倒角。

4. 标注尺寸

零件图上的尺寸标注应符合正确、完整、清晰、合理的要求。由装配图拆画出零件图时,其尺寸的大小应根据不同情况分别处理。零件图上尺寸的处理原则:

(1)凡是装配图中已注出的尺寸,都是比较重要的尺寸,在有关的零件图上应直接注出。

(2)与标准件相连接或配合的有关尺寸,如螺纹尺寸、销孔直径等,要从标准中查取。

（3）对于零件上的标准结构，应查有关手册确定，如倒角、沉孔、螺纹退刀槽、砂轮越程槽、键槽等尺寸。

（4）其他尺寸可用比例尺从装配图上直接量取标注。对于一些非重要尺寸，应取为整数。对于标准化的尺寸，如直径、长度等均应注意采用标准化数值。

泄气阀阀体的尺寸标注结果见图 8-16。

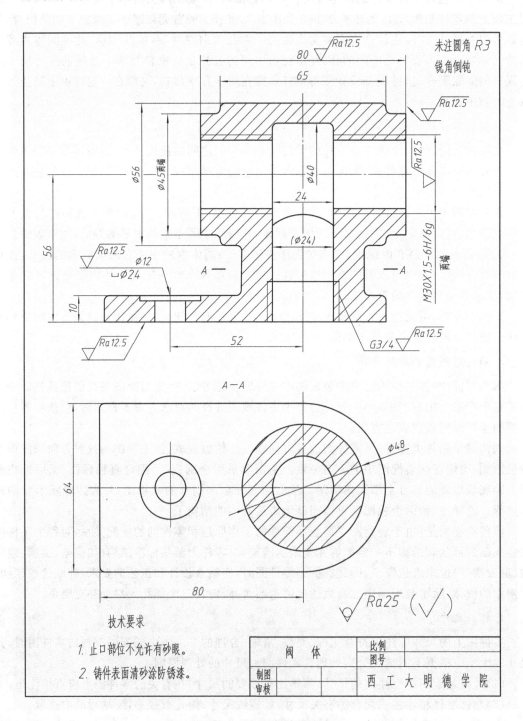

图 8-16　泄气阀阀体的零件图

5.标注和填写技术要求

零件上各表面的粗糙度是根据其作用和接触配合要求来确定的。对于一般接触面,有相对运动和有配合要求的表面粗糙度数值应较小,而自由表面的粗糙度数值一般较大,有密封要求和耐腐蚀的表面粗糙度数值应较小。通过与同类零件对比及查表,确定阀体零件各表面的粗糙度如图 8 - 16 所示。

正确制定技术要求将涉及许多专业知识,如加工、检验和装配等方面的要求,这里根据阀体的功能要求,并参照同类零件的技术要求,标出阀体的其余技术要求如图 8 - 16 所示。

# 复习思考题

1.一张完整的装配图应包括哪些内容?

2.在装配图的视图表达中常采用哪些画法?

3.在装配图上要标注哪几类尺寸?

4.在装配图中,如何编制和编排零(部)件的序号?

5.试着描述读装配图的方法和步骤。

6.拆画零件图时如何进行视图选择和尺寸标注?

# 第9章 房屋建筑工程施工图

**【主要内容】**

(1)房屋的组成、设计的程序及房屋建筑工程施工图的组成与特点。

(2)房屋建筑工程施工图的有关规定。

(3)建筑施工图的识读和绘制方法。

**【学习目标】**

(1)了解房屋的组成,明确房屋建筑工程施工图的内容和编排顺序。

(2)房屋施工图的设计过程、设计内容。

(3)掌握施工图中定位轴线、索引符号、详图符号、标高及其他常用符号的意义和画法。

(4)熟练掌握建筑施工图的组成、形成原理、常用比例、图示内容、识读和绘制的方法。

**【学习重点】**

(1)施工图中常用符号。

(2)建筑平面图、立面图、剖面图的图示内容,绘制方法。

**【学习难点】**

(1)房屋的组成。

(2)索引符号的使用。

(3)建筑平面图、立面图、剖面图的图示内容。

# 9.1 概　述

**一、房屋的组成及作用**

建筑是人们生产、生活和工作的主要场所。虽然各种房屋的使用要求、空间组合、外形处理、结构形式和规模大小等各有不同,但基本上是由基础、墙、柱、楼面、屋面、门窗、楼梯以及台阶、散水、阳台、走廊、天沟、雨水管、勒脚、踢脚板等组成的。下面以图 9-1 为例,简要介绍建筑各组成部分的作用。

1.基础

基础是房屋埋在地面以下最下方的承重构件。它承受着房屋的全部载荷,并把这些载荷传递给地基。

2.墙或柱

墙或柱是房屋的垂直承重构件,它承受屋顶、楼层传来的各种载荷,并传给基础。外墙同时也是房屋的围护构件,抵御风雪及寒暑对室内的影响;内墙同时起分割房间的作用。

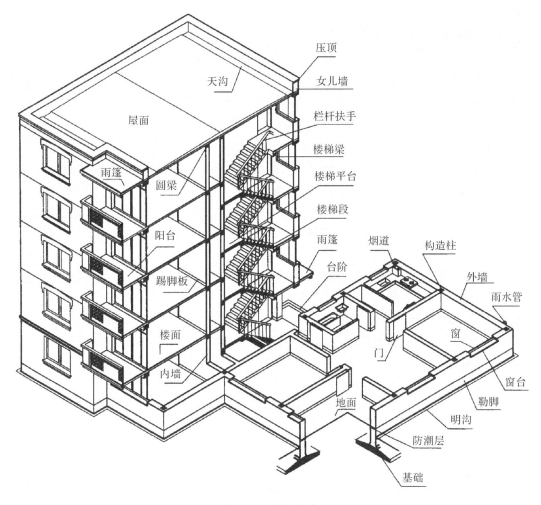

图 9-1　建筑组成

3.楼地面

楼地面是水平的承重和分隔构件,它承受着人和家具、设备的载荷并将这些载荷传给柱或墙。楼面指楼板上的铺装面层,地面指首层室内地坪。

4.楼梯

楼梯是楼房中联系上、下层的垂直交通构件,也是火灾等灾害发生时的紧急疏散要道。

5.屋顶

顶部的围护和承重构件,用以防御自然界的风、雨、雪、日晒和噪声等,同时承受自重及外部载荷。

6.门窗

门具有出入、疏散、采光、通风、防火等多种功能,窗具有采光、通风、观察、瞭望的作用。

7.其他

此外还有通风道、烟道、电梯、阳台、壁橱、勒脚、雨篷、台阶、天沟、雨水管等配件和设施,在房屋中根据使用要求分别设置。

**二、房屋建筑工程施工图的内容**

房屋建筑工程施工图是将建筑物的平面布置、外形轮廓、尺寸大小、结构构造和材料做法等内容,按照国家标准的规定,用正投影的方法,详细准确地画出的图样。它是用以组织指导建筑施工,进行工程预算、工程监理,完成整个房屋建筑的一套图样,所以又被称为建筑施工图。

**1.房屋的设计程序**

房屋设计一般分为初步设计和施工图设计两个阶段,当工程规模较大或较复杂时,还应在两个阶段之间增加一个技术设计阶段。

(1)初步设计阶段。初步设计是根据有关设计原始资料,拟定工程建设实施的初步方案,阐明工程在拟定的时间、地点以及投资数额内在技术上的可能性和经济上的合理性,并编制项目的总概算。

(2)技术设计阶段。技术设计是与相关专业配合,对建筑、结构、工艺、设备、电气等方面进行技术协调,确定方案,做出技术设计并编制概算。

(3)施工图设计阶段。施工图设计是根据批准的初步设计或技术设计文件,对于工程建设方案进一步具体化、明确化,通过详细的计算和设计,绘制出正确、完整的用于指导施工的图样,并编制施工图预算。

**2.房屋建筑工程施工图的内容**

一套完整的房屋建筑工程施工图,根据其专业内容或作用的不同,一般分为:

(1)建筑施工图(简称建施图):主要用于表达建筑物的规划位置、外部造型、内部各房间的布置、内外装修及构造施工要求等。主要包括施工图首页(设计说明)、总平面图、各层平面图、立面图、剖面图及详图等。

(2)结构施工图(简称结施图):主要用于表达建筑物各承重结构的结构类型、结构布置、构件种类、数量、大小、做法等。主要包括结构设计说明、结构平面布置图及构件详图等。

(3)设备施工图(简称设施图):主要用于表达建筑物的给水排水、暖气通风、供电照明、燃气等设备的布置和施工要求。主要包括各种设备的平面布置图、轴测图、系统图及详图等。

(4)建筑装饰装修施工图(简称装施图):是反应建筑物室内外装饰装修设计施工要求的图样。

一幢房屋全套施工图的编排顺序一般应为图纸目录、总平面图(施工总说明)、建筑施工图、结构施工图、给水排水施工图、采暖通风施工图、电气施工图、建筑装饰装修施工图。

**三、房屋建筑的有关知识**

**1.建筑模数**

为了实现大规模工业化生产,使不同材料、不同形式及不同方法制造的建筑构配件及组合件具有较大的通用性和互换性,建筑业及其相关行业须共同遵守模数协调标准。建筑模数指以选定的尺寸单位,作为尺度协调的增值单位,是建筑设计、施工、建材及其制品生产、建筑设备等各方面进行尺度协调的基础。

(1)基本模数:是建筑模数选定的基本尺寸单位,符号用 M 表示,1 M=100 mm。基本模数主要用于门窗洞口、构配件断面尺寸及建筑物层高。

(2)导出模数:包括了扩大模数和分模数。

1)扩大模数:基本模数的整数倍。水平方向为 3 M,6 M,12 M,15 M,30 M,60 M,竖向为 3 M,6 M。在砖混结构住宅中,必要时可采用 3 400,2 600 为建筑模数。

扩大模数主要用于建筑物的开间、进深、柱距、跨度及建筑物高度、层高构配件断面尺寸和门窗洞口尺寸。

2)分模数:基本模数的分数,有 1/10 M,1/5 M、1/2 M。分模数主要用于缝隙、构造节点、构配件断面。

**2.砖及砖墙**

(1)普通标准砖。普通标准砖是以黏土煤矸石或粉煤灰为主要材料,经过烧制成实心,孔隙率不大于 25% 且外型尺寸符合规定的砖。普通标准砖规格尺寸为 53 mm×115 mm×240 mm(名义尺寸为 60 mm×120 mm×240 mm),如图 9-2 所示。

图 9-2 普通标准砖的尺寸

(2)砖墙。砖墙由砖和水泥沙浆砌成,标准尺寸有:

1)半砖墙(12 墙):厚为 120 mm(见图 9-3(a))。

2)3/4 砖墙(18 墙):厚为 180 mm。

3)一砖墙(24 墙):厚为 240 mm(见图 9-3(b))。

4)一砖半墙(37 墙):厚为 370 mm(砖厚 355 mm,灰缝 15 mm)。

5)两砖墙(49 墙):厚为 490 mm(砖厚 480 mm,灰缝 10 mm)。

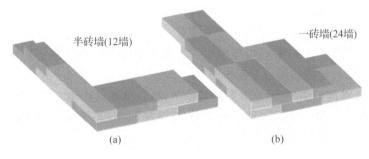

图 9-3 砖墙的尺寸

**3.标准图与标准图集**

将大量常用的房屋建筑及建筑构配件,按规定的统一模数,分不同的规格标准,设计编制为成套的施工图,称为标准图。将标准图装订成册的标准图集,有相应的使用范围,如"西南 04J112"即西南地区通用的 2004 年修订的"砌块材料墙图集"。

分整幢房屋的标准设计(定型设计)和建筑构配件标准设计。

常用的标准图集代号有建筑(J)、结构(G)、给水排水(S)、通风(T)、采暖(N)、电气(D)、(热)动力(R)等。

**四、房屋建筑工程施工图的特点**

建筑工程施工图在图示方法上具有以下特点：

(1)施工图中的各图样主要根据正投影法绘制,所绘图样都应符合正投影的投影规律。

(2)施工图应根据形体的大小,采用不同的比例绘制。如建筑形体较大,一般都用较小的比例绘制。但建筑内部各部分构造复杂,在小比例的平、立、剖面图中无法表达清楚,可用较大比例绘制。

(3)由于建筑工程的构配件和材料种类繁多,为作图规范简便,国家标准规定了一系列的图例符号和代号来代表建筑构配件、卫生设备、建筑材料等。

(4)建筑施工图的尺寸,除标高和总平面图以米为单位外,一般必须以毫米为单位,在尺寸数字后面不必标注尺寸单位。

**五、建筑工程施工图的有关规定**

建筑工程施工图的绘制应遵守《房屋建筑制图统一标准》(GB/T 50001—2010)及《建筑制图标准》(GB/T 50104—2001)等国标的有关规定。下面介绍国标中的主要内容。

1.定位轴线

定位轴线是确定建筑物或构筑物主要承重构件平面位置的基准线。在施工中,凡是承重的墙、柱、大梁、屋架等主要承重构件,都要画出定位轴线来确定其位置。对于非承重的隔墙、次要构件等,其位置可用附加定位轴线来确定,也可用注明其与附近定位轴线的有关尺寸的方法来确定。国标对绘制定位轴的具体规定如下：

(1)定位轴线应用细单点长画线绘制。

(2)定位轴线一般要编号,编号应注写在轴线端部的圆圈内。圆应用细实线绘制,直径为8～10 mm,定位轴线圆的圆心,应在定位轴线的延长线上。

(3)平面图上定位轴线的编号,宜标注在图样的下方与左侧。横向编号应用阿拉伯数字,从左到右顺序编写;竖向编号应用大写拉丁字母,从下向上编写。拉丁字母的 I,O 不得用作轴线编号。如字母数量不够使用,可增用双字母或单字母加数字注脚,如 AA,BA,…,YA 或 A1,B1,…,Y1。定位轴线的编号顺序如图 9-4 所示。

(4)附加定位轴线的编号,应以分数形式表示,所以也称分轴线。两根轴线间的附加轴线,应以分母表示前一轴线的编号,分子表示附加轴线的编号,编号宜用阿拉伯数字顺序编写。如：

$\frac{1}{3}$ 表示 3 号轴线之后附加的第一根轴线;

$\frac{2}{C}$ 表示 C 号轴线之后附加的第二根轴线。

1 号轴线或 A 号轴线之前的附加轴线的分母应以 01 或 0A 表示,如

$\frac{1}{01}$ 表示 1 号轴线之前附加的第一根轴线;

$\frac{2}{0A}$ 表示 A 号轴线之前附加的第二根轴线。

（5）一个详图适用于几根轴线时，应同时注明各有关轴线的编号；通用详图中的定位轴线，应只画圆，不注写轴线编号。如图9-5所示。

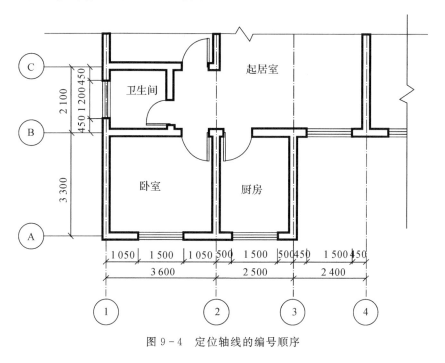

图9-4　定位轴线的编号顺序

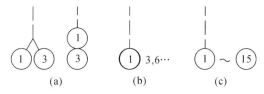

图9-5　详图的轴线编号

（a）用于2根轴线时；　（b）用于3根或3根以上轴线时；　（c）用于3根以上连续编号的轴线时

**2.索引符号、详图符号及引出线**

施工图中的部分图形或某一构件，由于比例较小或细部构造较复杂而无法表示清楚时，通常要将这些图形和构件用较大的比例放大画出，这种放大后的图样称为详图。

（1）索引符号。为了方便查找构件详图，用索引符号可以清楚地表示出详图的编号，详图的位置和详图所在图纸的编号。

绘制方法：引出线指在要画详图的地方，引出线的另一端为细实线、直径10 mm的圆，引出线应对准圆心。在圆内过圆心画一水平细实线，将圆分为两个半圆，如图9-6所示。

图9-6　索引符号图例

索引符号应按下列规定编写：

1）索引出的详图如与被索引的详图同在一张图纸内，应在索引符号的上半圆中用阿拉伯数字注明该详图的编号，并在下半圆中画一段水平细实线，如图 9-7(a) 所示。

2）索引出的详图如与被索引的详图不在一张图纸内，应在索引符号的上半圆用阿拉伯数字表示详图的编号，下半圆用阿拉伯数字注明该详图所在图纸的编号，如图 9-7(b) 所示。

3）索引出的详图如采用标准图，应在索引符号水平直径的延长线上加注标准图集的编号，如图 9-7(c) 所示。

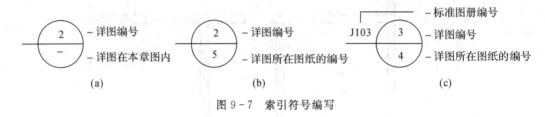

图 9-7　索引符号编写

4）索引符号如用于索引剖视详图，应在被剖切的部位绘制剖切位置线，引出线所在一侧应为投射方向，如图 9-8 所示。

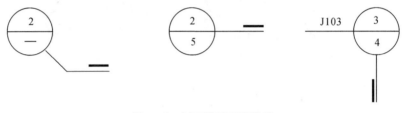

图 9-8　剖面详图索引符号

（2）详图符号。详细符号用于表示详图的位置和编号。

绘制方法：粗实线，直径 14 mm。

详图应按下列规定编号：

1）当详图与被索引的图样在同一张图纸上时，圆内不画水平细实线，圆内用阿拉伯数字表示详图的编号，如图 9-9(a) 所示。

2）当详图与被索引的图样不在同一张图纸上时，过圆心画一水平细实线，上半圆用阿拉伯数字表示详图的编号，下半圆用阿拉伯数字表示被索引图纸的图纸号，如图 9-9(b) 所示。

图 9-9　详图符号

（3）引出线。引出线是对图样上某些部位引出文字说明、符号编号和尺寸标注等用的。其画法规定如下：

1）引出线应以细实线绘制，宜采用水平方向的直线、与水平方向成 30°，45°，60°，90° 的直线,或经上述角度再折为水平线。文字说明宜注写在水平线的上方,如图 9 - 10(a)所示,也可注写在水平线的端部,如图 9 - 10(b)所示。索引详图的引出线,应与水平直径线相连接,如图 9 - 10(c)所示。

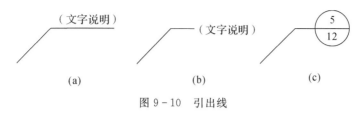

图 9 - 10　引出线

2)同时引出几个相同部分的引出线,宜互相平行,如图 9 - 11(a)所示,也可画成集中于一点的放射线,如图 9 - 11(b)所示。

图 9 - 11　公共引出线

3)多层构造或多层管道共用引出线,应通过被引出的各层。文字说明宜注写在水平线的上方,或注写在水平线的端部,说明的顺序应由上至下,并应与被说明的层次相互一致,如图 9 - 12(a)(b)所示。如层次为横向排列,则由上至下的说明顺序应与由左至右的层次一致,如图 9 - 12(c)所示。

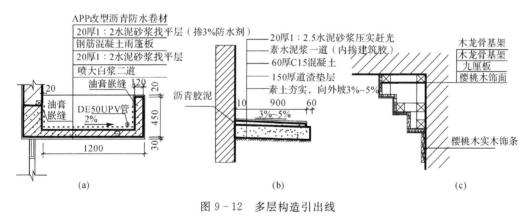

图 9 - 12　多层构造引出线

## 3.标高符号

建筑物各部分或各个位置的高度主要用标高来表示。《房屋建筑制图统一标准》中规定了其标注方法。

(1)标高符号应以等腰直角三角形表示,按图 9 - 13 绘制。

(2)总平面图室外地坪标高符号,宜用涂黑的三角形表示,如图 9 - 14 所示。

(3)标高符号的尖端应指至被注高度的位置。尖端一般应向下,也可向上。标高数字应注写在标高符号的延长线一侧。图 9-15 所示的标高形式用于标注积聚投影的标高。

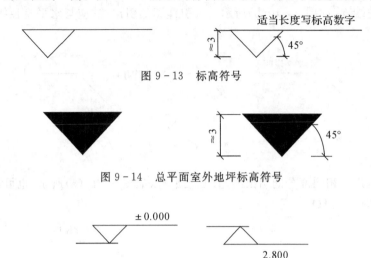

图 9-13　标高符号

图 9-14　总平面室外地坪标高符号

图 9-15　标高形式

（4）标高数字应以米为单位，注写到小数点以后第三位。在总平面图中，可注写到小数点后第二位。

（5）零点标高应注写成 ±0.000，正数标高不注"＋"，负数标高应注"－"，例如 3.000，－0.600。

（6）在图样的同一位置需表示几个不同标高时，标高数字可如图 9-16 所示。

图 9-16　几个不同标高的标注

（7）标高的分类。房屋建筑工程施工图的标高可分为绝对标高和相对标高。

1）绝对标高。我国是以青岛附近的黄海平均海平面为零点的，以此为基准而设置的标高称为绝对标高。

2）相对标高。凡标高的基准面（即 ±0.000 水平面）是根据工程需要而选定的，这类标高称为相对标高。在一般建筑工程中，通常取底层室内主要地面作为相对标高的基准面（即 ±0.000）。

房屋的标高，还有建筑标高和结构标高的区别。

1）建筑标高指构件包括粉刷层在内的、装修完成后的标高。

2）结构标高不包括构件表面的粉饰层厚度，是构件在结构施工后的完成面的标高。

4. 其他符号

（1）对称符号。当建筑物或构配件的图形对称时，可只画对称图形的一半，然后在图形的对称中心处画上对称符号，另一半图形省略不画。对称符号由对称线和两端的两对平行线组成。对称线用细单点长画线绘制；平行线用细实线绘制，其长度宜为 6～10 mm，每对间距宜为 2~3 mm；对称线垂直平分两对平行线，对称线两端超出平行线宜为 2~3 mm。对称符号如图 9-17(a)所示。

（2）连接符号。连接符号用来表示构件图形的一部分与另一部分的相连关系。连接符号应以折断线表示需连接的部位。两部位相距过远时，折断线两端靠图样一侧应标注大写拉丁字母表示连接编号，两个连接的图样必须用相同的字母编号，如图 9-17(b)所示。

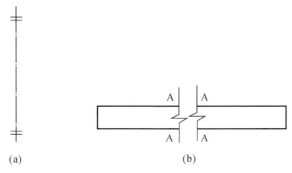

图 9-17　对称符号和链接符号的表示方法

（3）指北针或风玫瑰。它用于指示建筑物的朝向，如图 9-18 所示。绘制时用细实线，直径 24 mm。指针尖指向北，指针头部标有"北"或"N"的字样，指针尾部宽度为直径的 1/8，约 3 mm。需用较大直径绘制指北针时，指针尾部宽度取直径的 1/8。

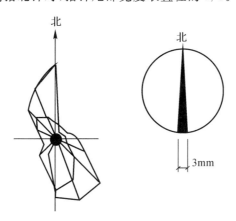

图 9-18　风玫瑰、指北针图例

# 9.2　建筑总平面图

**一、建筑施工图的作用及内容**

建筑施工图市房屋建筑工程施工图设计的首要环节，是建筑工程施工图中的最基本图样，也是其他各专业施工图设计的依据。它包括首页图（设计说明）、总平面图、平面图、立面图、剖面图和详图。

## 二、首页图

首页图是建筑施工图的第一页，它的内容一般包括设计说明、室内外工程做法、门窗表、图纸目录以及简单的总平面图。

### 1.设计说明

设计说明是指将工程的概况和总体的设计要求，用文字或表格的形式详细表达出来。它主要说明本工程的设计依据、工程概况，如建设地点、建筑面积、平面形式、建筑层数、抗震设防烈度、主要结构类型以及相对标高与总图绝对标高的关系等。此外，还包括建筑材料说明、施工要求及有关技术经济指标能内容。建筑设计总说明如图 9-19 所示。

设计总说明

■总　述

一 、 工程概况

1. 建设单位：陕西长建房地产开发集团有限公司
2. 建设地点：西安市长安区
3. 建筑工程等级：　一级
4. 设计使用年限：　50　年
5. 建筑防火分类：　一类
   耐火等级：地上建筑为　一级，地下建筑均为一级。
6. 建筑物抗震设防烈度：　7　度
7. 建筑结构类型：剪力墙结构
8. 建筑规模：住宅　180 户　商业：　17343.14㎡
9. 总建筑面积：　18220.39㎡　(地上　17611.80㎡　，地下 608.59㎡　)
10. 建筑基底面积：　585.06㎡
11. 建筑层数：地上　30　层，地下　1　层
12. 建筑高度：　87.90m　，地下室埋置深度：　4.8m
13. 人防抗级等级及人防工程类别：核　6　级、常　6　级甲类防空地下室，二等人员掩蔽所。
    人防建筑面积：　605.84㎡　，人员掩蔽面积 302.5 m²　．战时出入口门洞净宽之和为 2.0 m　．
14. 设计标高：相对标高　±0.000　等于绝对标高值暂定为　413.70m　( 85 高程系)(最终以总平面施工图为准)．

二 、 设计范围

1. 本工程的施工图设计包括建筑、结构、给排水、电气、暖通等专业的配套内容。
2. 本建筑施工图仅承担一般室内装修设计，精装修及特殊装修另行委托设计。
3. 本建筑施工图含总平面布置图，主要表示建筑定位及室内外高差，其他详见总施图。景观设计须另行委托。

三 、设计依据

1. 相关文件。
   (1)初步设计（或方案设计）文件及其批文。
   (2)规划、人防、消防、市政主管部门批准的报建图。
   (3)建设单位提供的有关文件。
2. 相关主要规范、规定。
   (1)《建筑工程设计文件编制深度规定》(　2008　年版)；
   (2)《民用建筑设计通则》(　GB50352-2005　)；
   (3)《全国民用建筑工程设计技术措施》(规划　建筑　景观)　2009　年)；
   (4)《住宅设计规范》(　GB 50096-2011　)；
   (5)《住宅建筑规范》(　GB 50368-2005　)；
   (6)《严寒和寒冷地区居住建筑节能设计标准》(　JGJ 26-2010　J 997-2010　)；
   (7)《人民防空地下室设计规范》(　GB 50038-2005　)
   (8)《人民防空工程设计防火规范》(　GB 50098-2009　)
   (9)《建筑玻璃应用技术规程》　(　JGJ113-2009　)
   (10)国家及陕西省颁布的现行有关规范、规定，技术措施，其他条文中直接引用者不再重复。

四 、标注说明

除标高及总平面图中的尺寸以　m 为单位外，其他图纸的尺寸均以　mm 为单位。图中所注的标高除注明者外，均为建筑完成面标高。尺寸均以标注的数字为准，不得在图中量取。

五 、本说明未提及的各项材料规格、材质、施工及验收等要求，均应遵照国家标准　GB　各项工程施

六 、当门窗（含采光屋顶、防火门窗、人防门）、幕墙（玻璃、金属及石材）、电梯、特殊钢结构等建工及验收规范进行。
　　筑部件另行委托设计、制作和安装时，生产厂家必须具有国家认定的相应资质。其产品的各项性能
　　指标应符合相关技术规范的要求。还应及时提供与结构主体有关的预埋件和预留洞口的尺寸、位置、
　　误差范围，并配合施工。厂家在制作前应复核土建施工后的相关尺　　寸，以确保安装无误。

七 、施工前请认真阅读本工程各专业的施工图文件，并组织施工图技术交底。施工中如遇图纸问题，应及时与设计单位协商处理。未经设计单位认可，不得任意变更设计图纸。

八 、根据《建筑工程质量管理条例》第二章第十一条的规定，建设单位应将本工程的施工图设计文件报有关主管部门审查，未经审查批准，不得使用。

九 、未尽事宜应严格按国家及当地有关现行规范、规定要求进行施工。

■防火设计

一 、 设计依据

1. 《高层民用建筑设计防火规范》(　GB50045-95，2005　年版)；
2. 《建筑内部装修设计防火规范》(　GB50222-95　)；
3. 《人民防空工程设计防火规范》(　GB50098-98，2009　年版)；
4. 相应建筑设计规范中的有关规定。

二 、 防火（防烟）分区的划分　：
　　本工程地下一层平时为戊类库房，设自动喷淋，建筑面积：　　，按一个防火分区。
　　商业部分：每层　DK5-2，DK5-3　号楼连通防火分区，疏散宽度以及住宅部分的库房详见　DK5-2　施工图。
　　住宅部分每层为一个防火分区，设有一部剪刀楼梯间及一部消防电梯。

三 、 疏散楼梯采用剪刀楼梯间，疏散宽度及疏散距离均符合规范要求。

四 、 人防需要出入口宽度为　300X0.3=0.90m　，实际出入口宽度，2.00m

五 、 消防控制室设在本小区的　DK5-2　号楼一层，，并设有直通室外的安全出口。

六 、 施工注意事项

1. 金属结构构件应喷涂防火涂，使其达到一级耐火等级标准，室外楼梯及出口处平台 1h ，金属雨篷 1.5h ．
   防火墙及防火隔墙应砌至梁底，不得留有缝隙。
2. 管道穿过防火墙及楼板处应采用不燃烧材料将周围填实，管道的保温材料应为不燃烧材料。
3. 防火卷帘上部穿有管道时，应用防火板（或墙）封堵，并达到耐火极限要求。
4. 除工艺及通风竖井外，管道井安装完管线后，应在每层楼板处补浇相同标号的钢筋混凝土将楼板封实。
5. 防火门、窗和防火卷帘等消防产品应选用国家颁发生产许可证的企业生产的合格产品，以及经国家有关部门检验合格并符合建筑工程消防安全要求的建筑构件、配件及装饰材料。

■防水设计

一 、 屋面防水

根据《屋面工程技术规范》(　GB50345-2004　)，防水等级为Ⅱ　级，二道设防，具体见工程做法。

二 、 地下室防水

1. 地下水位在室外地面下未探测见。
2. 根据《地下工程防水技术规范》(　GB50108-2008　)，防水等级为 Ⅱ 级，二道设防，其中围护结构采　用防水混凝土，
   其抗渗等级见结施图；其他防水层为　SBS　防水卷材一道　4　厚，聚酯胎，　Ⅱ 型。
   地下室配电间防水等级为 Ⅰ 级，三道设防，　配电间外墙内侧　1　厚 BCI-401 水泥基　渗透结晶型防水涂料；
   防水混凝土；　SBS防水卷材一道　4　厚，聚酯胎，　Ⅱ 型。
3. 外设防水层的设防高度应高出室外地面 0.5m　．
4. 桩基防水做法：参见《地下工程防水技术规范》(　GB500108-2008　)第　5.6.1　条和《地下工程防水》(陕　09J10　)相应详图。
5. 相关防水构造详见工程做法。
6. 施工注意事项
   (1)穿外墙的管线均应在混凝土浇筑前埋设套管，构造参见陕　09J10　第 36 页。
   (2)变形缝、预留通道接头处的防水构造见详图。
   (3)地下室底板上的坑、池，以及底板局部降低时，其防水施工应保持连续完整。

三 、其他防水

1. 卫生间、阳台和其他用水房间的楼地面标高，应比同层其他房间、走廊的楼地面标高低　20　．
2. 卫生间墙根部应用　C15　混凝土现浇　150　高条带。
3. 配电室、强弱电井道楼地面标高比同层其他房间、走廊楼地面标高高出　100，或设　120　高门槛。
4. 位于电梯机房上的水箱间楼面应采取防水及排水措施。
   水箱间楼面防水　1.5　厚 聚氨酯防水涂膜，　四周翻起　150 高。
5. 设洗衣机阳台楼地面防水　地漏周围　1.0　米范围内　1.5　厚 聚氨酯防水涂料。
6. 相关楼（地）面防水层详见工程做法。

■人防工程

一 、 设计依据

1. 《人民防空地下室设计规范》(　GB50038-94，2005　年版)；
2. 《全国民用建筑工程设计技术措施》(防空地下室，　2009　年版)；
3. 《防空地下室建筑设计》(　07FJ01~04　)图集。

二 、本地下室为平战结合核　6　级、常　6　级甲类防空地下室，平时为戊类库房，战时为二等人员掩蔽所。

三 、人防建筑面积：　605.84m²；设自动喷淋，划分为　一个防护单元。掩蔽面积为：　302.5m²　，
　　掩蔽人数：　302 人　战时出入口总宽度：2.0　m　需要出入口宽度　2.45 m．

四、平时出入口等的战时封堵措施：在防护密闭门外侧堆土袋和砂砂袋具体做法参　07FJ02　11页　．

五、集水坑尺寸及做法：800X800X800　07FJ02做法参　110　页抗爆隔墙和挡墙做法：战时采用不小于　120mm　的预制钢筋混凝土构件组合墙。

图 9-19　建筑设计总说明

### 2.总平面图

建筑总平面图简称总平面图，如图 9-20 是某建筑小区的总体规划设计，可看成是小区的水平投影。主要用它说明新建房屋的位置、朝向、小区内各类建筑之间的关系，同时它可以表明小区内道路交通、地形地物及周围环境等情况。它是新建房屋定位、施工放线、土石方施工、现场布置的依据。

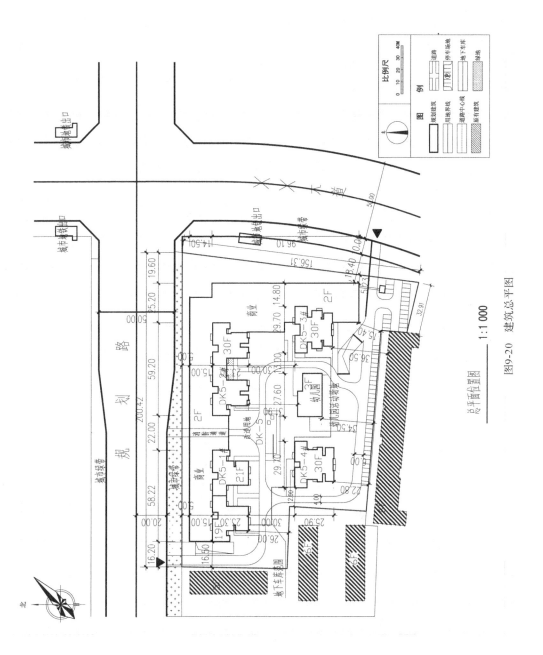

总平面位置图

1:1 000

图9-20 建筑总平图

现以图 9-20 为例,说明总平面图的识读步骤。

(1)了解图名、比例及文字说明。从图可以看出,这是某小区住宅的总平面图,由于所绘总平面图区域范围较大故采用比例为 1∶1 000,可根据总平面图区域范围的大小选取比例,一般绘制时常采用的比例,如 1∶500,1∶1 000,1∶2 000 等。

(2)熟悉总平面图的各种图例。由于总平面图的绘图比例较小,许多物体不可能按原状绘出,因而采用了图例符号来表示。

(3)了解新建房屋的平面位置、标高、层数及其外围尺寸等。新建房屋平面位置在总平面图上的标定方法有两种:对小型工程项目,一般根据邻近原有永久性建筑物的位置为依据,引出相对位置;对大型的公共建筑,往往用城市规划网的测量坐标来确定建筑物转折点的位置。

(4)了解新建建筑房屋的朝向和主要风向。总平面图上一般均画有指北针或风向频率玫瑰图,以指明建筑物的朝向和该地区常年风向频率。风向频率玫瑰图是根据当地风向资料,将全年中不同风向的次数用同一比例画在一个 16 方位线上,然后将各点用实线连成一个似玫瑰的多边形,也称风向玫瑰图(见图 9-21)。图中离中心最远的点表示全年该风向风吹的天数最多,即主导风向。虚线多边形表示夏季六、七、八 3 个月的风向频率情况。

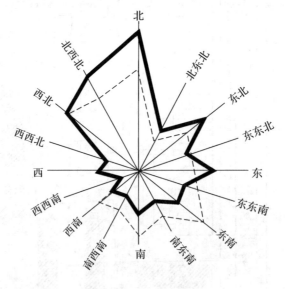

图 9-21 风向玫瑰图

(5)了解绿化、美化的要求和布置情况以及周围的环境。

(6)了解道路交通及管线布置情况。

3.总平面图的用途

它可以反映出上述建筑的形状、位置、朝向以及与周围环境的关系,是新建建筑物施工定位、土方设计、施工总平面图设计的重要依据。

### 三、总平面图绘制要求

**1.常用图例**

总平面图中常用图例如图9-22所示。

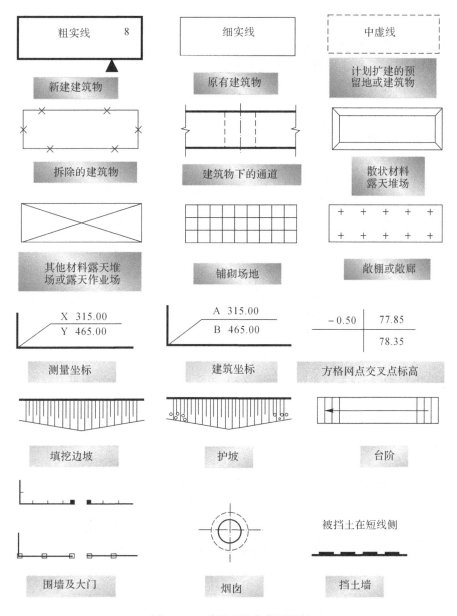

图9-22　总平面图中常用图例

**2.图示内容**

(1)图名、比例、指北针、风玫瑰图(风向频率玫瑰图)、图例。

(2)风向频率玫瑰图:根据某一地区多年平均统计的各个方向吹风次数的百分数值,按一定比例绘制,一般多用8个或16个罗盘方位表示。

（3）有风玫瑰图，可以不要指北针。

（4）附近地形（等高线）地貌（道路、、水沟、池塘、土坡等）

（5）新建建筑（隐蔽工程用虚线）的定位（可以用坐标网或相互关系尺寸表示）、名称（或编号）、层数和室内外标高。

（6）层数：低层建筑可用相应数量的小黑点或阿拉伯数字表示。

（7）高层建筑用阿拉伯数字表示。

（8）相邻原有建筑、拆除建筑的位置或范围。

（9）绿化、管道布置。

**3. 线型**

（1）粗实线：新建建筑物±0.00 高度的可见轮廓线。

（2）中实线：新建构筑物、道路、桥涵、围墙、边坡、挡土墙等的可见轮廓线、新建建筑物±0.00 高度以外的可见轮廓线。

（3）中虚线：计划预留建（构）筑物等轮廓。

（4）细实线：原有建筑物、构筑物、建筑坐标网格等以细实线表示。

**4. 标注**

（1）建（构）筑物定位。用尺寸和坐标定位。主要建筑物、构筑物用坐标定位，较小的建筑物、构筑物可用相对尺寸定位。注其三个角的坐标，若建筑物、构筑物与坐标轴线平行，可注其对角坐标。均以"m"为单位，注至小数点后两位。

1）坐标。分测量坐标和建筑坐标，如图 9-23 所示。

测量坐标：与地形图同比例的 50 m×50 m 或 100 m×100 m 的方格网。X 为南北方向轴线，X 的增量在 X 轴线上；Y 为东西方向轴线，Y 的增量在 Y 轴线上。测量坐标网交叉处画成十字线。

建筑坐标：建筑物、构筑物平面两方向与测量坐标网不平行时常用。A 轴相当于测量坐标中的 X 轴，B 轴相当于测量坐标中的 Y 轴，选适当位置作坐标原点。画垂直的细实线。若同一总平面图上有测量和建筑两种坐标系统，应注两种坐标的换算公式。

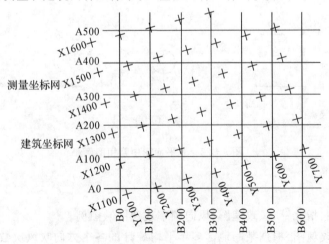

图 9-23　测量坐标与建筑坐标

2)尺寸。用新建筑对原有并保留的建(构)筑物的相对尺寸定位。

(2)建(构)筑物的尺寸标注。新建建(构)筑物的总长和总宽。

(3)标高。分为绝对标高和相对标高。总平面图中一般标注绝对标高。以"米"为单位,标注到小数点后 2 位。

(4)房屋的楼层数。建筑物图形右上角的小黑点数或数字。

(5)建筑物、构筑物的名称。宜直接标注在图上,必要时可列表标注。

**四、阅读施工图的步骤**

阅读施工图之前除了具备投影知识和形体表达方法外,还应熟识施工图中常用的各种图例和符号。

(1)看图纸的目录,了解整套图纸的分类,每类图纸张数。

(2)按照目录通读一遍,了解工程概况(建设地点,环境,建筑物大小、结构型式,建设时间等)。

(3)根据负责内容,仔细阅读相关类别的图纸。阅读时,应按照先整体后局部,先文字后图样,先图形后尺寸的原则进行。

# 9.3　建筑平面图

**一、建筑平面图的形成**

用一个假想的水平剖切平面沿房屋略高于窗台的部位剖切,移去上面的部分,作剩余部分的正投影而得到的水平投射线图,称为建筑平面图,简称平面图,如图 9 - 24 所示。

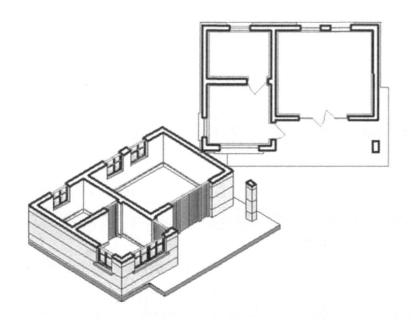

图 9 - 24　建筑平面图的形成

建筑平面图实质上是房屋各层的水平剖面图。一般地说,房屋有几层,就应画出几个平面图,并在图形的下方注出相应的图名、比例等。沿房屋底层窗洞口剖切所得到的平面图称为底层平面图,最上面一层的平面图称为顶层平面图。中间各层如果平面布置相同,可只画一个平面图表示,称为标准层平面图。

平面图主要反映房屋的平面形状、大小和房间的相互关系、内部布置、墙的位置、厚度和材料、门窗的位置以及其他建筑构配件的位置和大小等。它是施工放线、砌墙、安装门窗、室内装修和编制预算的重要依据。

**二、建筑平面图的分类**

建筑施工图中一般包括下列几种平面图。

**1. 地下室平面图**

地下室平面图表示房屋建筑地下室的平面形状、各房间的平面布置及楼梯布置等情况。现在高层建筑常将地下室作为车库。

地下室平面图如图 9-25 所示。

**2. 底层(首层)平面图**

底层平面图表示房屋建筑底层的布置情况及墙、柱、门窗等构配件的位置、尺寸。在底层平面图上还需要反映室外可见的台阶、散水、花台、花池等的水平外形图。此外,还应标注剖切符号及指北针。

底层平面图如图 9-26 所示。

**3. 楼层平面图**

楼层平面图又称为标准层平面图,表示房屋建筑中间各层及最上一层的布置情况及墙、柱、门窗等构配件的位置、尺寸。楼层平面图还需画出本层的室外阳台和下一层的雨篷、遮阳板等。

楼层平面图如图 9-27 所示。

**4. 顶层平面图**

顶层平面图是在房屋的上方,向下作屋顶外形的水平投射线而得到的投射线图。用它表示屋顶情况,如屋面排水的方向、坡度、雨水管的位置、上人孔及其他建筑配件的位置等。

顶层平面图如图 9-28 所示。

原则上房屋有几层,就画几个平面图,在图的正下方注明图名。除此之外还应有一个屋顶平面图(简单房屋也可没有)。当房屋的中间各层房间的数量、大小、布置均相同时,可用一个"标准层平面图"表示;当房屋左右对称时,可将两层平面图画在同一个图上,中间用对称符号表示,在各自图样下方分别注明图名。

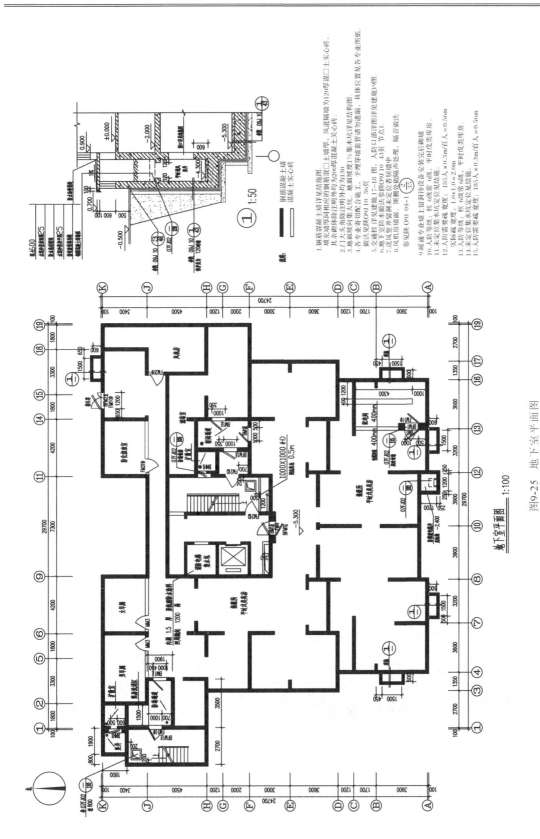

图9-25　地下室平面图

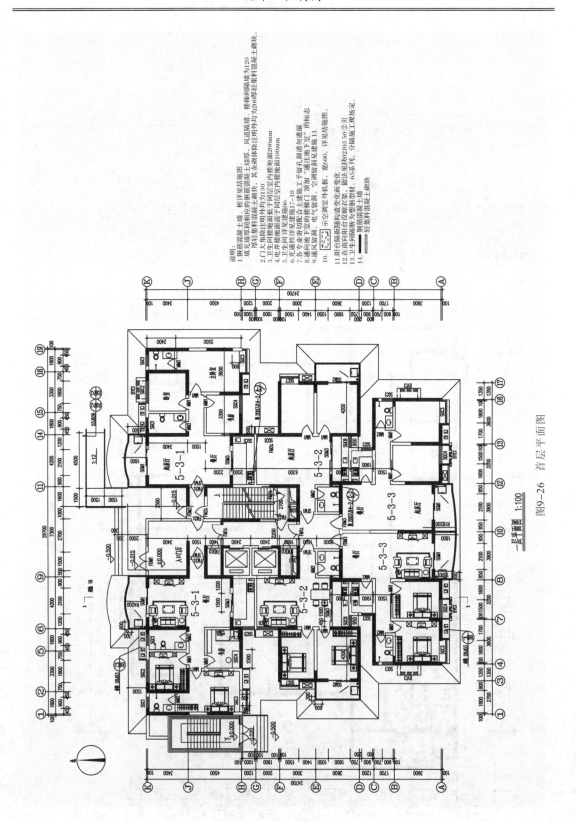

图9-26 首层平面图

一层平面 1:100

说明：
1. 钢筋混凝土墙，板详见结构施工图。
2. 门窗洞口除注明外均为130。
3. 卫生间楼地面低于同层室内楼地面30。
4. 电气井洞见建施06。
5. 卫生间详见建施07~18。
6. 无通核详切配合土建施工于留洞请勿遗漏。
7. 各专业弯切配合土建施工于留洞请加"通注地下室"的标志。
8. 通风留洞、电气留洞见建施11。
9. 通风留洞、空调管外机板。
10. 示空调室外变化。
11. 阳台隔板随构造变化而变化。
12. 在前向阳台设做衣架，做法见图2J03.50②页。
13. 卫生间隔断为钢钢型材、65系列，分隔墙详见施工现场定。
14.

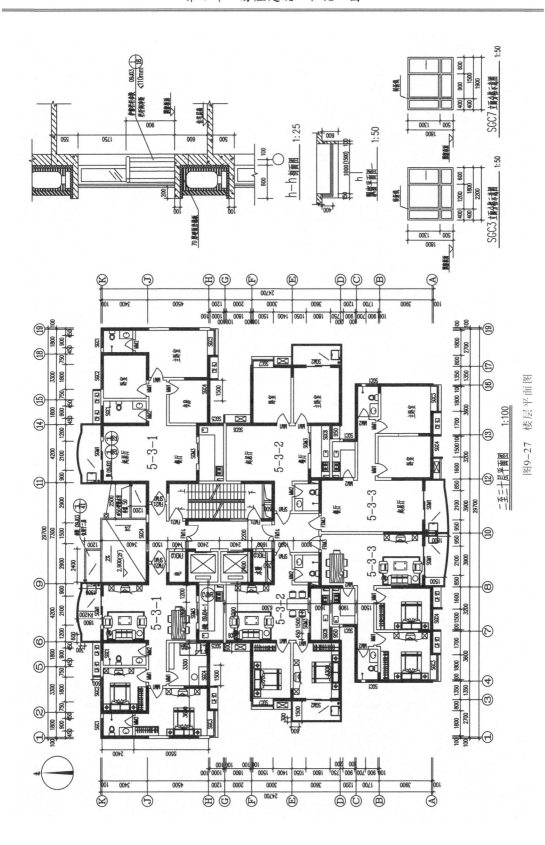

图9-27　楼层平面图

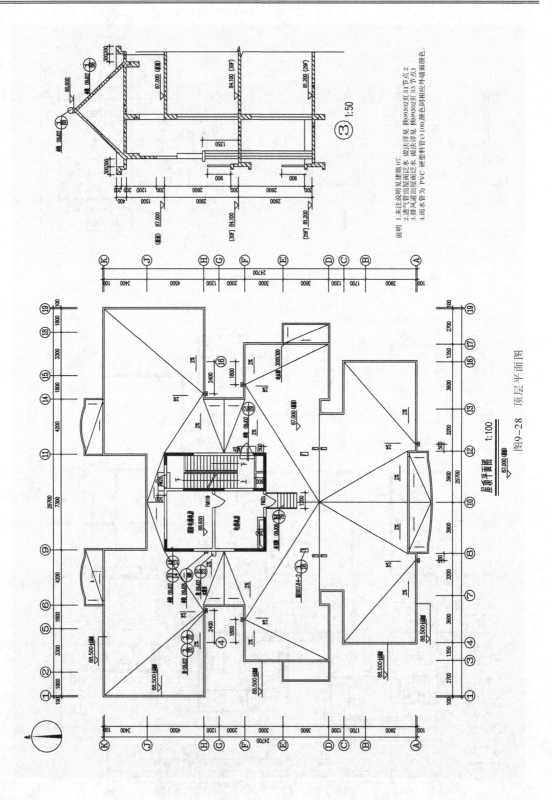

图9-28 顶层平面图

说明 1.未注说明见建施 07.
2.透气管出屋面泛水、做法洋见 胶90J02页 31节点 2
3.排风道出屋面泛水、做法洋见 胶90J02页 33节点 1
4.雨水管为 PVC 硬塑料管 Φ100.颜色同相应外墙面颜色.

### 三、建筑平面图的图例及规定画法

平面图常用 1∶100,1∶50 的比例绘制,由于比例较小,所以门窗及细部构配件等均应按规定图例绘制。常用建筑构件及配件图例见表 9 - 1。

**表 9 - 1　建筑常用配件图例**

| 名称 | 图例 | 名称 | 图例 | 名称 | 图例 | 名称 | 图例 |
|---|---|---|---|---|---|---|---|
| 单扇门 | 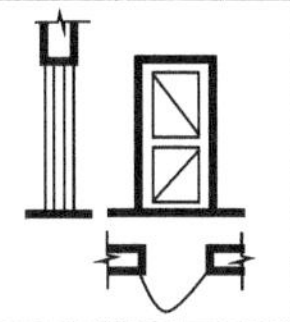 | 推拉门 |  | 固定窗 | 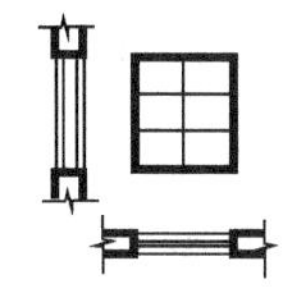 | 推拉窗 | 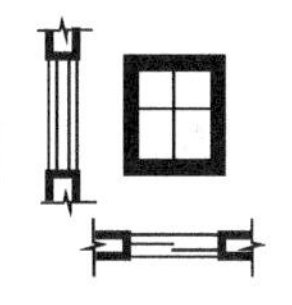 |
| 通风道 | 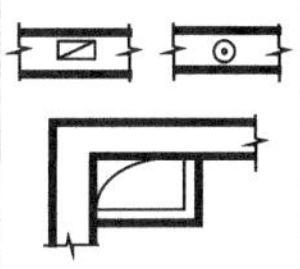 | 烟道 | 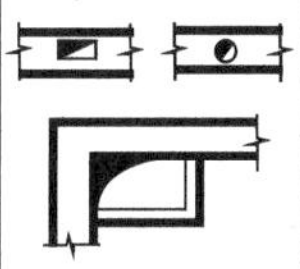 | 坑槽 |  | 孔洞 |  |
| 楼梯平面图 | 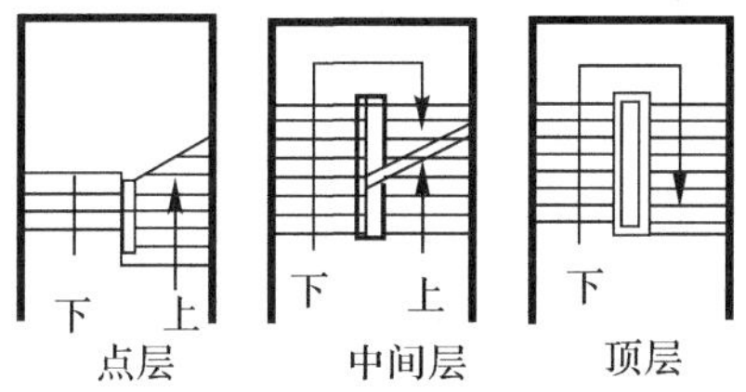 下　上　底层　中间层　顶层 | | | 坐便器 |  | 水池 |  |
| | | | | 墙预留洞 | 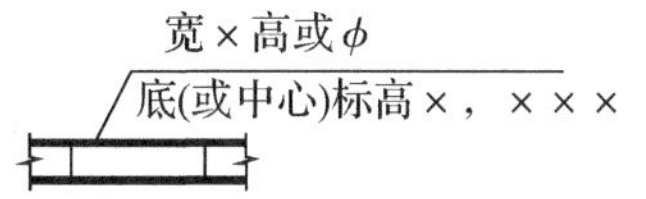 宽×高或φ 底(或中心)标高×,×××× | | |

平面图中的线型应粗细分明。凡被剖切平面剖到的墙、柱的断面轮廓线用粗实线画出,未剖到的构件轮廓线(如台阶、散水、窗台、各种用具设施)等用中实线或细实线画出,尺寸线、尺寸界线、索引符号、标高符号等用细实线画出,定位轴线用单点长画线画出。

若平面比例不大于 1∶100,可画简化的材料图例。砖墙涂红(学生画白图空白),钢筋混凝土涂黑。

### 四、建筑平面图的识读

以图 9 - 26(建筑首层平面图)为例,说明平面图的图示内容和识读步骤。

(1)了解图名、比例及文字说明。由图 9 - 26 可知,该图为某住宅建筑的首层平面图,采用比例为 1∶100。

(2)了解平面图的总长、总宽尺寸,以及内部房间的功能关系、布置方式等。总长 29.70 m、总宽 24.70 m,每层 6 户,2 部电梯和楼梯,3 个户型(1 个 3 室 2 厅 2 卫,2 个 2 室 2 厅 1 卫),呈对称布置。

(3)了解纵横定位轴线及其编号,主要房间的开间、进深尺寸,墙(或柱)的平面布置。相邻定位轴线之间的距离,横向的称为开间,纵向的称为进深。从定位轴线可以看出墙(或柱)的布置情况。该楼有 10 道纵墙,纵向轴线号为 A～K,19 道横墙,横向轴线编号为 1～19。

从图 9 - 26 中可以看到每个房间的开间及进深。该楼所有外墙厚为 200 mm,定位轴线均为对称轴线。

(4)了解平面部分的尺寸。注意平面尺寸以毫米为单位,标高以米为单位。平面图的尺寸标注有外部尺寸和内部尺寸两部分。

1)外部尺寸。建筑平面图的下方及侧向一般标注三道尺寸。最外一道尺寸叫总尺寸,标注建筑物的最外轮廓尺寸,即从一端的外墙边到另一端的外墙边总长和总宽的尺寸;中间一道尺寸是轴线间尺寸,表示各房间的开间和进深的大小;最里面一道尺寸是细部尺寸,表示门窗洞口和窗间墙等水平的定形和定位尺寸。细部尺寸距离图样最外轮廓线约为 15 mm,三道尺寸线之间的距离约为 8 mm。

底层平面图中还应标出室外台阶、花台、散水的尺寸。

2)内部尺寸。内部尺寸应注明内墙门窗动的位置及洞口宽度、墙体厚度、各种设施的大小及位置,内部尺寸应就近标注。

此外,建筑平面图中的标高,除特殊说明外,通常都采用相对标高,并将底层室内主要房间地面定为 ±0.000。在该建筑底层室内地坪定为标高零点(±0.000),室外地坪标高为 -0.500。

(5)了解门窗的布置、数量及型号。建筑平面图中,只能反映出门窗的位置和宽度尺寸,而它们的高度尺寸、窗的开启形式和构造等情况是无法表达出来的。为了便于识读,在图中采用专门的代号标注门窗,其中门的代号是 M,代号后面用数字表示它们的编号,如 $M_1$,$M_2$,$M_3$,…;窗的代号为 C,如 $C_1$,$C_2$,$C_3$,…。一般每个工程的门窗规格、型号、数量都是由门窗表来说明的。附有门窗表。

(6)了解房屋室内设备配备等情况。

(7)了解房屋外部的设施,如散水、雨水管、台阶等的位置及尺寸。

(8)了解房屋的朝向及剖面图的剖切位置、索引符号等。底层平面图中需画出指北针,以表明建筑物的朝向。通过左上方指北针,可以看出建筑坐北朝南,建筑入口在北边。图 9-26 中还标注了剖切位置、详图位置及编号,如 1—1 剖面。

(9)在房屋顶平面图中,应了解屋面处的天窗、水箱、屋面出入口、铁爬梯、女儿墙及屋面变形缝等设施和屋面排水方向、坡度、檐沟、泛水、雨水管下水口等位置、尺寸及构造等情况。如图 9-28 中的"2‰"为坡度设计值,是指沿指向每 100 cm 水平长度高度下降 2 cm。

(10)断面材料的表示:比例大于 1:50 时,画出材料图例和抹灰层的厚度。比例小于等于 1:100 时,可以不画抹灰层的厚度和材料图例。

**五、建筑平面图的图示内容**

(1)图名、比例、指北针。

(2)各房间的名称、布置、联系、数量、室内标高。

(3)建筑物的总长、总宽。

(4)定位轴线:确定建筑结构和构件的位置。

(5)细部布置:如楼梯、隔板、卫生设备、家具布置等。

(6)剖切位置:在底层平面图中应画出剖切符号。

(7)其他:花池、室外台阶、散水、雨水管等。

注意:只在底层平面中出现的内容有剖切符号、雨水管、指北针、散水、花池、室外台阶。

**六、绘制建筑平面图步骤**

(1)依据定位轴线尺寸,绘制定位轴线。

(2)依据墙体厚度尺寸、门窗细部尺寸,绘制被剖切到的墙身断面和门窗图例。

（3）绘制平面图中的其他建筑构配件、室内各种设施图例等。

（4）检查无误后，按规定线型、线宽加深图线、标注定位轴线和尺寸标注，标注图索引符号、指北针和文字说明。

# 9.4　建筑立面

**一、形成及作用**

（1）形成：在与房屋立面平行的投影面上所作的房屋正投影图，称为建筑立面图，简称立面图。

（2）用途：它主要反映房屋的外貌、各部分配件的形状和相互关系以及装修做法等，是建筑及装饰施工的重要图样。直接表现立面的艺术处理、外部装修、立面造型，屋顶、门、窗、雨篷、阳台、台阶、勒脚的位置和形式。

**二、命名方式**

根据建筑物外形的复杂程度，所需绘制的立面图的数量也不同。建筑立面图一般有 3 种命名方式。

（1）按房屋立面的主次来命名。建筑物一般有 4 个或更多个立面，相应有多个立面图。

正立面图——反映主要出入口或比较显著地反映出房屋外貌特征地那一面的立面图。

背立面图——与正立面相对的立面图。

左侧立面图——站在看正立面的位置，左手侧的立面图。

右侧立面图——站在看正立面的位置，右手侧的立面图。

（2）按房屋的朝向来命名。依据指北针可以判断东、南、西、北，如图 9-29 所示。

南立面图——面向南面的立面图。

北立面图——面向北面的立面图。

东立面图——面向东面的立面图。

西立面图——面向西面的立面图。

（3）按轴线编号来命名，如①～⑰立面图、⑰～①立面图等，如图 9-29 所示。

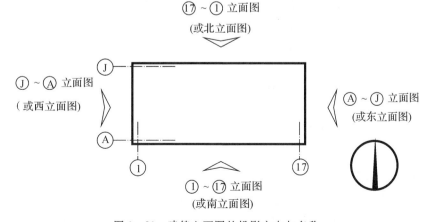

图 9-29　建筑立面图的投影方向与名称

三种命名方式各有特点,在绘图时应根据实际情况灵活选用,其中以轴线编号的命名方式最为常用。

特殊情况,如房屋左右对称时,可以把两个立面图(正立面图和背立面图)合成一图,中间画出对称符号,每一部分图样的下面写上各自的图名。如果房屋的立面有一部分不平行于投影面,可以将该部分展开到与投影面平行的位置,再用正投影法画出其立面图,在图名后应注写"展开"字样。

立面图的数量:如果两个侧立面造型不同,则房屋的 4 个立面都画,若两侧面相同,则画 3 个立面图(正立面、背立面、左侧立面)。

画立面图时,只将各个立面所看到的内容画出,房屋内部的各构造不画。

立面图一般应按投影关系,画在平面图上方,与平面图轴线对齐,以便识读。立面图所采用的比例一般和平面相同。由于比例较小,所以门窗、阳台、栏杆及墙面复杂的装修可按图例绘制。为简化作图,对立面图上同一类型的门窗,可详细地画一个作为代表,其余均用简单图例表示。此外,在立面图的两端应画出定位轴线符号及其编号。

为了使立面图外形清晰、层次感强,立面图应采用多种线型画出。一般立面图的外轮廓用粗实线表示,门窗洞、檐口、阳台、雨篷、台阶、花池等突出部分的轮廓用中粗实线表示,门窗扇及其分格线、花格、雨水管、有关文字说明的引出线及标高等均用细实线表示,室外地坪线用加粗实线表示。

### 三、图示内容

(1)表达房屋外墙面上可见的全部内容,如散水、台阶、雨水管、花池、勒角、门头、门窗、雨罩、阳台、檐口等,以及屋顶的构造形式。

(2)表明外墙上门窗的形状、位置和开启方向。

(3)外墙的装修,表明外墙面上各种构配件、装饰物的形状、用料和具体做法。

(4)表明各个部位的标高尺寸和局部必要尺寸。

(5)标注详图索引符号和必要的文字说明。

(6)标注两端外墙定位轴线,书写图名与比例。

### 四、线型

为了图面的美观,立面图中对各部分的线型做了相应的规定。

(1)特粗实线:地坪线(室外地坪)(为粗实线的两倍)。

(2)粗实线:建筑物的最外轮廓线。

(3)中实线:建筑立面凹凸之处的轮廓线、门窗洞以及较大的建筑构配件的轮廓线,如遮阳板、檐口、雨篷、阳台、阶梯、花池的轮廓线等均用中粗实线绘制。

(4)细实线:较细小的建筑构配件或装饰线,细部分格线(如门、窗的分格线,墙面的分格线,雨水管,标高符合线,其他的引出线)。

(5)细单点长画线:轴线。

### 五、建筑立面图的识读

图 9-30～图 9-33 所示四张建筑立面图,是上述平面图的建筑立面图,它们反映整个建筑的外貌,各部分配件的形状和相互关系以及装修做法。现以图 9-30 为例,说明立面图的图示内容和识读步骤。

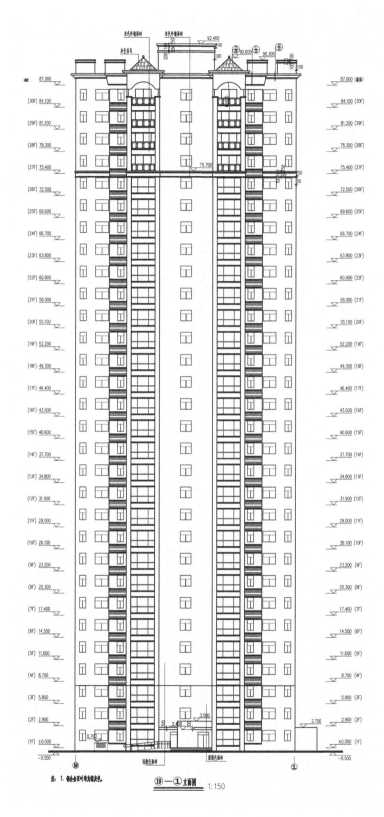

图 9-30　某建筑北（正）立面图

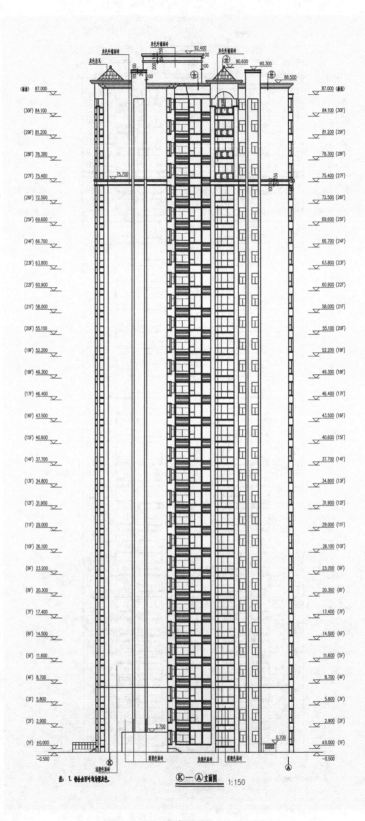

图 9-31 某建筑西(右)立面图

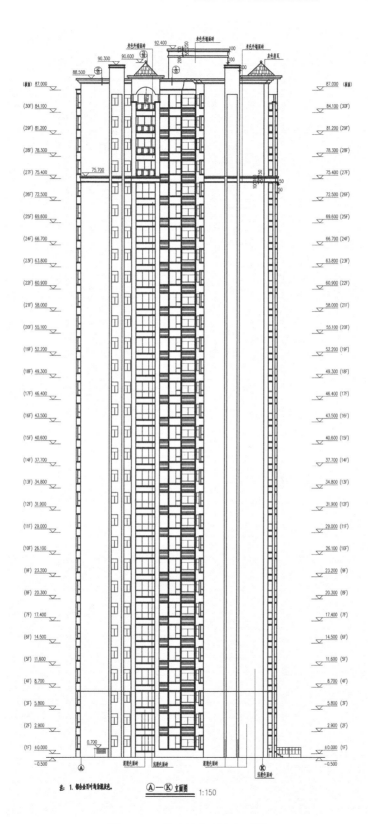

图 9-32 某建筑东(左)立面图

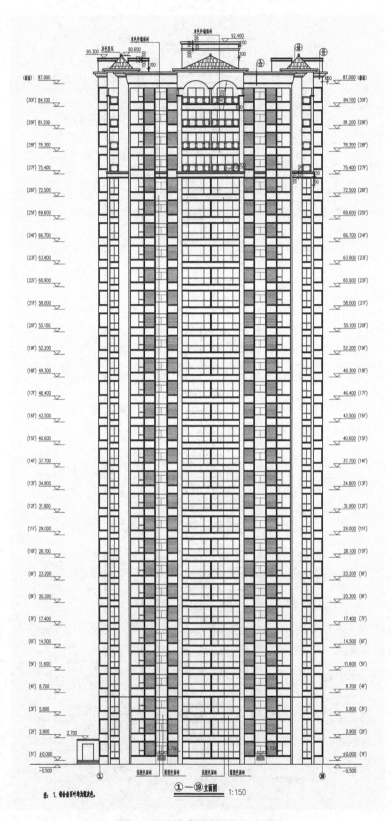

图 9-33 某建筑南(背)立面图

（1）了解图名及比例。从方向或轴线的编号可知，该图表示建筑北向的立面图，因而称作北立面图；由于建筑入口在北向也可称作正立面图；由轴号可称为⑲—①立面图。比例为1∶150。

（2）了解立面图与平面图的对应关系。对照建筑底层平图中的指北针或定位轴号，可知北立面左端轴线编号为19，右端轴线编号为1，与建筑平面图（图9-26）相对应。

（3）了解房屋的形体和外貌特征。了解屋顶、门、窗、雨篷、阳台、台阶、勒脚的位置和形式。由图9-30可知，该建筑地面以上共30层，立面造型对称布置，局部为斜坡屋顶。入口处有台阶、斜坡（无障碍通道）和雨篷。

（4）了解房屋各部分的高度尺寸及标高数值。立面图上一般应在室内外地坪、阳台、檐口、门、窗、台阶等处标注标高，并宜沿高度方向注写某些部位的高度尺寸。从图9-30中所标注的标高可知，室外地坪比室内地坪低0.500 m，屋顶高度87.000 m，每层层高2.900 m。

（5）了解门窗的形式、位置及数量。该楼的窗户为深灰色铝合金材质，双扇推拉窗，3种规格。阳台为铝合金材质的封闭阳台。

（6）了解房屋外墙的装修做法。从立面文字说明可知，外墙面有3种颜色的瓷砖，1～3层为深驼色瓷砖，5～26层为浅驼色瓷砖，27～30层为米色瓷砖。顶上斜面屋顶为灰色挂瓦。

**六、立面图的画图步骤**

（1）绘制定位轴线、室外地平线、依据楼层标高及墙厚，绘制房屋外轮廓线和屋面线。

（2）绘制墙体的转角线、门窗洞、阳台等大的建筑构配件的轮廓线。

（3）绘制窗台、雨篷、雨水管、门窗框、门窗扇、梁、柱、花池、台阶等小的建筑构配件轮廓线。

（4）检查无误后，擦去多余的线，画出少量门窗的分格线、墙面的分格线、装饰线，然后加深图样。

（5）标注定位轴线、各部位建筑标高、详图索引符号、墙面装饰用料及做法。

（6）书写图名及绘图比例。

# 9.5 建筑剖面图

**一、形成及作用**

（1）形成：假想用一个或多个垂直于外墙轴线的铅垂剖切面将房屋剖开，所得的投影图称为建筑剖面图，简称剖面图。

（2）用途：用来表示房屋内部的结构、分层情况，各构件的高度，各部分的联系，同时在构件的端面可以反映使用材料，是与平、立、剖面图相互配合的不可缺少的重要图样之一。

**二、建筑剖面图的规定画法**

剖面图所采用的比例与平面图、立面图相同。根据不同的绘图比例，被剖切到的构配件断面图例可采用不同的表达方法。图形比例大于1∶50时，应画出抹灰层与楼地面、屋面的面层线；比例大于1∶100～1∶200时，材料图例可以采用简化画法，如砖墙涂红，钢筋混凝土涂黑，但宜画出楼地面、屋面的面层线；习惯上，除有地下室外，剖面图一般不画出基础部分。

剖面图的剖切部位，应根据房屋的复杂程度或设计深度，在平面图上选择能反映全貌、构造特征以及有代表性的部位剖切。一般选在过门窗洞口、楼梯间、房屋构造复杂与典型的部位。剖切面一般横向,即平行于侧面,必要时也可纵向,即平行于正面。依据房屋复杂程度和施工情况具体确定剖切数量。剖面图的图名应与平面图上所标注剖切位置的编号一致,剖切符号标在底层平面图中。

剖面图中,所剖到的墙身、楼板、屋面板、楼梯段、楼梯平台等轮廓线用粗实线表示,未剖到的可见轮廓线如门窗洞口、楼梯段、楼梯扶手和内外墙轮廓用中实线(或细实线)表示,门窗扇及分格线、雨水管、尺寸线、尺寸界线、引出线和标高符号等用细实线表示,室外地坪线用加粗实线表示。

### 三、图示内容

(1)表明房屋被剖切到的建筑构配件,在竖向方向上的布置情况,比如各层梁板的具体位置以及与墙柱的关系,屋顶的结构形式。

(2)表明房屋内未剖切到而可见的建筑构配件位置和形状。比如可见的墙体、梁柱、阳台、雨蓬、门窗、楼梯段以及各种装饰物和装饰线等。

(3)在垂直方向上室内、外各部位构造尺寸,室外要注三道尺寸,水平方向标注定位轴线尺寸。标高尺寸应标注室外地坪、楼面、地面、阳台、台阶等处的建筑标高。

(4)表明室内地面、楼面、顶棚、踢脚板、墙裙、屋面等内装修用料及做法,需用详图表示处加标注详图索引符号。

(5)标注定位轴线及编号,书写图名(要与平面图的剖切编号相一致)和比例(一般与平面图采用相同的比例)。

### 四、建筑剖面图的识读

图 9-34 所示为上述建筑的剖面图,现以此图为例说明建筑剖面图的图示内容和识读的步骤。

(1)了解图名和比例。由图可知,该图为 1—1 剖面,比例为 1∶150。

(2)了解剖面图与平面图的对应关系。阅读剖面图时,首先弄清该剖视图的剖切位置,投影的方向,然后逐层分析剖到哪些内容,投影看到哪些内容。

(3)了解房屋的结构形式。内外装修做法与材料是否也同平面图、立面图一致。该建筑楼板、屋面板、外墙面、挑檐等为钢筋混凝土材料,室内部分隔墙采用砖砌墙。

(4)了解屋顶、楼地面的构造层次及做法。本套图纸对于屋顶及楼地面在立面图中有详图索引,须详细绘出。因而在剖面图中未作详细表述。

(5)了解房屋各部位的尺寸和标高情况。剖面图中的尺寸重点表明室内外高度尺寸,应校核这些细部尺寸是否与平面图、立面图中的尺寸完全一致。除立面图中看出的高度位置关系,从 1—1 剖面图中还可以看出地下有两层,一层是地下室,高度为 3.300 m;一层是设备间,夹层高度为 2.000 m。斜面屋顶最高处高于屋顶 3.600 m,标高为 90.600 m。

(6)了解楼梯的形式和构造。1—1 剖面未经过楼梯,在本套图纸中应画出楼梯间的详细图纸。

(7)了解索引详图所在位置及编号。

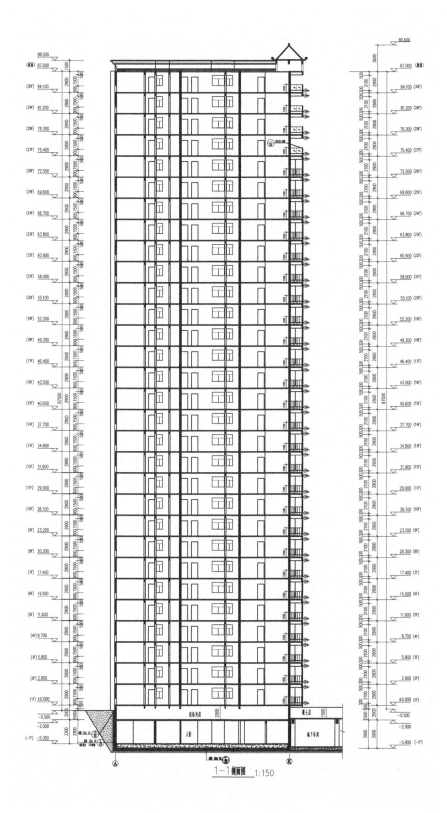

图 9 - 34  某建筑 1—1 剖面图

**五、画剖面图的步骤**

(1)绘制房屋定位轴线、室内外地平线、楼面线、楼梯平台面线、楼梯段的起止点等。

(2)绘制主要建筑构件,如剖切到的墙身、楼板、屋面板、楼梯休息平台板、楼梯以及墙身上可见的门窗洞轮廓线等。

(3)确定门窗和楼梯的位置,画出细部结构(如门、窗图例、楼梯栏杆与扶手、踢脚板、梁、板、台阶、雨蓬、天沟檐口、屋面等),并擦去多余的线。

(4)检查无误后,加深图样,画出材料图例。

(5)标注尺寸、标高、轴线编号、详图索引符号、用料与做法的文字说明。

# 9.6　建　筑　详　图

建筑平、立、剖面图是表达房屋的基本图样,起到宏观表达房屋构造的作用,但是由于比例的限制,基本图样中无法将房屋的细部构造表达清楚,因此必须使用较大比例详细地绘出体现建筑物局部构造及其用料与做法要求,将所有应该表达清楚的部位表达清楚,这种用较大比例绘制的图样称建筑详图(亦称大样图)。详图是基本图样的深化和补充,也是指导施工的依据,没有足够数量的施工详图,施工图便达不到施工要求。

详图的绘制比例,一般采用 1∶20,1∶10,1∶5,1∶2,1∶1 等。详图的表示方法,应视该部位构造的复杂程度而定,有的只需一个剖面详图就能表达清楚(如墙身节点详图),有的则需另加平面详图(如楼梯平面详图、卫生间平面详图等)或立面详图(如阳台详图等)。有时还要在详图中再补充比例更大的局部详图。

一般房屋的详图有墙身节点详图、楼梯详图及室内外构配件(如室外的台阶、花池、花格、雨蓬等,室内的厕所、卫生间、壁柜及门窗等)的详图。

详图要求图示的内容详尽清楚,尺寸标准齐全,文字说明详尽。一般应表达出构配件的详细构造,所用的各种材料及其规格,各部分的构造连接方法及相对位置关系,各部位、各细部的详细尺寸,有关施工要求、构造层次及制作方法说明等。同时,建筑详图必须加注图名(或详图符号),详图符号应与被索引的图样上的索引符号相对应,在详图符号的右下侧注写比例。对于套用标准图或通用图的建筑构配件和节点,只须注明所套用图集的名称、型号、页次,可不必另画详图。

下面介绍一般房屋建筑施工图中常见的详图及其表达方法。

**一、墙身详图(外墙大样图)**

*1.表达方式及规定画法*

墙身详图实际上是建筑剖面图中外墙身部分的局部放大图。它主要反映墙身各部位的详细构造、材料做法及详细尺寸,如檐口、圈梁、过梁、墙厚、雨蓬、阳台、防潮层、室内外地面、散水等,同时要注明各部位的标高和详图索引符号。墙身详图与平面图配合,是砌墙、室内外装修、门窗安装、编制施工预算以及材料用量估算的重要依据。

墙身详图通常采用 1∶20 的比例绘制,如果多层房屋中楼层各节点相同,可只画出底层、中间层及顶层来表示。为节省图幅,画墙身详图可从门窗洞中间折断,化为几个节点的组合。

墙身详图的线型与剖面图一样,但由于比例较大,所有内外墙应用细实线画出粉刷线以及标注材料图例。墙身详图上所标柱的尺寸和标高与建筑剖面图相同,但应标出构造做法的详细尺寸,如图 9-35 所示。

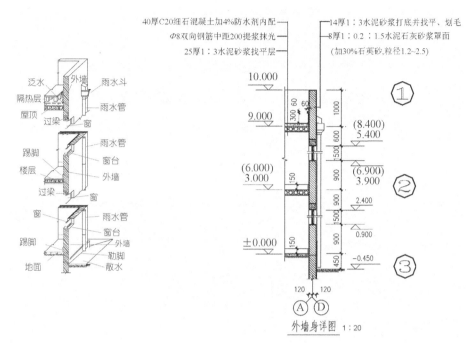

图 9-35　墙身详图的表达

2.表达内容(见图 9-36)

(1)详图的符号与详图的索引符号相对应。

(2)在详图中,对屋面、楼面和地面的构造,采用多层构造说明方法来表示。

(3)各层楼板及屋面板等构件的位置及其与墙身的关系。

(4)门窗洞口、底层窗下墙、窗间墙、檐口、女儿墙等的高度,室内外地坪、门窗洞的上下口、檐口、墙顶、屋面、楼地面等标高。

(5)立面装修、墙身防潮、窗台、窗楣、勒脚、踢脚、散水等尺寸。

详图的上半部为檐口部分,屋面的承重层为现浇钢筋混凝土板、女儿墙为砖砌,从图样中还可以了解到放防水层、隔热层、顶棚的做法。详图下半部为窗台和勒脚。详图中还应标注有关部位的标高和细部的大小尺寸。

3.墙身详图的识读

(1)了解图名、比例。

(2)了解墙体的厚度及所属定位轴线。

(3)了解屋面、楼面、地面的构造层次和做法。

(4)了解各部位的标高、高度方向的尺寸和墙身细部尺寸。

(5)了解各层梁(过梁或圈梁)、板、窗台的位置及其与墙身的关系。

(6)了解檐口的构造做法。

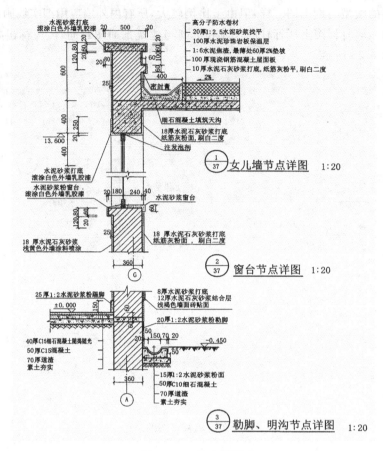

图 9-36　墙身详图

## 二、楼梯详图

### 1.楼梯的作用、组成和详图

(1)楼梯的作用。楼梯是联系房屋上、下楼层交通的主用设施,它的设计除了满足行走方便和人流疏散畅通外,还应满足坚固耐久及防火的要求。

(2)楼梯的组成。一般由楼梯梯段、平台、栏板(或栏杆)及扶手等组成(见图 9-37)。

1)楼梯梯段:由踏步、梯段板、梯段梁组成的倾斜构件。一个梯段踏步数量不应超过 18 级;最少不少于 3 级,否则易忽视。

2)楼梯平台:联系两个倾斜梯段的水平构件,包括楼层平台(正平台)、休息平台(中间平台),主要用于缓冲疲劳和转换梯段方向。

3)栏杆(栏板)和扶手:倚扶梯段及平台临空边缘的安全保护构件。

(3)楼梯详图。楼梯详图就是楼梯间平面图及剖面图的放大图。它主要反映楼梯的类型、结构形式,各部位的尺寸及踏步、栏板等装饰做法。它是楼梯施工、放样的主要依据。

### 2.楼梯的形式(见图 9-38)

(1)直跑楼梯。

(2)平行双跑楼梯,占用面积小,人流行走距离短,是最常用的楼梯形式之一。

（3）平行双分（双合）楼梯。

（4）折行多跑楼梯。

（5）剪刀（交叉）楼梯。

（6）弧形楼梯。

（7）螺旋楼梯等。

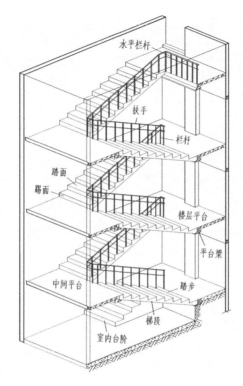

图 9-37　楼梯组成

3.楼梯的分类

（1）按施工方式分为现浇楼梯和预制楼梯。

（2）按承重方式分为墙承重、板承重、梁承重。

4.楼梯间的相关尺寸及参数协调

（1）楼梯间的开间：楼梯间定位轴线间宽度的水平距离，符合 3 M 倍数。

（2）楼梯间的进深：楼梯间定位轴线间长度的水平距离，符合 3 M 倍数。

（3）梯段宽度：单人通行大于 850 mm，双人通行 1 100～1 200mm，三人通行 1 500～1 800 mm。

（4）休息平台的宽度：规定必须大于梯段宽度。

（5）梯段长度：楼梯梯段垂直投影在地面上的长度。

（6）踏面宽度：可采用 220 mm，240 mm，260 mm，280 mm，300 mm，320 mm，必要时可采用 250 mm。

（7）踏面高度：可采用 140 mm，150 mm，160 mm，170 mm，180 mm，不宜高于 210 mm。

各级踏步的高度和宽度均应相等。

(8)梯井宽度：100~200 mm。

(9)楼梯坡度：一般取 30°左右，最大不大于 38°。

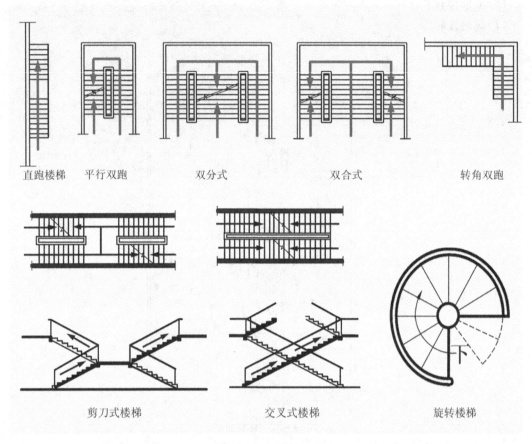

| 直跑楼梯 | 平行双跑 | 双分式 | 双合式 | 转角双跑 |

剪刀式楼梯　　　　　　交叉式楼梯　　　　　　旋转楼梯

图 9-38　楼梯的形式

**5.净空高度**

(1)平台的净空高度(大于 2 000 mm)。平台或中间平台构件最低点与楼地面的垂直距离

(2)梯段的净空高度(大于 2 200 mm)。梯段之间垂直与水平面踏步前缘线处的净距。

(3)规定楼梯梯段最低、最高踏步的前缘线与顶部凸出物的内边缘线的水平距离大于 300 mm。

满足净空高度的方法：

1)设计长短跑(提高第一个休息平台的高度)。

2)降低室外地坪高度(抬高室内地坪)。

通常楼梯的设计将两种方法相结合,因为每一种方法都不能完全满足设计的合理性和经济性。

**6.楼梯详图的内容**

(1)楼梯平面图(见图 9-39)。楼梯平面图主要表达楼梯位置、墙身厚度、各层梯段、平台和栏杆扶手的布置以及梯段的长度、宽度和各级踏步宽度。每层都应有一个平面图,中间层完全一样,可绘制一个标准层。注意区分底层(见图 9 - 39(a))、标准层(见图 9 - 39(b))、顶层平面图(见图 9 - 39(c))。

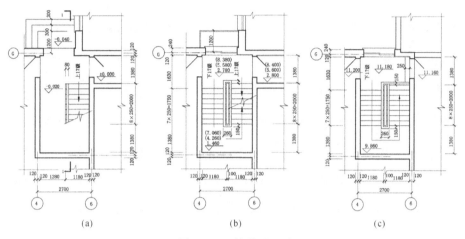

图 9 - 39　楼梯平面图

(2)楼梯剖视图(见图 9 - 40)。楼梯剖视图主要表达楼梯的形式、结构类型、楼梯间的梯段数、各梯段的步级数、数梯段的形状、踏步和栏杆扶手(或栏板)的形式、高度及各配件之间的连接等构造做法。剖切位置最好通过上行第一梯段和楼梯间的门窗洞剖切,向未剖切到的梯段投射。

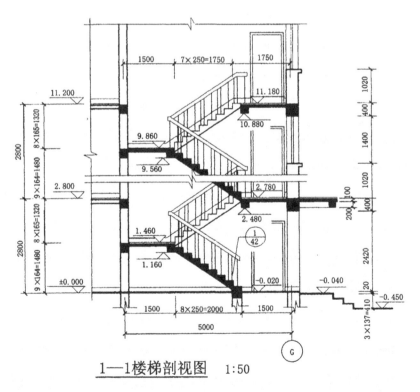

图 9 - 40　楼梯剖视图

(3)楼梯节点详图。若干个,如图9-41所示(索引符号与详图符号对应)。

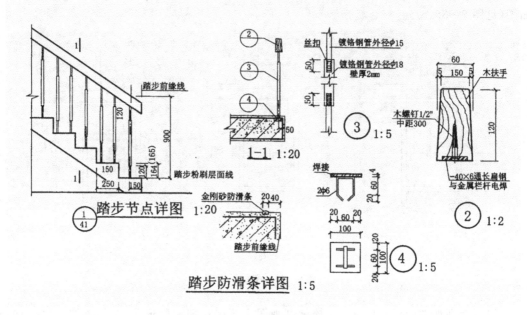

图9-41 楼梯节点详图

# 复习思考题

1.房屋的组成部分有哪些?各部分起什么的作用?

2.一套完整的建筑工程施工图都应包括哪些内容?

3.简述建筑平面图的形成及表示的内容。

4.简述建筑立面图的形成、作用及命名方式。

5.简述建筑剖面图的规定画法。

6.简述建筑详图的作用。

# 第10章 建筑装饰施工图

**【主要内容】**

(1)建筑装饰施工图的作用。

(2)建筑装饰施工图的种类、特点、组成及有关规定。

(3)建筑装饰施工图中各图线的形成、比例、用途以及图线的表达方法。

(4)建筑装饰施工图的识读与绘制。

**【学习目标】**

(1)掌握建筑装饰施工图的组成、图示方法和特点。

(2)识读与绘制常见建筑装饰图例,熟练掌握常用比例、图线要求。

(3)掌握建筑装饰施工图的图示内容,识读与绘制的方法步骤。

(4)通过本章的学习,具备初步的阅读建筑装饰施工图的能力和抄绘建筑装饰施工图的能力。

**【学习重点】**

(1)建筑装饰施工图的主要内容及特点。

(2)建筑装饰施工图中平面图、顶面图、立面图、剖面图、节点详图的识读及绘制。

**【学习难点】**

(1)建筑装饰施工图的主要内容。

(2)建筑装饰施工图中顶面图的识读及绘制。

(3)建筑装饰施工图中剖面图与节点详图的识读及绘制。

# 10.1 概　　述

## 一、建筑装饰施工图概述

室内设计是建筑设计的有机组成部分,是建筑设计的继续和深化,它与建筑设计的概念在本质上是一样的。室内设计是在了解建筑设计意图的基础上,运用室内设计手段,对其加以丰富和发展,为人们的生活和工作创造出和谐、舒适的环境。装修施工是建筑施工的延续,通常在建筑主体结构完成后进行。建筑装修施工图是建筑室内设计的成果。

它们的区别在于施工的时间、施工的材料与工艺上的差异。装修施工通常是在建筑主体结构完成后(或者是经使用一段时期后由于生活需求的提高或使用功能的改变)才进行的。过去建筑装修的做法较为简单,通常在建筑施工图中以文字说明或简单的节点详图表示。

随着人们的经济水平、生活质量的不断提高,以及新材料、新技术、新工艺的不断发展,建筑施工图已难以兼容复杂的装修要求,从而出现了"建筑装修施工图"(简称装修图),以表达丰富的造型构思和先进的施工材料和施工工艺等。本章主要介绍装修工程施工图的内容和画法。

装修施工图一般包括图纸目录、装修施工工艺说明、平面布置图、楼地面装修平面图、天花平面图、墙柱装修立面图以及必要的装修细部结构的节点详图等内容。

目前,我国还没有装修制图的统一标准,在实际应用中一般是按《房屋建筑制图统一标准》(GB/T 50001—2001)和《建筑制图标准》(GB/T 50104—2001)执行,同时也有些业内常见的画法。

### 二、建筑装饰施工图的特点

装饰工程施工图的图示原理与前述建筑工程施工图的图示原理相同,是用正投影方法绘制的用于指导施工的图样。装饰工程施工图反映的内容多,形体尺度变化大,通常选用一定的比例、采用相应的图例符号和标注尺寸、标高等加以表达,必要时绘制效果图、透视图、轴侧图等辅助表达,以利于识读。

建筑装饰设计通常是在建筑设计的基础上进行的,由于设计深度的不同、构造做法的细化以及为满足使用功能和视觉效果而选用材料的多样性等,装饰工程施工图在制图和识图上有其自身的规律,如图样的组成、施工工艺及细部做法的表达等都与建筑工程施工图有所不同。

装饰施工图与建筑施工图的图示方法、尺寸标注、图例代号等基本相同。装饰施工图是在建筑施工图的基础上,结合环境艺术设计的要求,更详细地表达建筑空间的装饰做法及整体效果。它既反映了墙、地、顶棚三个界面的装饰结构、造型处理和装修做法,还表达了家具、织物、陈设、绿化等的布置及其制作方法。

装修设计有方案设计和施工图设计两个阶段。方案设计阶段是根据使用者的要求、现场情况,以及有关规范、设计原则等,以透视效果图、平面布置图、立面布置图、尺寸、文字说明等形式,将方案设计表达出来。经修改补充,取得较合理的方案后,报业主或有关主管部门审批,再进入施工图设计阶段。施工图设计是装饰设计的主要程序。

### 三、建筑装饰施工图的主要内容

装饰施工图是设计者进行室内设计表达的深化阶段及最终阶段,更是指导室内装饰施工的重要依据。一套标准的装饰施工图纸一般包括以下内容:

(1)封面,主要标明工程项目名称、设计单位、时间等重要信息。

(2)图纸目录,主要分平面图、立面图、大样图和设备图表等几大类内容,以及图纸的排列顺序和标识的规范。

(3)装修施工说明或设计说明,对设计项目的主要设计理念进行解释以及对设计的表达方式、材料、结构施工工艺等作进一步的说明。

(4)立体效果图,包括电脑效果图、手绘透视效果图和轴侧图等立体图。

(5)建筑装饰平面图(简称平面图),包括平面布置图、天花平面图与地面材料铺装图。

(6)建筑装饰立面图(简称立面图),包括立面布置图、立面装修图与立面展开图。

(7)建筑装饰剖面图(简称剖面图),包括剖立面图(又称整体剖面图)和局部剖面图。

(8)建筑装饰详图,包括节点构造装修详图和重点部位艺术装饰详图两种类型。

(9)给排水、暖、电等专业的施工说明图。

(10)装修预算。

图纸的编排也以上述顺序排列。其中设计说明、平面图、立面图为基本图样,表明装饰工程内容的基本要求和主要做法;装饰剖面图、装饰详图为装饰施工的详细图样,用于表明细部尺寸、凹凸变化、工艺做法等。

**四、建筑装饰施工图中常见图例与符号**

1. 图例符号

由于建筑装饰施工图还没有统一的制图标准,因而图样中所有的图例符号也多不相同。一般情况下,装饰材料符号多用建筑制图标准所规定的画法,而家具家电设备则多半采用通用的习惯画法。为方便画图与读图,表 10-1 提供了一些常用符号的通用画法,供使用时参考。

**表 10-1　装饰平面图常用图例**

| 名称 | 图例 | 名称 | 图例 | 名称 | 图例 |
|---|---|---|---|---|---|
| 双人床 | 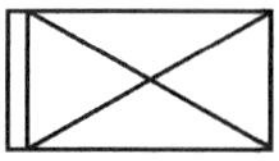 | 浴盆 |  | 灶具 | 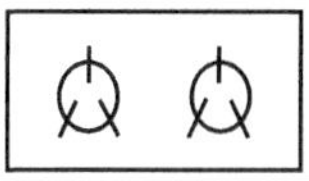 |
| 单人床 | 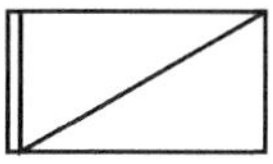 | 蹲便器 |  | 洗衣机 |  |
| 沙发 | 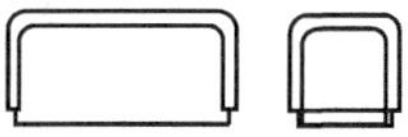 | 坐便器 |  | 空调器 |  ACU |
| 凳、椅 |  | 洗手盆 |  | 吊扇 |  |
| 桌、茶几 |  | 洗菜盆 |  | 电视机 | 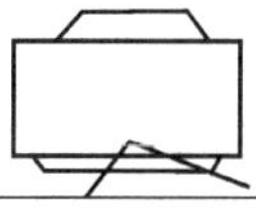 |
| 地毯 | | 拖布池 |  | 台灯 |  |
| 花卉、树木 |  | 淋浴器 | 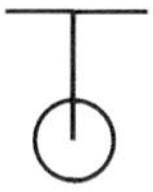 | 吊灯 | 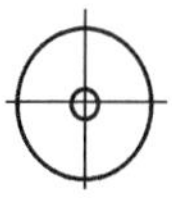 |
| 衣橱 | 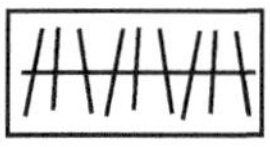 | 地漏 | 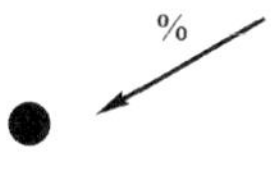 % | 吸顶灯 | 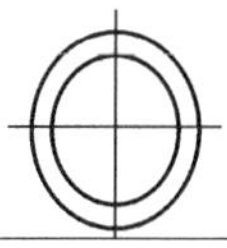 |
| 吊柜 | 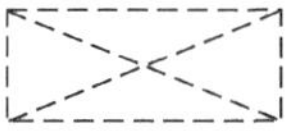 | 帷幔 |  | 壁灯 | 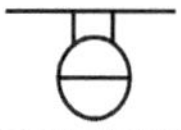 |

2. 内视符的画法与标注

为了表示室内立面在平面图上的位置,应在平面布置图上用内视符号注明视点位置、方向及立面编号。

(1)有关内视符的概念。在建筑制图国家标准中,将指示装修墙面的符号称为内视符。内视符在装饰工程图中被称为装修墙面指示符或标示符,有时也称为装修墙面索引符。

(2)内视符的画法。图10-1给出了内视符的几种常用画法。符号中的圆圈应用细实线绘制,根据图面比例圆圈直径可选择8～12 mm,外切方形尖端涂黑并指向装修墙面的垂直投射方向,立面编号宜用拉丁字母或阿拉伯数字。内视符通常在平面布置图中给出,如图10-2所示。只标注一个立面时,箭头指向的立面就是要画的立面,表示效果如图10-1(a)所示;标注两个立面效果如图10-1(b)所示;同时标注四个立面时,表示效果如图10-1(c)所示。

图10-1 内视符的画法

(a)单面内视符; (b)双面内视符; (c)四面内视符号

如果所画出的室内立面图与平面布置图不在同一张图纸上时,则可以参照索引符号的表示方法,在内视符号圆内画一细实线水平直径,上方注写立面编号,下方注写立面图所在图纸编号,如图10-3所示。

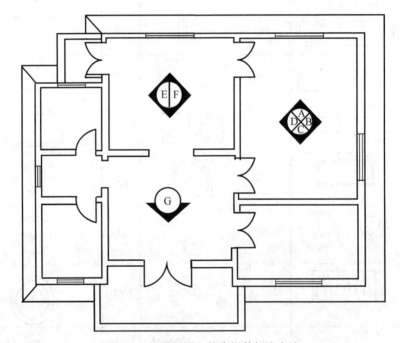

图10-2 平面图上的内视符标注方法

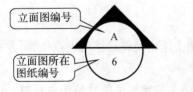  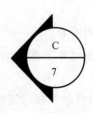 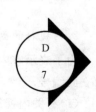

图10-3 立面图与平面图不在同一张图纸上时的内视符号

# 10.2　建筑装饰平面图

由于装饰平面图所表达的目的与要求的不同,因而也就形成了一些不同内容、不同画法的装饰平面图。常用的有平面布置图、地面材料铺装图、天花平面图等。

**一、平面布置图**

平面布置图是装饰施工图中的主要图样,它是根据室内设计原理中的使用功能、精神功能、人体工程学以及使用者的要求等,画出反映建筑平面布局、装饰空间及功能区域的划分、家具设备的布置、绿化及陈设的布局等内容的图样,是确定装饰空间平面尺寸及装饰形体定位的主要依据。由于空间的划分、功能的分区是否合理会直接影响到使用的效果和精神的感受,因此,在室内设计中首先要绘制室内平面的布置图。

图 10-4 所示图样为住宅室内设计所绘制的平面图实例。通过对这个平面布置图的直观认识,可初步了解其内容表达与应用情况。下面对其形成画法与应用情况做进一步分析。

1.平面布置图的形成与表达

装饰设计中的平面布置图与建筑平面图形成的概念相同,也是假想用一水平面在窗台上部稍高处作水平全剖切,移去上面部分,对剩下部分所作的水平正投影图。但它只移去切平面以上的房屋形体,而对室内地面上摆设的家具等其他物体不论切到与否都完整画出。平面图主要用来说明房间内各种家具、家电、陈设及各种绿化、水体等物体的大小、形状和相互关系,同时它还能体现出装饰后房间能否满足使用要求以及其建筑功能的优劣。平面布置图的比例一般采用 1∶100,1∶50,内容比较少时采用 1∶200。平面布置图是整个室内装饰设计的关键。

2.平面布置图的内容

平面布置图主要反映室内空间各种物体的平面关系,是装饰设计思想的重要体现。平面布置图主要表示建筑的墙、柱、门、窗洞口的位置和门的开启方式,隔断、屏风、帷幕等空间分隔物的位置和尺寸,台阶、坡道、楼梯、电梯的形式及地坪标高的变化,家具、家电、陈设的形式和位置,卫生洁具和其他固定设施的位置和形式等。通过平面布置图中固定设施的设置和可移动的家具、家电等在房间内的摆放情况,可以看出各个房间的使用功能与其合理性。

平面布置图的图示内容:

(1)建筑平面图的基本内容,如墙柱与定位轴线、房间布局与名称、门窗位置及编号、门的开启方向等。

(2)室内楼(地)面标高。

(3)室内固定家具、活动家具、家用电器等的位置。

(4)装饰陈设、绿化美化等位置及图例符号。

(5)室内立面图的内视投影符号(按顺时针从上至下在圆圈中编写)。

(6)室内现场制作家具的定形、定位尺寸。

(7)房屋外围尺寸及轴线编号等。

(8)索引符号、图名及必要的说明。

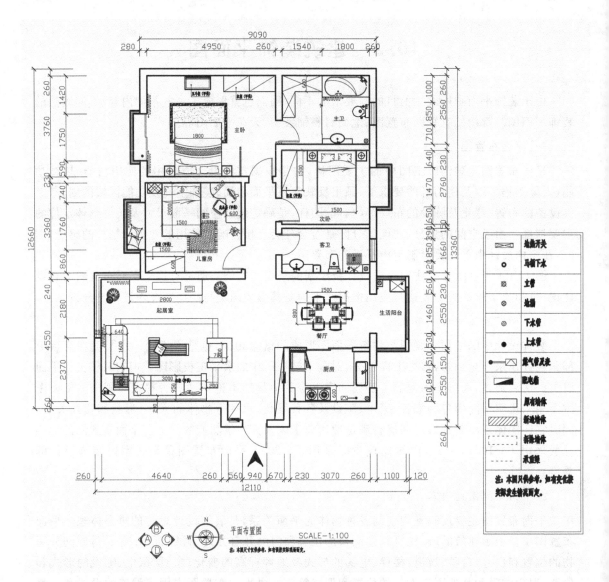

图 10-4 平面布置图

### 3.平面布置图的识读

以图 10-4 为例加以说明。

(1)先浏览平面布置图中各房间的功能布局、图样比例等,了解图中基本内容。从图中看到此方案为三室两厅的居室空间,各个房间的名称及功能布置,人活动的流线,图形采用的比例为 1:100 等。

(2)注意各功能区域的平面尺寸、地面标高、家具及陈设等的布局。从图中各个房间的具体尺寸,比如主卧的尺寸为 4 950 mm×3 760 mm,主卧布置了床、床头柜、衣柜和五斗柜等家具,并合理规划了家具的摆放方式和大小。

(3)理解平面布置图中的内视符号。为表示室内立面在平面图中的位置及名称,在图下方画有表示四个方向的内视符号,对一个空间就可以采用比如客厅 A 立面、客厅 B 立面、客厅 C

立面、客厅 D 立面来表达房间的四个墙面。

(4)识读平面布置图中的详细尺寸。平面布置图中一般应标注固定家具或造型等尺寸。比如儿童房的床为 1 500 mm×2 000 mm,衣柜为 1 500 mm×600 mm 等,这些为后期选购家具提供依据。

平面布置图决定室内空间的功能及流线布局,是顶棚设计、墙面设计的基本依据和条件,平面布置图确定后再绘制地面平面图、墙(柱)立面图等图样。

4.平面布置图的绘制步骤

平面布置图应根据室内设计原理、人体工程学、用户使用要求等方面要求对空间展开布置,应能清晰地、布图饱满地表示出来。具体步骤如下:

(1)选择合适比例(常用 1∶100,1∶50),根据比例换算图样大小,确定图幅。

(2)绘制主体建筑结构。用正投影的方法结合平面图的识读原理将设计中所涉及建筑的主体结构、构件(柱、墙、门窗、台阶等)和次要构件(隔断、屏风等)的形式、位置绘制出来。

(3)绘制出室内装饰构件的布置形式、位置,如家具、固定设施、电器设备、装饰植物等内容,画法应采用相应图例的画法要求。

(4)标注出装饰结构与配套设施的尺寸。装饰构件应详细标示出其定位尺寸、定形尺寸。建筑主体结构开间进深尺寸、主要装修尺寸等均应标出。在适当的位置要注明界面位置的标高,注明应出现的内视符号、详图索引符号、图例名称、文字说明、图名、比例等。

(5)依照《建筑制图标准》加粗整理图线。凡是剖到的墙、柱的断面轮廓线用粗实线表示;家具、陈设、固定设备的轮廓线用中实线表示(当平面图较为简单时可以也用细实线绘制);台阶、地面材料、尺寸标注线以及其余投影线以细实线表示;室内家具的吊柜、高窗及其他一些高于剖切平面以上的固定设施,在平面布置图均用虚线表示。

(6)检查整体图纸综合情况,查漏补缺。

**二、地面平面图**

楼地面是使用最为频繁的部位,而且根据使用功能的不同,对材料的选择、工艺的要求、地面的高差等都有着不同的要求。地面平面图不但是施工的依据,同时也是地面材料采购的参考图样,楼地面装修图的比例一般与平面布置图一致。

地面平面图又称地面材质图、地面拼花图、地面铺装图,它是指室内地面材料品种、规格、分格及图案拼花的布置图。图 10-5 所示为按住宅室内设计所绘制的地面平面图实例。通过对这个图形的直观认识,可初步了解其内容表达与应用情况。下面对其形成画法与应用情况再做进一步分析。

1.地面平面图的形成与表达

地面平面图与平面布置图的形成一样,所不同的是地面布置图不画活动家具及绿化等布置,只画出地面的装饰分格,标注地面材质、尺寸和颜色、地面标高等。地面平面图实质上是地面装修完成后的水平投影图。当地面装修比较简单,如地面装修类型较少且没有高低变化时就可由平面布置图代替,但是当地面有拼花花饰时,则不论地面装修类型多少、地面高低是否改变均应画地面装修图,至少也要绘制局部地面拼花图或花饰大样图(见图 10-6)。

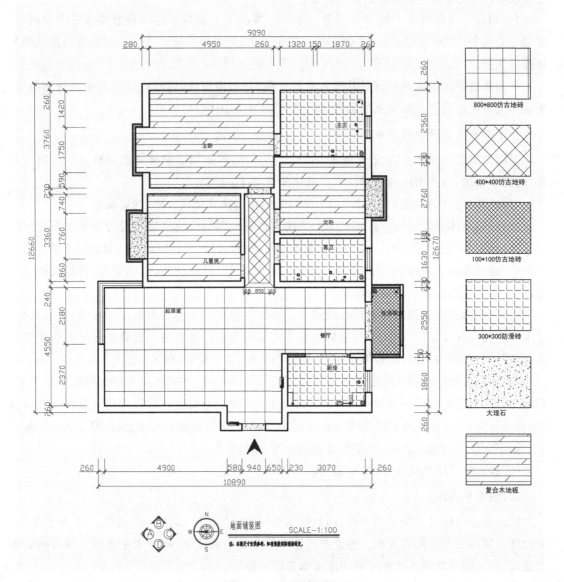

图 10-5　地面平面图

## 2.地面平面图的内容

表达各功能空间的地面铺装形式,不同地面装饰材料的形式、规格;说明地面装饰材料的铺装方式、色彩、种类、施工工艺要求;画出不同地面装饰材料的分格线以及必要的尺寸标注,以表示施工时的铺装方向;需要用详图说明地面做法的地面构造处,应标注出剖切符号、详图索引符号。

地面平面图图示的主要内容:

(1)建筑平面图的基本内容。

(2)室内楼地面材料选用、颜色与分格尺寸以及地面标高等。

(3)楼地面拼花造型。如有需要,表达出地坪材料拼花或大样索引号。

(4)如果地面有其他埋地式的设备则需要表达出来,如埋地灯、暗藏光源、地插座等。

(5)索引符号、图名及必要的说明。

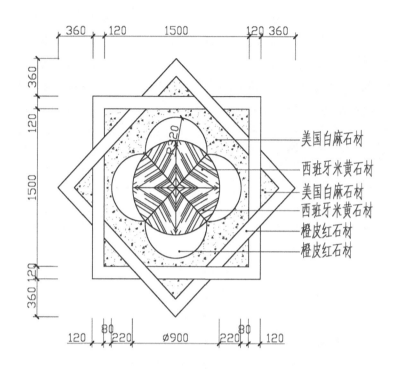

图 10-6　局部地面拼花图

**3.地面平面图的识读**

其识读原理同平面布置图。以图 10-5 为例加以说明。

(1)与室内平面布置图的识读方法一样,首先了解图名、比例、房间名称及大小。图中采用1∶100 的绘图比例,通过右边图例表达都采用了哪些地面材料。

(2)了解各房间地面的材料及规格。具体了解各房间都用了哪些地面材料及规格,比如主卧、客卧、儿童房采用复合木地板,客厅、餐厅采用 800 mm×800 mm 仿古地砖,卫生间、厨房采用 300 mm×300 mm 防滑地砖,生活阳台采用 100 mm×100 mm 仿古地砖 45°铺设,过门石、飘窗采用大理石等。

(3)了解各房间地面标高。

**4.地面平面图的绘制**

具体步骤:

(1)选比例、定图幅。

(2)画出建筑主体结构平面图和现场制作的固定家具、隔断、装饰构件。

(3)画出地面的拼花造型图案、绿化等。

(4)标注尺寸、剖面符号、详图索引符号、图例名称、文字说明(标注材料的名称、规格、颜色,图案的尺寸,分格大小,地面标高;图名和比例等)。

(5)描粗、整理图线,凡是剖到的墙、柱的断面轮廓线用粗实线表示,固定设备的轮廓线用中实线表示,地面分格线用细实线表示。

(6)如果地面做法复杂,使用了多种材料,可以把图中使用过的材料列表加以说明,该表格一般绘制在图纸的右下角。

### 三、天花平面图

顶棚与墙面和楼地面一样,是建筑物的主要装修部位之一。顶棚分为直接式顶棚和悬吊式顶棚两种。直接式顶棚是指在楼板(或屋面板)板底直接喷刷、抹灰或贴面;悬吊式顶棚(简称吊顶)是在较大空间和装饰要求较高的房间中,因建筑声学、保温隔热、清洁卫生、管道敷设、室内美观等特殊要求,常用顶棚把屋架、梁板等结构构件及设备遮盖起来,形成一个完整的表面。天花的功能综合性较强,其除用作装饰外,还兼有照明、音响、空调、防火等功能。

天花平面图简称天花图,也称天棚平面图或吊顶平面图等。图 10-7 所示为装饰设计中所绘制的天花平面图实例。通过对这个图形的直观认识,可初步了解其内容表达与应用情况。下面对其形成画法与应用情况做进一步分析。

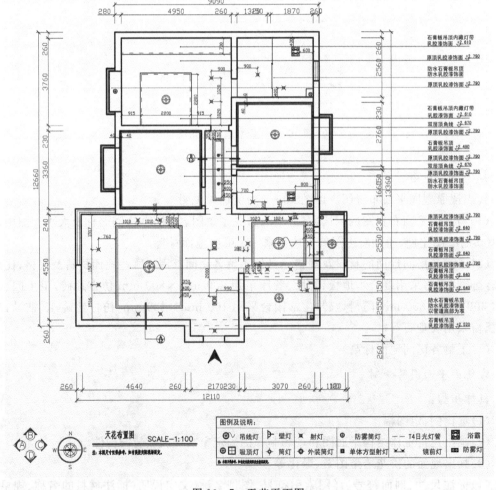

图 10-7 天花平面图

1. 天花平面图的形成与表达

天花平面图的形成方法与房屋建筑平面图基本相同,不同之处是投射方向恰好相反。用假想的水平剖切面从窗台上方把房屋剖开,移去下面的部分,对剩余的上面部分所作的镜像投影,就是顶棚平面图。镜像投影原理如图 10-8 所示,它是镜面中反射图像的正投影。建筑制图标准中也推荐使用这种画法,这主要是由于天花上的布置必须与地面的布置上下对应,因此镜像视图绘制绘制既方便设计也方便阅读,当然有时也允许使用仰视图绘制。

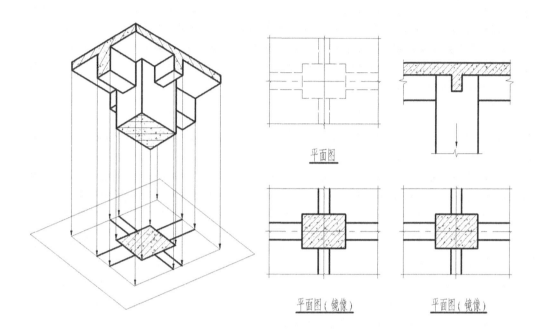

图 10-8　镜向投影法

天花平面图用于反映房间顶面的形状、灯具位置、装饰做法、材料选用以及所属设备(空调、消防、音响等)的位置、尺寸等内容。

2. 天花平面图的内容

顶棚平面图主要表示墙、柱、门、窗洞口的位置,顶棚的造型(包括浮雕、线角等)、构造形式、材料要求,顶棚上的灯具、通风口、扬声器、烟感、喷淋等设备的位置、数量和规格。根据顶棚图可以进行顶棚材料的准备和施工,购置顶棚灯具和其他设备以及灯具、设备的安装等工作。天花的功能和作用:装饰、照明、音响、空调和防火。

天花平面图图示的主要内容:

(1)建筑平面及门窗洞口,门窗出门洞边线即可,不画门窗及开启线。

(2)顶棚的造形、尺寸、做法,并通过附加文字说明其所用材料、色彩及工艺要求。有时可画出顶棚的重合断面图并标注标高。

(3)顶棚灯具符号及具体位置,表明顶部灯具的种类、式样、规格、数量及布置形式和安装位置。

(4)室内各种顶棚的完成面标高。

（5）与顶棚相接的家具、设备的位置及尺寸。

（6）窗帘及窗帘盒、窗帘帷幕板。

（7）空调送风口位置、消防自动报警系统及与吊顶有关的音频、视频设备的平面布置形式及安装位置。

（8）图外标注开间、进深、总长、总宽等尺寸。

（9）节点详图索引或剖面、断面等符号、说明文字、图名及比例等。

### 3.天花平面图的识读

其识读原理同平面布置图。以图 10－7 为例加以说明。

（1）在识读天花平面图前，应了解天花所在房间平面布置图的基本情况。因为在装饰设计中，平面布置图的功能分区、交通流线及尺度等与顶棚的形式、底面标高、选材等有着密切的关系。只有了解平面布置图，才能读懂天花平面图。

（2）识读天花造型、灯具布置及其底面标高。天花造型是顶面设计的重要内容。天花有直接顶棚和吊顶，吊顶又分为平吊顶和叠级吊顶两种形式。首先判断天花的轮廓线，理解天花的标高，配合剖面图来了解天花大致形状及构造。

为了便于施工和识图直观，天花底面标高是指顶棚装饰完成后的表面距所在楼层地面的距离。如图 10－7 所示，原始顶棚高度为 2.79 m，客厅为叠级吊顶，吊顶部分距地面高度为2.64 m，叠级厚度为 0.15 m。

了解灯具式样、规格及位置。图中客厅中央为吊线灯符号，周边吊顶内的圆圈符号代表筒灯，虚线代表吊顶内暗藏灯带。

（3）明确顶棚尺寸、做法，注意一些符号（如剖面图符号）。图 10－7 中在客厅及走廊有两个剖面符号，A 剖面和 B 剖面，具体的尺寸结构会在后面的剖面详图中进行表达。

（4）识读图中有无与顶棚相接的吊柜、壁柜等家具。

（5）注意图中各窗口有无窗帘及窗帘，明确其尺寸。

（6）注意图中有无其他设备（如空调送风口位置、消防自动报警系统及与吊顶有关的音频、视频设备等）的规格和位置。

（7）识读顶棚平面图中有无顶角线做法。顶角线是顶棚与墙面相交处的收口做法，有此做法时应在图中反映。

### 4.天花平面图的绘制

具体步骤：

（1）选比例、定图幅。取适当比例（常用 1：100，1：50），绘制轴线网。

（2）画出建筑主体结构的平面图。绘制墙体（柱）、楼梯等构（配）件，门窗位置（由于天花一般都在门窗洞的上方，因此不用画出门窗图例）。

（3）画出天花的造型、灯饰及各种设施的轮廓线。

（4）布置灯具以及顶棚上的其他设备（如空调出风口、消防喷淋头、音响、视频等）。

（5）标注顶棚造型尺寸、各房间顶棚底面标高、剖面符号、详图索引符号，书写顶棚材料、灯具要求以及其他有关的文字说明。

（6）标注房间开间、进深尺寸，轴线编号，书写图名和比例。

（7）为了表达清楚，避免产生歧义，一般把顶棚平面图中使用过的图例列表加以说明。

(8)描粗整理图线。其中凡是剖到的墙、柱的断面轮廓线用粗实线绘制,天花造型、灯具设备等用中实线绘制,天花的装饰线、面板的拼装分格等次要的轮廓线用细实线表示,梁的位置应用虚线表示出来,直通天花的高柜以带叉叉的矩形表示。

# 10.3 建筑装饰立面图

室内立面装修图主要表示建筑主体结构中铅垂立面的装修做法。对于不同性质、不同功能、不同部位的室内立面,其装修的繁简程度差别比较大。

图 10-9 和图 10-10 所示为居室设计所绘制的客厅的两个立面图实例。通过对这两个图形的直观认识,可初步了解其内容表达与应用情况。下面对其形成画法与应用情况做进一步分析。

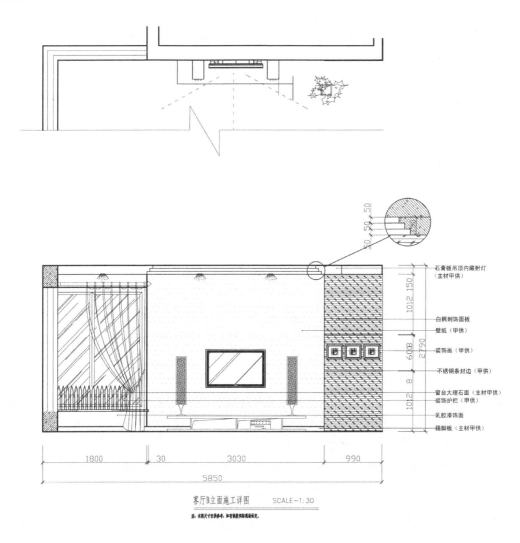

客厅B立面施工详图    SCALE-1:30

注:未图尺寸仅供参考,如有误请实际现场所见。

图 10-9  客厅电视背景墙立面图

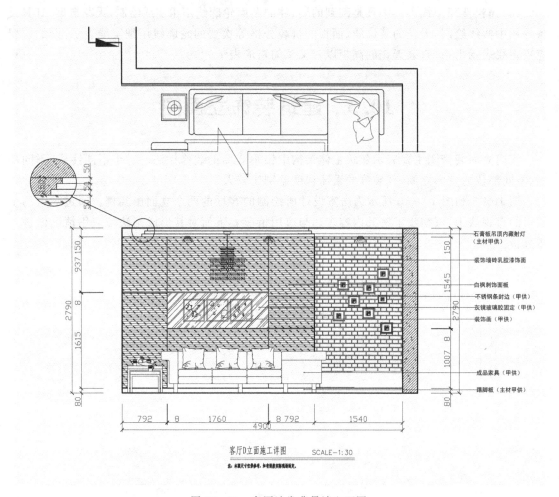

客厅D立面施工详图　　SCALE-1:30

注：本图尺寸仅供参考，如有误差请以实际现场尺寸。

石膏板吊顶内藏射灯（主材甲供）
装饰墙砖乳胶漆饰面
白枫刺饰面板
不锈钢条封边（甲供）
灰镜玻璃胶固定（甲供）
装饰画（甲供）
成品家具（甲供）
踢脚板（主材甲供）

图 10 - 10　客厅沙发背景墙立面图

**一、立面图的形成、命名与表达**

装饰立面图也称为墙面立面图，它的准确定义是在室内设计中，平行于某空间立面方向，假设有一个竖直平面从顶至地将该空间剖切后所得到的正投影图。位于剖切线上的物体均表达出被切的断面图形式（一般为墙体及顶棚、楼板），位于剖切线后的物体以界立面形式表示，它形成的实质是某一方向墙面的正视图。立面图的形成如图 10 - 11 所示。

对于立面图的命名，应根据平面布置图中内视符的编号或字母确定（如 A 立面、B 立面）；另外，若墙面上装修有主导装饰构件或承担某主要功能的立面，其立面可以直接以功用性名称来命名，如客厅电视墙立面图、客厅沙发墙立面图等。

装饰立面图用于反映室内空间垂直方向的装饰设计形式、尺寸做法、材料与色彩的选用等内容，是装饰工程施工图中的主要图样之一，是确定墙面做法的主要依据。

**二、立面图的内容**

室内立面装修图包括投影方向可见的室内轮廓线和装修构造，门窗，构配件，墙面做法，固定家具、灯具，必要的尺寸和标高，以及需要表达的非固定家具、灯具、装饰物件等。室内立面装修图不表示其余各楼层的投影,只重点表达室内墙面的造型、用料、工艺要求等。室内顶棚的轮廓线,可根据具体情况只表达吊平顶或同时表达吊平顶及结构顶棚。

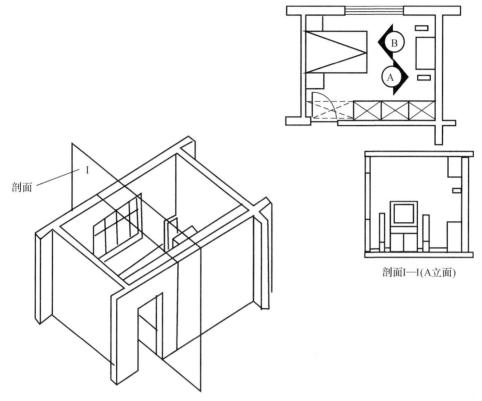

图 10-11　立面图的形成

立面装修图图示的主要内容:

(1)室内立面图应包括投影方向上可见的室内轮廓线和装修构造(门窗、构配件、立面墙面材质、固定家具),必要的尺寸和标高,以及主要的非固定家具、灯具、装饰物件等。

(2)立面图中应画出投影方向上墙面装饰装修构件的设计形式、划分、装修层面转折等内容,并须在有必要时用引出线和文字注明装饰构件的名称、工艺施工要求等内容。立面中多种装修构件、装修材料的注明引出线的画法可以参考剖面中多层构造公用引出线的画法。

(3)小型装饰项目中立面应表明墙、柱建筑结构与顶棚吊顶的连接构造,应表明吊顶高度及其造型构造的尺寸关系。室内立面图的顶棚轮廓线可以根据具体情况只表达吊平顶或同时表达吊平顶和结构顶棚。

(4)立面中应标明相应装修构件的定位尺寸、定形尺寸。

(5)对于立面图中需要进行详细表达的局部装修构件、构造断面处,应表示出详图索引符号、剖切符号,并以局部放大绘制。

(6)对于平面形状曲折的建筑物可以绘制展开室内立面图。对于圆形、多边形平面的建筑物可以分段展开绘制室内立面图,并应在图名后加注"展开"二字。

(7)由于墙柱面的构造内容较多和较复杂,装修立面图所应采用的比例一般比较大,如1∶50,1∶30等。图纸中视情况可布置一个或者多个与立面相关的图样,由此来决定图纸幅面的构图。

**三、立面图的识读**

(1)识读图名、比例,与装饰平面图进行对照,明确视图投影关系和视图位置。确定要读的室内立面图所在房间位置,按房间顺序识读室内立面图,按照内视符号的指向,从中选择要读的室内立面图。

(2)与装饰平面图进行对照识读,了解室内家具、陈设、壁挂等的立面造型。

(3)根据图中尺寸、文字说明,了解室内家具、陈设、壁挂等规格尺寸、位置尺寸以及装饰材料和工艺要求。

(4)了解内墙面的装饰造型的式样、饰面材料、色彩和工艺要求。

(5)了解吊顶顶棚的断面形式和高度尺寸。

(6)注意详图索引符号。

**四、立面图的绘制**

具体步骤:

(1)选定图幅,确定比例(常用比例为 $1:50$ ,可选比例 $1:30$ , $1:40$ , $1:80$ 等)。

(2)画出立面轮廓线及主要分隔线。所用线条粗细必须与平面布置图相对应。如绘制墙线的轮廓线,与平面图墙体的轮廓线同粗,室内各物件的线条与平面图同粗等。

(3)画出门窗、家具及立面造型的投影。

(4)完成各细部作图。

(5)检查后,擦去多余图线并按线型线宽加深图线。

(6)注全有关尺寸,注写文字说明。

(7)描粗整理图线。其中建筑主体结构的梁、板、墙用粗实线表示,墙面的主要造型轮廓线用中实线表示,次要的轮廓线如装饰线、浮雕图案等用细实线表示。

# 10.4　建筑装饰详图

建筑装修详图(简称节点详图)指的是装修细部的大样图、节点图、断面图等。

(1)大样图:局部放大比例的图样。

(2)节点图:反应某局部的施工构造切面图。

(3)断面图:由剖立面、立面图中引出的至上而下贯穿整个剖切线与被剖物体相交得到的图形。

由于在装修施工中常有一些复杂或细小的部位,在以上所介绍的平、立面图样中未能表达或未能详尽表达时,则需使用节点详图来表示该部位的形状、结构、材料名称、规格尺寸、工艺要求等。虽然在一些设计手册(如标准图册或通用图册)中会有相应的节点详图可套用,但由于装修设计往往具有鲜明的个性,加上装修材料、工艺做法的不断推陈出新,以及设计师的新创意,能套用的标准节点详图往往不多,因此,节点详图是装修施工图中不可缺少的,而且是具有特殊意义的图样。

**一、详图的形成与表达**

在前面的装饰平面图、顶棚图和内墙立面图识读完之后,有一些装饰造型、构造做法、细部尺寸等无法反映或反映不清晰,满足不了装饰施工、做法的需要。因此根据情况,还需绘制剖面图与节点图。详图通常以剖面图或局部节点大样图来表达。剖面图是将装饰面整个剖切或局部剖切,得到的反映内部装饰结构与饰面材料之间关系的正投影图;节点大样是将在平面图、立面图和剖面图中未表达清楚的部分,以大比例绘制的图样。

**二、详图的内容**

一般工程需要绘制墙面详图,柱面详图,楼梯详图,特殊的门、窗、隔断、暖气罩和顶棚等建筑构配件详图,服务台、酒吧台、壁柜、洗面池等固定设施设备详图,水池、喷泉、假山、花池等造景详图,专门为该工程设计的家具、灯具详图等。绘制内容通常包括纵横剖面图、局部放大图和装饰大样图。

详图图示的主要内容:

(1)装饰形体的建筑做法。表示出装修结构与建筑结构之间的连接方式、衔接构造,并表示出各装修层面、装修造型的结构形式,画出各装修构件。

(2)造型样式、材料选用、尺寸标高。详图中应对各主要装修构造层表示出其材料或材料名称、施工工艺要求等,必要处用引出线引出应有文字说明。详图中应标明装修构件的各装修尺寸,需再次放大比例详细表示的细部要用详图索引符号引出详图。

(3)所依附的建筑结构材料、连接做法,如钢筋混凝土与木龙骨、轻钢及型钢龙骨等内部骨架的连接图示(剖面或断面图),选用标准时应加索引。

(4)装饰体基层板材的图示(剖面或断面图),如石膏板、木工板、多层夹板、密度板、水泥压力板等用于找平的结构层次(通常固定在骨架上)。

(5)装饰面层、胶缝、线脚的图示(剖面或断面图),复杂线脚及造型等还应绘制大样图。

(6)色彩及做法说明、工艺要求。

(7)索引符号、图名、比例等。

**三、详图的识读**

装饰空间通常由顶棚、墙面、地面 3 个基面构成。这 3 个基面经过设计师精心设计,再配置风格协调的家具、绿化与陈设等,营造出特定的气氛和效果。这些必须通过细部做法及相应的施工工艺才能实现,实现这些内容的重要技术文件就是装饰详图。装饰详图种类较多且与装饰构造、施工工艺有着密切的联系,在识读装饰详图时应注意与实际相结合,做到举一反三,融会贯通。

读图时,首先根据图名,在平面图、立面图中找到相应的剖切符号或索引符号,弄清楚剖切或索引的位置及视图投影方向;然后在详图中了解有关构件、配件和装饰面的连接形式、材料、截面形状和尺寸等内容。

装饰详图是识图中的重点、难点,必须予以足够的重视。下面就详图的部位进行讲解。

1.墙(柱)面装饰剖面图

墙柱面装饰剖面图主要用于表达室内的构造,着重反映墙(柱)面的分层做法、选材、色彩上的要求,还应反映装饰基层的做法、选材等内容,如墙面防潮处理、木龙骨架、基层板等。当构造层次复杂、凹凸变化及线角较多时,还应配置分层构造说明、画出详图索引,另配详图加以表达。识图时应注意墙(柱)面各节点的凹凸变化、竖向设计尺寸及各部位标高。图10-12所示为木墙裙剖面图。

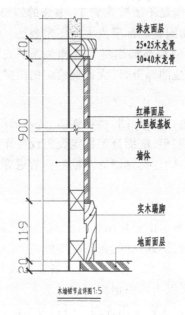

抹灰面层
25·25木龙骨
30·40木龙骨

红榉面层
九里板基板

墙体

实木踢脚

地面面层

木墙裙节点详图1:5

图10-12　木墙裙的剖面图

2.顶棚详图

顶棚详图是主要用于表达吊顶构造、做法的剖面图或断面图。图10-13所示为走廊吊顶详图。

3.装饰构造详图

装饰构造详图是指独立的或依附于墙柱的装饰造型,表现装饰的艺术氛围和情趣的的构造体,如影视墙、花台、屏风、壁龛、栏杆造型等的平、立、剖面图及线角详图。图10-14所示为一个节点详图。

4.家具详图

家具详图主要指需要现场制作、加工、油漆的固定式家具(如玄关、鞋柜、衣柜、书柜、吧台、储物柜等),有时也包括现场制作的可移动家具(如书桌、床、展示台等)。图10-15所示为一个玄关施工详图。

5.装饰门窗及门窗套详图

门窗是装饰工程中的主要施工内容之一,其形式多样,在室内起着分割空间、烘托装饰效果的作用,其样式、选材和工艺做法在装饰图中有着特殊的地位。其图样有门窗及门窗套立面图、剖面图和节点详图。图10-16所示为门的施工详图。

6.楼地面详图

楼地面详图反映地面的艺术造型及细部做法等内容。图10-17所示为露台地面节点详图。

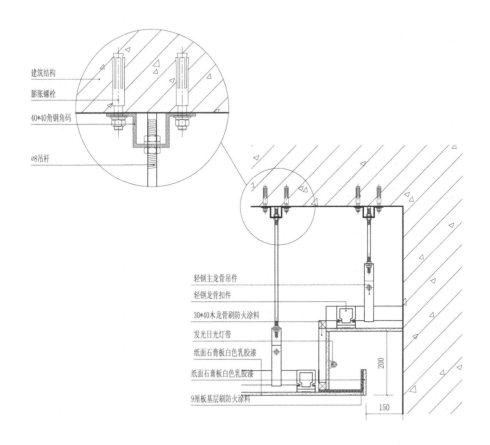

建筑结构
膨胀螺栓
40*40角钢角码
∅8吊杆

轻钢主龙骨吊件
轻钢龙骨扣件
30*40木龙骨刷防火涂料
发光日光灯带
纸面石膏板白色乳胶漆
纸面石膏板白色乳胶漆
9厘板基层刷防火涂料

200
150

**吊顶剖面图1:2**

图 10-13　吊顶节点详图

### 四、详图的绘制

详图是着重说明这一部分的施工及做法的,需要引起特别注意,表示出与普通造型及常规的做法有所不同,如工艺技术、造型特点等。因此,详图为的是引起施工的注意,在绘制详图时也应当特别注意。

(1)详图的索引符号应当与常图相对应,否则就会造成图纸混乱,分不清图纸间的关系,导致误工。

(2)注意比例尺,它往往要把图形比常规图纸放大处理,所以比例尺也要随之改变。同一套图纸不同部位的详图,往往有不同的比例尺。

(3)为了表示清楚,详图常常自身有一套完整的规范用线,即其自身要保持图面的完整。将在详图中所用线条粗细用于常规图时,往往不会合适。因此,在绘制和识读详图时要特别注意其自身的用线规范,以体现出详图的完整性。

对详图要求的总原则是,详实简明,表达清楚,满足施工。详图具体要求可以总结为"三详",即图形详、数据详、文字详。

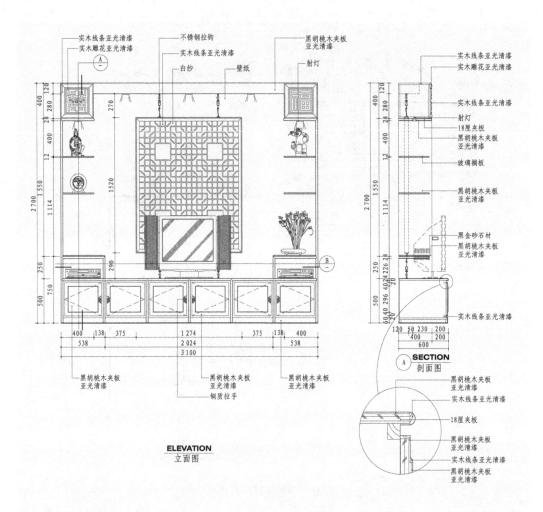

ELEVATION
立面图

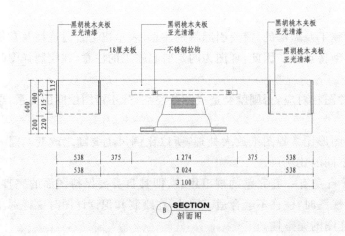

SECTION
剖面图

图 10-14　节点详图

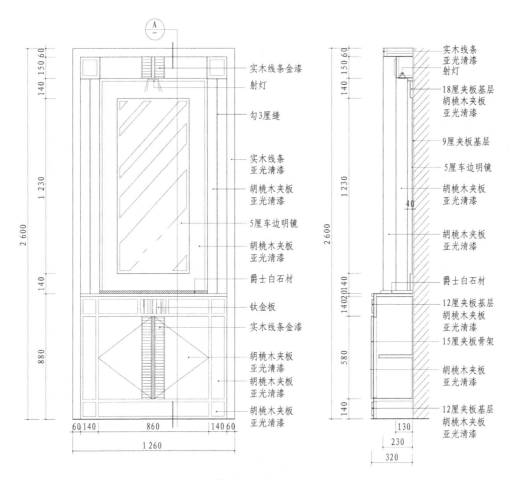

玄关施工详图　SCALE~1:30

图 10-15　玄关施工详图

节点详图画法步骤:

(1)选比例、定图幅,画出墙面及精品柜的外形轮廓线等。详图一般采用的比例比较大,常见比例有 1:5,1:10,1:15,1:20,1:30,1:50 等,一些节点详图、大样可采用 1:1,1:2。

(2)画出精品柜结构的主要轮廓线。

(3)画出精品柜结构的次要轮廓线,绘制材料符号、标注尺寸、文字说明。

(4)注图名、比例,整理图线,做查漏补缺工作。建筑主体结构的梁、板、墙用粗实线,主要造型轮廓线如龙骨、夹板、玻璃等用中实线,次要的轮廓线用细实线表示。

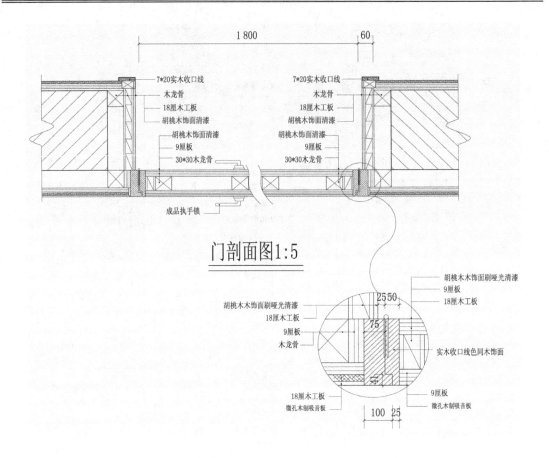

图 10 - 16 门的施工详图

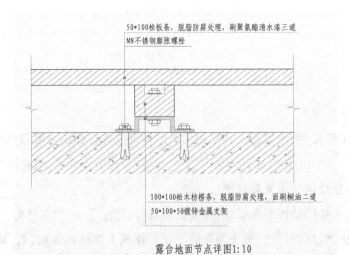

图 10 - 17 露台地面节点详图

# 复习思考题

1. 建筑装饰施工图的特点有哪些？
2. 建筑装饰施工图的组成部分有什么？
3. 建筑装饰平面图的形成和表达内容有哪些？
4. 建筑装饰立面图的形成和表达内容有哪些？
5. 建筑装饰详图的形成和表达内容有哪些？
6. 建筑装饰详图可以分哪几类？主要表达内容有哪些？

# 附　录

## 附录 A　螺　纹

**附表 A－1　普通螺纹直径与螺距系列(GB/T 193—2003)、基本尺寸(GB/T 196—2003)摘编**

（单位：mm）

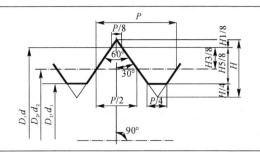

$D$——内螺纹大径(公称直径)；
$d$——外螺纹大径(公称直径)；
$D_2$——内螺纹中径；
$d_2$——外螺纹中径；
$D_1$——内螺纹小径；
$d_1$——外螺纹小径；
$P$——螺距；
$H$——原始三角形高度。

标记示例
M24(公称直径为 24 mm,螺距为 3 mm 的粗牙右旋普通螺纹)
M24×1.5－LH(公称直径为 24 mm,螺距为 1.5 mm 的细牙左旋普通螺纹)

| 公称直径 $D,d$ | | 螺距 $P$ | | 粗牙螺纹中径 | 粗牙螺纹小径 |
|---|---|---|---|---|---|
| 第1系列 | 第2系列 | 粗牙 | 细牙 | $D_2,d_2$ | $D_1,d_1$ |
| 3 | | 0.5 | 0.35 | 2.675 | 2.459 |
| | 3.5 | (0.6) | | 3.110 | 2.850 |
| 4 | | 0.7 | | 3.545 | 3.242 |
| | 4.5 | 0.75 | 0.5 | 4.013 | 3.688 |
| 5 | | 0.8 | | 4.480 | 4.134 |
| 6 | | 1 | 0.75(0.5) | 5.350 | 4.917 |
| 8 | | 1.25 | 1,0.75,(0.5) | 7.188 | 6.647 |
| 10 | | 1.5 | 1.25,1,0.75,(0.5) | 9.026 | 8.376 |
| 12 | | 1.75 | 1.5,1.25,1,0.75,(0.5) | 10.863 | 10.106 |
| | 14 | 2 | 1.5,(1.25),1,(0.75),(0.5) | 12.701 | 11.835 |
| 16 | | 2 | 1.5,1,(0.75),(0.5) | 14.701 | 13.835 |
| | 18 | 2.5 | 1.5,1,(0.75),(0.5) | 16.376 | 15.294 |
| 20 | | 2.5 | | 18.376 | 17.294 |
| | 22 | 2.5 | 2,1.5,1,(0.75),(0.5) | 20.376 | 19.294 |
| 24 | | 3 | 2,1.5,1,(0.75) | 22.051 | 20.752 |
| | 27 | 3 | 2,1.5,1,(0.75) | 25.051 | 23.752 |
| 30 | | 3.5 | (3),2,1.5,1,(0.75) | 27.727 | 26.211 |

注:(1)优先选用第一系列,其次选择第二系列,第三系列未列入。
　　(2)尽可能地避免选用括号内的螺距。
　　(3)M14×1.25 仅用于发动机的火花塞。

## 附表 A-2　梯形螺纹（摘自 GB/T 5796.1～5796.4—1986）　（单位：mm）

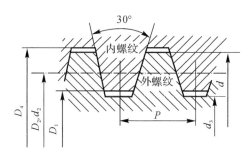

标记示例

Tr40×7-7H（单线梯形内螺纹，公称直径 $d=40$，螺距 $P=7$，右旋、中径公差带为 7H、中等旋合长度）

Tr60×18(P9)LH-8e-L（双线梯形外螺纹，公称直径 $d=60$，螺距 $P=9$，左旋、中径公差带为 8e、长旋合长度）

| 第一系列 | 第二系列 | | | $d_3$ | $D_1$ | 第一系列 | 第二系列 | | | $d_3$ | $D_1$ |
|---|---|---|---|---|---|---|---|---|---|---|---|
| 8 | — | 1.5 | 7.25 | 8.3 | 6.2 | 6.5 | 32 | — | 6 | 29.0 | 33.0 | 25.0 | 26.0 |
| — | 9 | 2 | 8.0 | 9.5 | 6.5 | 7.0 | — | 34 | 6 | 31.0 | 35.0 | 27.0 | 28.0 |
| 10 | — | | 9.0 | 10.5 | 7.5 | 8.0 | 36 | — | | 33.0 | 37.0 | 29.0 | 30.0 |
| — | 11 | | 10.0 | 11.5 | 8.5 | 9.0 | — | 38 | | 34.5 | 39.0 | 30.0 | 31.0 |
| 12 | — | 3 | 10.5 | 12.5 | 8.5 | 9.0 | 40 | — | 7 | 36.5 | 41.0 | 32.0 | 33.0 |
| — | 14 | | 12.5 | 14.5 | 10.5 | 11.0 | — | 42 | | 38.5 | 43.0 | 34.0 | 35.0 |
| 16 | — | 4 | 14.0 | 16.5 | 11.5 | 12.0 | 44 | — | | 40.5 | 45.0 | 36.0 | 37.00 |
| — | 18 | | 16.0 | 18.5 | 13.5 | 14.0 | — | 46 | 8 | 42.0 | 47.0 | 37.0 | 38.0 |
| 20 | — | | 18.0 | 20.5 | 15.5 | 16.0 | 48 | — | | 44.0 | 49.0 | 39.0 | 40.0 |
| — | 22 | 5 | 19.50 | 22.50 | 16.50 | 17.00 | — | 50 | | 46.0 | 51.0 | 41.0 | 42.0 |
| 24 | — | | 21.5 | 24.5 | 18.5 | 19.0 | 52 | — | | 48.0 | 53.0 | 43.0 | 44.0 |
| — | 26 | | 23.5 | 26.5 | 20.5 | 21.0 | — | 55 | 9 | 50.5 | 56.0 | 45.0 | 46.0 |
| 28 | — | | 25.5 | 28.5 | 22.5 | 23.0 | 60 | — | | 55.5 | 61.0 | 50.0 | 51.0 |
| — | 30 | 6 | 27.0 | 31.0 | 23.0 | 24.0 | — | 65 | 10 | 60.0 | 66.0 | 54.0 | 55.0 |

注：(1)优先选用第一系列的直径。

(2)表中所列的螺距和直径，是优先选择的螺距及与之对应的直径。

## 附表 A-3　55°非密封管螺纹(摘自 GB/T 7307—2001)　　　　　(单位:mm)

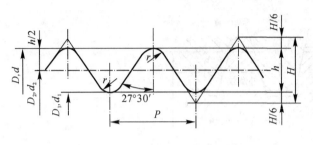

标记示例

尺寸代号 2,右旋,圆柱内螺纹:G2

尺寸代号 3,右旋,A 级圆柱外螺纹:G3A

尺寸代号 2,左旋,圆柱内螺纹:G2LH

尺寸代号 4,左旋,B 级圆柱外螺纹:G4BLH

注:$r=0.137\ 329P$

$P=25.4/h$

$H=0.960\ 401P$

| 尺寸代号 | 每 25.4 mm 内含的牙数 $n$ | 螺距 $P$/mm | 牙高 $h$/mm | 基本直径 | | |
|---|---|---|---|---|---|---|
| | | | | 大径 $d=D$/mm | 中径 $d_2=D_2$/mm | 小径 $d_1=D_1$/mm |
| 1/16 | 28 | 0.907 | 0.581 | 7.723 | 70.142 | 6.561 |
| 1/8 | | | | 9.728 | 9.147 | 8.566 |
| 1/4 | 19 | 1.337 | 0.856 | 13.157 | 12.301 | 11.445 |
| 3/8 | | | | 16.662 | 15.806 | 14.950 |
| 1/2 | 14 | 1.814 | 1.162 | 20.955 | 19.793 | 18.631 |
| 3/4 | | | | 26.441 | 25.279 | 24.117 |
| 1 | | | | 33.249 | 31.770 | 30.291 |
| 1  1/4 | | | | 41.910 | 40.431 | 38.952 |
| 1  1/2 | | | | 47.803 | 46.324 | 44.845 |
| 2 | 11 | 2.309 | 1.479 | 59.614 | 58.135 | 56.656 |
| 2  1/2 | | | | 75.184 | 73.705 | 72.226 |
| 3 | | | | 87.884 | 86.405 | 84.926 |
| 4 | | | | 113.030 | 111.551 | 110.072 |
| 5 | 11 | 2.309 | 1.479 | 138.430 | 136.951 | 135.472 |
| 6 | 11 | 2.309 | 1.479 | 163.830 | 162.351 | 160.872 |

### 附表 A-4　55°密封管螺纹圆柱内螺纹与圆锥外螺纹(摘自 GB/T 7306.2—2000) 圆锥内螺纹与圆锥外螺纹(摘自 GB/T 7306.2—2000)　　　　　　(单位:mm)

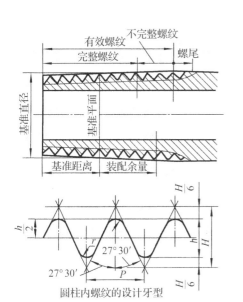

圆柱内螺纹的设计牙型

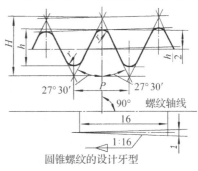

圆锥螺纹的设计牙型

**标记示例**

GB/T 7306.1—2000
尺寸代号 3/4,右旋,
圆柱内螺纹:Rp3/4
尺寸代号 3,右旋,圆
锥外螺纹:$R_1 3$
尺寸代号 3/4,左旋,
圆柱内螺纹:Rp3/4LH
右旋圆锥外螺纹、圆柱
内螺纹螺纹副:Rp/$R_1$3

GB/T 7306.2—2000
尺寸代号 3/4,右旋,圆锥
内螺纹:Rc3/4
尺寸代号 3,右旋,圆锥外
螺纹:$R_2 3$
尺寸代号 3/4,左旋,圆锥
内螺纹:Rc3/4LH
右旋圆锥内螺纹、圆锥外螺
纹螺纹副:Rc/$R_2$3

| 尺寸代号 | 每 25.4 mm 内所含的牙数 $n$ | 螺距 $P$ | 牙高 $h$ | 基准平面内的基本直径 | | | 基准距离(基本) | 外螺纹的有效螺纹不小于 |
|---|---|---|---|---|---|---|---|---|
| | | | | 大径(基准直径) $d=D$ | 中径 $d_2=D_2$ | 小径 $d_1=D_1$ | | |
| 1/16 | 28 | 0.907 | 0.581 | 7.723 | 7.142 | 6.561 | 4 | 6.5 |
| 1/8 | 28 | 0.907 | 0.581 | 9.728 | 9.147 | 8.566 | 4 | 6.5 |
| 1/4 | 19 | 1.337 | 0.856 | 13.157 | 12.301 | 11.445 | 6 | 9.7 |
| 3/8 | 19 | 1.337 | 0.856 | 16.662 | 15.806 | 14.950 | 6.4 | 10.1 |
| 1/2 | 14 | 1.814 | 1.162 | 20.955 | 19.793 | 18.631 | 8.2 | 13.2 |
| 3/4 | 14 | 1.814 | 1.162 | 26.441 | 25.279 | 24.117 | 9.5 | 14.5 |
| 1 | 11 | 2.309 | 1.479 | 33.249 | 31.770 | 30.291 | 10.4 | 16.8 |
| 1　1/4 | 11 | 2.309 | 1.479 | 41.910 | 40.431 | 38.952 | 12.7 | 19.1 |
| 1　1/2 | 11 | 2.309 | 1.479 | 47.803 | 46.324 | 44.845 | 12.7 | 19.1 |
| 2 | 11 | 2.309 | 1.479 | 59.614 | 58.135 | 56.656 | 15.9 | 23.4 |
| 2　1/2 | 11 | 2.309 | 1.479 | 75.184 | 73.705 | 72.226 | 17.5 | 26.7 |
| 3 | 11 | 2.309 | 1.479 | 87.884 | 86.405 | 84.926 | 20.6 | 29.8 |
| 4 | 11 | 2.309 | 1.479 | 113.030 | 111.551 | 110.072 | 25.4 | 35.8 |
| 5 | 11 | 2.309 | 1.479 | 138.430 | 136.951 | 135.472 | 28.6 | 40.1 |
| 6 | 11 | 2.309 | 1.479 | 163.830 | 162.351 | 160.872 | 28.6 | 40.1 |

# 附录 B  常用标准件

### 附表 B-1  六角头螺栓 （单位:mm）

六角头螺栓-A 级和 B 级(摘自 GB/T 5782—2000)

六角头螺栓-细牙-A 级和 B 级(摘自 GB/T 5785—2000)

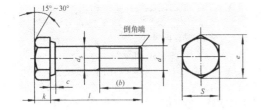

**标记示例**

螺纹规格 $d=16$, $l=90$、性能等级为 8.8 级、表面氧化、A 级的六角头螺栓：

螺栓  GB/T 5782  M16×90

螺纹规格 $d=30×2$, $l=100$、性能等级为 8.8 级,表面氧化、B 级的细牙六角头螺栓：

螺栓  GB/T 5785  M30×2×100

六角头螺栓-全螺纹-A 级和 B 级(摘自 GB/T 5783—2000)

六角头螺栓-细牙-全螺纹-A 级和 B 级(摘自 GB/T 5786—2000)

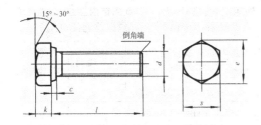

**标记示例**

螺纹规格 $d=8$, $l=90$、性能等级为 8.8 级、表面氧化、全螺纹、A 级的六角头螺栓：

螺栓  GB/T 5783  M8×90

螺纹规格 $d=24×2$, $l=100$、性能等级为 8.8 级、表面氧化、全螺纹、B 级的细牙六角头螺栓：

螺栓  GB/T 5786  M24×2×100

| 螺纹规格 | $d$ | M4 | M5 | M6 | M8 | M10 | M12 | M16 | M20 | M24 | M30 | M36 | M42 | M48 |
|---|---|---|---|---|---|---|---|---|---|---|---|---|---|---|
| | $D×p$ | — | — | — | M8×1 | M10×1 | M12×1.5 | M16×1.5 | M20×2 | M24×2 | M30×2 | M136×3 | M42×1 | M48×3 |
| $b_{参考}$ | $l≤125$ | 14 | 16 | 18 | 22 | 26 | 30 | 38 | 46 | 54 | 66 | 78 | — | — |
| | $125<l≤200$ | — | — | — | 28 | 32 | 36 | 44 | 52 | 60 | 72 | 84 | 96 | 108 |
| | $l>200$ | — | — | — | — | — | — | 57 | 65 | 73 | 85 | 97 | 109 | 121 |
| $c$ | max | 0.4 | 0.5 | 0.6 | 0.8 | | | | | | | | | |
| $k$ | 公称 | 2.8 | 3.5 | 4 | 5.3 | 6.4 | 7.5 | 10 | 12.5 | 15 | 18.7 | 22.5 | 26 | 30 |
| $s_r$ | max=公称 | 7 | 8 | 10 | 13 | 16 | 18 | 24 | 30 | 36 | 46 | 55 | 65 | 75 |
| $e_{min}$ | 等级A | 7.66 | 8.79 | 11.05 | 14.38 | 17.77 | 20.03 | 26.75 | 33.53 | 39.98 | — | — | — | — |
| | 等级B | — | 8.63 | 10.89 | 14.2 | 17.59 | 19.85 | 26.17 | 32.95 | 39.55 | 50.85 | 60.79 | 72.02 | 82.6 |
| $d_{min}$ | 等级A | 5.9 | 6.9 | 8.9 | 11.6 | 14.6 | 16.6 | 22.5 | 28.2 | 33.6 | — | — | — | — |
| | 等级B | — | 6.7 | 8.7 | 11.4 | 14.4 | 16.4 | 22 | 27.7 | 33.2 | 42.7 | 51.1 | 60.6 | 69.4 |

续 表

| | GB/T 5782 GB/T 5785 | 25~40 | 25~50 | 30~60 | 35~80 | 40~100 | 45~120 | 55~160 | 65~200 | 80~240 | 90~300 | 110~360 110~300 | 130~400 | 140~400 |
|---|---|---|---|---|---|---|---|---|---|---|---|---|---|---|
| $l$ 范围 | GB/T 5783 | 8~40 | 10~50 | 17~60 | 16~80 | 20~100 | 25~100 | 35~100 | 40~100 | 40~100 | 40~100 | 40~100 | 80~500 | 100~500 |
| | GB/T 5786 | — | — | — | | | 25~100 | 35~160 | 40~200 | 40~200 | 40~200 | 40~200 | 90~400 | 100~500 |

| | GB/T 5782 GB/T 5785 | 20~65(5 进位),70~160(10 进位),180~400(20 进位) |
|---|---|---|
| $l$ 系列 | GB/T 5783 GB/T 5786 | 6,8,10,12,16,18,20~65(5 进位),70~160(10 进位),180~400(20 进位) |

注:(1)螺纹公差为 6g、机械性能等级为 8.8。

(2)产品等级 A 用于 $d{\leqslant}24$ mm 和 $l{\leqslant}10d$ 或 $l{\leqslant}150$ mm(按较小值)的螺栓。

(3)产品等级 B 用于 $d{>}24$ mm 和 $l{>}10d$ 或 $l{>}150$ mm(按较小值)的螺栓。

<h3 style="text-align:center">附表 B-2　双头螺柱　　　　　　　　（单位:mm）</h3>

$$b_m=1d(GB/T\ 897—1988), b_m=1.25d(GB/T\ 898—1988)$$
$$b_m=1.5d(GB/T\ 899—1988), b_m=2d(GB/T\ 900—1988)摘编$$

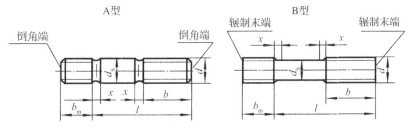

末端按 GB/T 2—1985 的规定,$d_s{\approx}$螺纹中径(仅适用于 B 型)

标记示例

两端均为粗牙普通螺纹,$d{=}10$ mm,$l{=}50$ mm,性能等级为 4.8 级、不经表面处理、B 型、$b_m{=}d$ 的双头螺柱:

螺柱　GB/T 897　M10×50

旋入机件一端为粗牙普通螺纹,旋螺母一端为螺距 $P{=}1$ mm 的细牙普通螺纹,$d{=}10$ mm,$l{=}50$ mm,性能等级为 4.8 级、不经表面处理、A 型、$b_m{=}d$ 的双头螺柱:

螺柱　GB/T 897　AM10×1×50

| 螺纹 规格 $d$ | $b_m$ | | | | $l/b$ |
|---|---|---|---|---|---|
| | GB/T 897 | GB/T 898 | GB/T 899 | GB/T 900 | |
| M4 | — | — | 6 | 8 | (16~22)/8,(25~40)/14 |
| M5 | 5 | 6 | 8 | 10 | (16~22)/10,(25~50)/16 |

续 表

| 螺纹 规格 $d$ | $b_m$ | | | | $l/b$ |
|---|---|---|---|---|---|
| | GB/T 897 | GB/T 898 | GB/T 899 | GB/T 900 | |
| M6 | 6 | 8 | 10 | 12 | $(20\sim22)/10,(25\sim30)/14,(32\sim75)/18$ |
| M8 | 8 | 10 | 12 | 16 | $(20\sim22)/12,(25\sim30)/16,(32\sim90)/22$ |
| M10 | 10 | 12 | 15 | 20 | $(25\sim28)/14,(30\sim38)/16,(40\sim120)/26,130/32$ |
| M12 | 12 | 15 | 18 | 24 | $(25\sim30)/16,(32\sim40)/20,(45\sim120)/30,(130\sim180)/36$ |
| M16 | 16 | 20 | 24 | 32 | $(30\sim38)/20,(40\sim55)/30,(60\sim120)/38,(130\sim200)/44$ |
| M20 | 20 | 25 | 30 | 40 | $(35\sim40)/25,(45\sim65)/35,(70\sim120)/46,(130\sim200)/52$ |
| (M24) | 24 | 30 | 36 | 48 | $(45\sim50)/20,(55\sim75)/45,(80\sim120)/54,(132\sim200)/60$ |
| (M30) | 30 | 38 | 45 | 60 | $(60\sim65)/40,(70\sim90)/50,(95\sim120)/66,(130\sim200)/72,(210\sim250)/85$ |
| M36 | 36 | 45 | 54 | 72 | $(65\sim75)/45,(80\sim110)/60,120/78,(130\sim200)/84,(210\sim300)/97$ |
| M42 | 42 | 52 | 63 | 84 | $(70\sim80)/50,(85\sim110)/70,120/90,(130\sim200)/96,(210\sim300)/109$ |
| M48 | 48 | 60 | 72 | 96 | $(80\sim90)/60,(95\sim110)/80,120/102,(130\sim200)/108,(210\sim300)/121$ |
| $l$ 系列 | (14),16,(18),20,(22),25,(28),30,(32),35,(38),40,45,50,55,60,(65),70,75,80,(85),90,(95),100～260(10 进位),280,300 | | | | |

注:(1)尽可能不采用括号内的规格。末端按 GB/T 2—2000 规定。

(2)$b_m=d$,一般用于钢对钢;$b_m=(1.25\sim1.5)d$,一般用于钢对铸铁;$b_m=2d$,一般用于钢对铝合金。

**附表 B - 3　开槽圆柱头螺钉(GB/T 65—2000)、开槽盘头螺钉(摘自 GB/T 67—2000)**

(单位:mm)

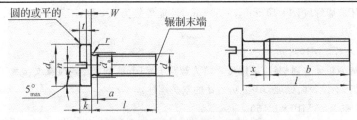

无螺纹部分杆径≈中径或=螺纹大径

标记示例

螺纹规格 $d=$M5、公称长度 $l=20$ mm、性能等级为 4.8 级、不经表面处理的 A 级开槽圆柱头螺钉:

螺钉　GB/T 65 M5×20

螺纹规格 $d=$M5、公称长度 $l=20$ mm、性能等级为 4.8 级、不经表面处理的 A 级开槽盘头螺钉:

螺钉　GB/T 67 M5×20

续 表

| 螺纹规格 $d$ | M1.6 | M2 | M2.5 | M3 | M4 | | M5 | | M6 | | M8 | | M10 | |
|---|---|---|---|---|---|---|---|---|---|---|---|---|---|---|
| 类别 | GB/T 67—2000 | | | | GB8/T 65—2000 | GB/T67—2000 | GB/T 65—2000 | GB/T 67—2000 | GB/T 65—2000 | GB/T 67—2000 | GB/T 65—2000 | GB/T 67—2000 | GB/T 65—2000 | GB/T 67—2000 |
| 螺距 $P$ | 0.35 | 0.4 | 0.45 | 0.5 | 0.7 | | 0.8 | | 1 | | 1.25 | | 1.5 | |
| $a$ max | 0.7 | 0.8 | 0.9 | 1 | 1.4 | | 1.6 | | 2 | | 2.5 | | 3 | |
| $b$ min | 25 | 25 | 25 | 25 | 38 | | 38 | | 38 | | 38 | | 38 | |
| $d_k$ max | 3.2 | 4.0 | 5.0 | 5.6 | 7.00 | 8.00 | 8.50 | 9.50 | 10.00 | 12.00 | 13.00 | 16.00 | 16.00 | 20.00 |
| $d_k$ min | 2.9 | 3.7 | 4.7 | 5.3 | 6.78 | 7.64 | 8.28 | 9.14 | 9.78 | 11.57 | 12.73 | 15.57 | 15.73 | 19.48 |
| $d_a$ max | 2 | 2.6 | 3.1 | 3.6 | 4.7 | | 5.7 | | 6.8 | | 9.2 | | 11.2 | |
| $k$ max | 1.00 | 1.30 | 1.50 | 1.80 | 2.60 | 2.40 | 3.30 | 3.00 | 3.9 | 3.6 | 5.0 | 4.8 | 6.0 | |
| $k$ min | 0.86 | 1.16 | 1.36 | 1.66 | 2.46 | 2.26 | 3.12 | 2.86 | 3.6 | 3.3 | 4.7 | 4.5 | 5.7 | |
| $n$ 公称 | 0.4 | 0.5 | 0.6 | 0.8 | 1.2 | 1.2 | 1.6 | 2 | 2.5 | | | | | |
| $n$ min | 0.46 | 0.56 | 0.66 | 0.86 | 1.26 | 1.26 | 1.66 | 2.06 | 2.56 | | | | | |
| $n$ max | 0.60 | 0.70 | 0.80 | 1.00 | 1.51 | 1.51 | 1.91 | 2.31 | 2.81 | | | | | |
| $r$ min | 0.1 | 0.1 | 0.1 | 0.1 | 0.2 | | 0.2 | | 0.25 | | 0.4 | | 0.4 | |
| $t$ min | 0.35 | 0.5 | 0.6 | 0.7 | 1.1 | 1 | 1.3 | 1.2 | 1.6 | 1.4 | 2 | 1.9 | 2.4 | |
| $w$ min | 0.3 | 0.4 | 0.5 | 0.7 | 1.1 | 1 | 1.3 | 1.2 | 1.6 | 1.4 | 2 | 1.9 | 2.4 | |
| $x$ max | 0.9 | 1 | 1.1 | 1.25 | 1.75 | | 2 | | 2.5 | | 3.2 | | 3.8 | |
| $l$(商品规格范围公称长度) | 2～16 | 2.5～20 | 3～25 | 4～30 | 5～40 | | 6～50 | | 8～60 | | 10～80 | | 12～80 | |
| $l$(系列) | 2,2.5,3,4,5,6,8,10,12,(14),16,20,25,30,35,40,45,50,(55),60,(65),70,(75),80 | | | | | | | | | | | | | |

注:(1)螺纹规格 $d$＝M1.6～M3、公称长度 $l \leqslant 30$ mm 的螺钉,应制出全螺纹;螺纹规格 $d$＝M4～M10、公称长度 $l \leqslant 40$ mm 的螺钉,应制出全螺纹($b=l-a$)。

　　(2)尽可能不采用括号内的规格。

**附表 B‑4　开槽沉头螺钉(摘自 GB/T 68—2000)、开槽半沉头螺钉(摘自 GB/T 69—2000)**

(单位:mm)

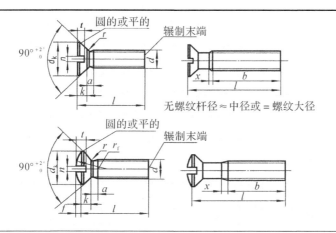

## 续 表

标记示例

螺纹规格 $d＝M5$、公称长度 $l＝20$ mm、性能等级为 4.8 级、不经表面处理的 A 级开槽沉头螺钉：

螺钉 GB/T 68　M5×20

| 螺纹规格 $d$ | | | M1.6 | M2 | M2.5 | M3 | M4 | M5 | M6 | M8 | M10 |
|---|---|---|---|---|---|---|---|---|---|---|---|
| 螺距 $P$ | | | 0.35 | 0.4 | 0.45 | 0.5 | 0.7 | 0.8 | 1 | 1.25 | 1.5 |
| $a$ | max | | 0.7 | 0.8 | 0.9 | 1 | 1.4 | 1.6 | 2 | 2.5 | 3 |
| $b$ | min | | 25 | | | | 38 | | | | |
| $d_k$ | 理论值 | max | 3.6 | 4.4 | 5.5 | 6.3 | 9.4 | 10.4 | 12.6 | 17.3 | 20 |
| | 实际值 | 公称=max | 3.0 | 3.8 | 4.7 | 5.5 | 8.40 | 9.30 | 11.30 | 15.80 | 18.30 |
| | | min | 2.7 | 3.5 | 4.4 | 5.2 | 8.04 | 8.94 | 10.87 | 15.37 | 17.78 |
| $k$ | 公称=max | | 1 | 1.2 | 1.5 | 1.65 | 2.7 | 2.7 | 3.3 | 4.65 | 5 |
| $n$ | 公称 | | 0.4 | 0.5 | 0.6 | 0.8 | 1.2 | 1.2 | 1.6 | 2 | 2.5 |
| | min | | 0.46 | 0.56 | 0.66 | 0.86 | 1.26 | 1.26 | 1.66 | 2.06 | 2.56 |
| | max | | 0.60 | 0.70 | 0.80 | 1.00 | 1.51 | 1.51 | 1.91 | 2.31 | 2.81 |
| $r$ | max | | 0.4 | 0.5 | 0.6 | 1 | 1.3 | 1.5 | 2 | 2.5 | |
| $x$ | max | | 0.9 | 1 | 1.1 | 1.25 | 1.75 | 2 | 2.5 | 3.2 | 3.8 |
| $f$ | ≈ | | 0.4 | 0.5 | 0.6 | 0.7 | 1 | 1.2 | 1.4 | 2 | 2.3 |
| $r_f$ | ≈ | | 3 | 4 | 5 | 6 | 9.5 | 9.5 | 12 | 16.5 | 19.5 |
| $t$ | max | GB/T 68—200 | 0.50 | 0.6 | 0.75 | 0.85 | 1.3 | 1.4 | 1.6 | 2.3 | 2.6 |
| | | GB/T 69—2000 | 0.80 | 1.0 | 1.2 | 1.45 | 1.9 | 2.4 | 2.8 | 3.7 | 4.4 |
| | min | GB/T 68—2000 | 0.32 | 0.4 | 0.50 | 0.60 | 1.0 | 1.1 | 1.2 | 1.8 | 2.0 |
| | | GB/T 69—2000 | 0.64 | 0.8 | 1.0 | 1.20 | 1.6 | 2.0 | 2.4 | 3.2 | 3.8 |
| $l$(商品规格范围公称长度) | | | 2.5～16 | 3～20 | 4～25 | 5～30 | 6～40 | 8～50 | 8～60 | 10～80 | 12～80 |
| $l$(系列) | | | 2.5,3,4,5,6,8,10,12,(14),16,20,25,30,35,40,45,50,(55),60,(65),70,(75),80 | | | | | | | | |

注：(1)公称长度 $l{\leqslant}30$ mm，而螺纹规格 $d$ 在 M1.6～M3 的螺钉，应制出全螺纹；公称长度 $l{\leqslant}45$ mm，而螺纹规格在 M4～M10 的螺钉也应制出全螺纹$[b＝l-(k+a)]$。

　　(2)尽可能不采用括号内的规格。

### 附表 B－5　十字盘头螺钉(摘自 GB/T 818—2000)、十字沉头螺钉(摘自 GB/T 819.1—2000)

(单位：mm)

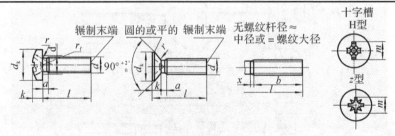

标记示例

螺纹规格 $d＝M5$、公称长度 $l＝20$ mm、性能等级为 4.8 级、H 型十字槽、不经表面处理的 A 级十字槽盘头螺钉：

螺钉　GB/T 818　M5×20

续　表

| 螺纹规格 $d$ | | | M1.6 | M2 | M2.5 | M3 | M4 | M5 | M6 | M8 | M10 |
|---|---|---|---|---|---|---|---|---|---|---|---|
| 螺距 $P$ | | | 0.35 | 0.4 | 0.45 | 0.5 | 0.7 | 0.8 | 1 | 1.25 | 1.5 |
| $a$ | | max | 0.7 | 0.8 | 0.9 | 1 | 1.4 | 1.6 | 2 | 2.5 | 3 |
| $b$ | | min | 25 | 25 | 25 | 25 | 38 | 38 | 38 | 38 | 38 |
| $d_a$ | | max | 2 | 2.6 | 3.1 | 3.6 | 4.7 | 5.7 | 6.8 | 9.2 | 11.2 |
| 螺纹规格 $d$ | | | M1.6 | M2 | M2.5 | M3 | M4 | M5 | M6 | M8 | M10 |
| $d_k$ | 公称=max | GB/T 818—2000 | 3.2 | 4.0 | 5.0 | 5.6 | 8.00 | 9.50 | 12.00 | 16.00 | 20.00 |
| | | GB/T 819.1—2000 | 3.0 | 3.8 | 4.7 | 5.5 | 8.40 | 9.30 | 11.30 | 15.80 | 18.30 |
| | min | GB/T 818—2000 | 2.9 | 3.7 | 4.7 | 5.3 | 7.64 | 9.14 | 11.57 | 15.57 | 19.48 |
| | | GB/T 819.1—2000 | 2.7 | 3.5 | 4.4 | 5.2 | 8.04 | 8.94 | 10.87 | 15.37 | 17.78 |
| $k$ | 公称=max | GB/T 818—2000 | 1.30 | 1.60 | 2.10 | 2.40 | 3.10 | 3.70 | 4.6 | 6.0 | 7.50 |
| | | GB/T 819.1—2000 | 1 | 1.2 | 1.5 | 1.65 | 2.7 | 2.7 | 3.3 | 4.65 | 5 |
| | min | GB/T 818—2000 | 1.16 | 1.46 | 1.96 | 2.26 | 2.92 | 3.52 | 4.3 | 5.7 | 7.14 |
| $r$ | min | GB/T 818—2000 | 0.1 | 0.1 | 0.1 | 0.1 | 0.2 | 0.2 | 0.25 | 0.4 | 0.4 |
| | max | GB/T 819.1—2000 | 0.4 | 0.5 | 0.6 | 0.8 | 1 | 1.3 | 1.5 | 2 | 2.5 |
| $r_f$ | | ≈ | 2.5 | 3.2 | 4 | 5 | 6.5 | 8 | 10 | 13 | 16 |
| $x$ | | max | 0.9 | 1 | 1.1 | 1.25 | 1.75 | 2 | 2.5 | 3.2 | 3.8 |
| 槽号　No. | | | 0 | | 1 | | 2 | | 3 | 4 | |
| 十字槽 | H型 | $m_{参考}$ GB/T 818—2000 | 1.7 | 1.9 | 2.7 | 3 | 4.4 | 4.9 | 6.9 | 9 | 10.1 |
| | | $m_{参考}$ GB/T 819.1—2000 | 1.6 | 1.9 | 2.9 | 3.2 | 4.6 | 5.2 | 6.8 | 8.9 | 10 |
| | | 插入深度 max GB/T 818—2000 | 0.95 | 1.2 | 1.55 | 1.8 | 2.4 | 2.9 | 3.6 | 4.6 | 5.8 |
| | | 插入深度 max GB/T 819.1—2000 | 0.9 | 1.2 | 1.8 | 2.1 | 2.6 | 3.2 | 3.5 | 4.6 | 5.7 |
| | | 插入深度 min GB/T 818—2000 | 0.70 | 0.9 | 1.15 | 1.4 | 1.9 | 2.4 | 3.1 | 4.0 | 5.2 |
| | | 插入深度 min GB/T 819.1—2000 | 0.6 | 0.9 | 1.4 | 1.7 | 2.1 | 2.7 | 3.0 | 4.0 | 5.1 |
| | Z型 | $m_{参考}$ GB/T 818—2000 | 1.6 | 2.1 | 2.6 | 2.8 | 4.3 | 4.7 | 6.7 | 8.8 | 9.9 |
| | | $m_{参考}$ GT 819.1—2000 | 1.6 | 1.9 | 2.8 | 3 | 4.4 | 4.9 | 6.6 | 8.8 | 9.8 |
| | | 插入深度 max GB/T 818—2000 | 0.90 | 1.42 | 1.50 | 1.75 | 2.34 | 2.74 | 3.46 | 4.50 | 5.69 |
| | | 插入深度 max GB/T 819.1—2000 | 0.95 | 1.20 | 1.73 | 2.01 | 2.51 | 3.05 | 3.45 | 4.60 | 5.64 |
| | | 插入深度 min GB/T 818—2000 | 0.65 | 1.17 | 1.25 | 1.50 | 1.89 | 2.29 | 3.03 | 4.05 | 5.24 |
| | | 插入深度 min GB/T 819.1—2000 | 0.70 | 0.95 | 1.48 | 1.76 | 2.06 | 2.60 | 3.00 | 4.15 | 5.19 |
| $l$（商品规格范围） | | | 3～16 | 3～20 | 3～25 | 4～30 | 5～40 | 6～45 | 8～60 | 10～60 | 12～60 |
| $l$（系列） | | | 3,4,5,6,8,10,12,(14),16,20,25,30,35,40,45,50,(55),60 | | | | | | | | |

注:(1)公称长度 $l \leqslant 25$ mm(GB/T 819.1—2000, $l \leqslant 30$ mm),而螺纹规格 $d$ 在 M1.6～M3 的螺钉,应制出全螺纹;公称长度 $l \leqslant 40$ mm(GB/T 819.1—2000, $l \leqslant 45$ mm),而螺纹规格 $d$ 在 M4～M10 的螺钉,也应制出全螺纹($b=l-a$)[GB/T 819.1—2000, $b=l-(k+a)$]。

(2)尽可能不采用括号内的规格。

(3)GB/T 819.1—2000 的尺寸"$d_k$ 理论值 max"未列入。

## 附表 B-6　内六角圆柱头螺钉(摘自 GB/T 70.1—2000)　（单位：mm）

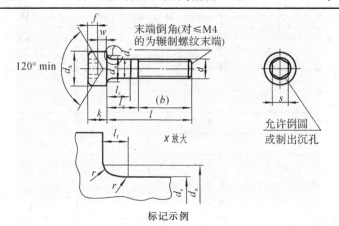

标记示例

螺纹规格 $d$＝M5、公称长度 $l$＝20 mm、性能等级为 8.8 级、表面氧化的 A 级内六角圆柱头螺钉：

螺钉　GB/T 70.1　M5×20

| 螺纹规格 $d$ | | M3 | M4 | M5 | M6 | M8 | M10 | M12 | M16 | M20 | M24 |
|---|---|---|---|---|---|---|---|---|---|---|---|
| 螺距 $P$ | | 0.5 | 0.7 | 0.8 | 1 | 1.25 | 1.5 | 1.75 | 2 | 2.5 | 3 |
| $b_{参考}$ | | 18 | 20 | 22 | 24 | 28 | 32 | 36 | 44 | 52 | 60 |
| $d_k$ | max | 5.50 | 7.00 | 8.50 | 10.00 | 13.00 | 16.00 | 18.00 | 24.00 | 30.00 | 36.00 |
| | min | 5.32 | 6.78 | 8.28 | 9.78 | 12.73 | 15.73 | 17.73 | 23.67 | 29.67 | 35.61 |
| $D_a$ | max | 3.6 | 4.7 | 5.7 | 6.8 | 9.2 | 11.2 | 13.7 | 17.7 | 22.4 | 26.4 |
| $d_s$ | max | 3.00 | 4.00 | 5.00 | 6.00 | 8.00 | 10.00 | 12.00 | 16.00 | 20.00 | 24.00 |
| | min | 2.86 | 3.82 | 4.82 | 5.82 | 7.78 | 9.78 | 11.73 | 15.73 | 19.67 | 23.67 |
| $e$ | min | 2.87 | 3.44 | 4.58 | 5.72 | 6.86 | 9.15 | 11.43 | 16 | 19.44 | 21.73 |
| $l_f$ | max | 0.51 | 0.6 | 0.6 | 0.68 | 1.02 | 1.02 | 1.45 | 1.45 | 2.04 | 2.04 |
| $k$ | max | 3.00 | 4.00 | 5.00 | 6.0 | 8.00 | 10.00 | 12.00 | 16.00 | 20.00 | 24.00 |
| | min | 2.86 | 3.82 | 4.82 | 5.7 | 7.64 | 9.64 | 11.57 | 15.57 | 19.48 | 23.48 |
| $r$ | min | 0.1 | 0.2 | 0.2 | 0.25 | 0.4 | 0.4 | 0.6 | 0.6 | 0.8 | 0.8 |
| $s$ | 公称 | 2.5 | 3 | 4 | 5 | 6 | 8 | 10 | 14 | 17 | 19 |
| | max | 2.58 | 3.080 | 4.095 | 5.140 | 6.140 | 8.175 | 10.175 | 14.212 | 117.23 | 19.275 |
| | min | 2.52 | 3.020 | 4.020 | 5.020 | 6.020 | 8.025 | 10.025 | 14.032 | 17.05 | 19.065 |
| $w$ | min | 1.15 | 1.4 | 1.9 | 2.3 | 3.3 | 4 | 4.8 | 6.8 | 8.6 | 10.4 |
| $l$(商品规格范围) | | 5~30 | 6~40 | 8~50 | 10~60 | 12~80 | 16~100 | 20~120 | 25~160 | 30~200 | 40~200 |
| $l$≤表中数值时，螺纹制到距头部 3P 以内 | | 120 | 25 | 25 | 30 | 35 | 40 | 50 | 60 | 70 | 80 |
| $l$(系列) | | 5,6,8,10,12,16,20,25,30,35,40,45,50,55,60,65,70,80,90,100,110,120,130,140,150,160,180,200 | | | | | | | | | |

注：(1)$l_g$ 与 $l_s$ 表中未列出。

(2)$s_{max}$ 用于除 12.9 级外的其他性能等级。

(3)$d_{kmax}$ 只对光滑头部，滚花头部未列出。

## 附表 B-7　1 型六角螺母(摘自 GB/T 6170—2000)　　　　　(单位:mm)

1 型六角螺母- A 和 B 级(摘自 GB/T 6170—2000)

1 型六角头螺母-细牙- A 和 B 级(摘自 GB/T 6171—2000)

1 型六角螺母- C 级(摘自 GB/T 41—2000)

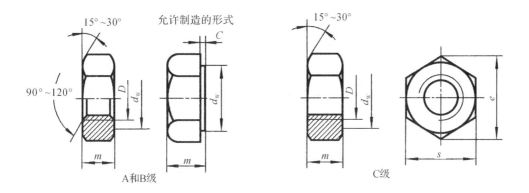

标记示例

螺纹规格 $D$=M12、性能等级为 5 级、不经表面处理、C 级的 1 型六角螺母:

螺母　GB/T 41　M12

螺纹规格 $D$=M24、螺距 $P$=2、性能等级为 10 级、不经表面处理、B 级的 1 型细牙六角螺母:

螺母　GB/T 6171　M24×2

| 螺纹规格 | $D$ | M4 | M5 | M6 | M8 | M10 | M12 | M16 | M20 | M24 | M30 | M36 | M42 | M48 |
|---|---|---|---|---|---|---|---|---|---|---|---|---|---|---|
| | $D×P$ | — | — | — | M8×1 | M10×1 | M12×1.5 | M16×1.5 | M20×2 | M24×2 | M30×2 | M36×3 | M42×3 | M48×3 |
| $C$ | | 0.4 | 0.5 | | | 0.6 | | | 0.8 | | | 1 | | |
| $S_{max}$ | | 7 | 8 | 10 | 13 | 16 | 18 | 24 | 30 | 36 | 46 | 55 | 65 | 75 |
| $e_{min}$ | A,B 级 | 7.66 | 8.79 | 11.05 | 14.38 | 17.77 | 20.03 | 26.75 | 32.95 | 39.95 | 50.85 | 60.79 | 72.02 | 82.6 |
| | C 级 | — | 8.63 | 10.89 | 14.2 | 17.59 | 19.85 | 26.17 | | | | | | |
| $m_{max}$ | A,B 级 | 3.2 | 4.7 | 5.2 | 6.8 | 8.4 | 10.8 | 14.8 | 18 | 21.5 | 25.6 | 31 | 34 | 38 |
| | C 级 | — | 5.6 | 6.1 | 7.9 | 9.5 | 12.2 | 15.9 | 18.7 | 22.3 | 26.4 | 31.5 | 34.9 | 38.9 |
| $d_{w\,min}$ | A,B 级 | 5.9 | 6.9 | 8.9 | 11.6 | 14.6 | 16.6 | 22.5 | 27.7 | 33.2 | 42.7 | 51.1 | 60.6 | 69.4 |
| | C 级 | — | 6.9 | 8.7 | 11.5 | 14.5 | 16.5 | 22 | | | | | | |

注:(1)$P$ 为螺距。

(2)A 级用于 $D$≤16 的螺母,B 级用于 $D$>16 的螺母,C 级用于 $D$≥5 的螺母。

(3)螺纹公差:A,B 级为 6H,C 级为 7H;机械性能等级:A,B 级为 6,8,10 级,C 级为 4,5 级。

## 附表 B-8 普通垫圈 （单位：mm）

平垫圈-A级(摘自 GB/T 97.1—2002)、平垫圈倒角型-A级(摘自 GB/T 97.2—2002)、

小垫圈-A级(摘自 GB/T 848—2002)、平垫圈-C级(摘自 GB/T 95—2002)、

大垫圈-A和C级(摘自 GB/T 96.1～96.2—2002)

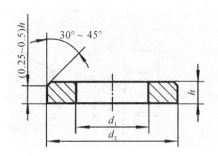 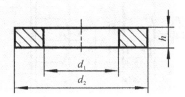

标记示例

标准系列、公称尺寸 $d=10$、性能等级为 100HV 级、不经表面处理的平垫圈：

垫圈　GB/T 95　10-100HV

标准系列、公称尺寸 $d=10$、性能等级为 A140 级、不经表面处理的平垫圈：

垫圈　GB/T 97.2　10-A140

| 公称直径 $d$（螺纹规格） | | 4 | 5 | 6 | 8 | 10 | 12 | 14 | 16 | 20 | 24 | 30 | 36 | 42 | 48 |
|---|---|---|---|---|---|---|---|---|---|---|---|---|---|---|---|
| GB/T 848—2002 (A级) | $d_1$ | 4.3 | 5.3 | 6.4 | 8.4 | 10.5 | 13 | 15 | 17 | 21 | 25 | 31 | 37 | — | — |
| | $d_2$ | 8 | 9 | 11 | 15 | 18 | 20 | 24 | 28 | 34 | 39 | 50 | 60 | — | — |
| | $h$ | 0.5 | 1 | 1.6 | 1.6 | 1.6 | 2 | 2.5 | 2.5 | 3 | 4 | 4 | 5 | — | — |
| GB/T 97.1—2002 (A级) | $d_1$ | 4.3 | 5.3 | 6.4 | 8.4 | 10.5 | 13 | 15 | 17 | 21 | 25 | 31 | 37 | — | — |
| | $d_2$ | 9 | 10 | 12 | 16 | 20 | 24 | 28 | 30 | 37 | 44 | 56 | 66 | — | — |
| | $h$ | 0.8 | 1 | 1.6 | 1.6 | 2 | 2.5 | 2.5 | 3 | 3 | 4 | 4 | 5 | — | — |
| GB/T 97.2—2002 (A级) | $d_1$ | — | 5.3 | 6.4 | 8.4 | 10.5 | 13 | 15 | 17 | 21 | 25 | 31 | 37 | — | — |
| | $d_2$ | — | 10 | 12 | 16 | 20 | 24 | 28 | 30 | 37 | 44 | 56 | 66 | — | — |
| | $h$ | — | 1 | 1.6 | 1.6 | 2 | 2.5 | 2.5 | 3 | 3 | 4 | 4 | 5 | — | — |
| GB/T 95—2002 (C级) | $d_1$ | — | 5.5 | 6.6 | 9 | 11 | 13.5 | 15.5 | 17.5 | 22 | 26 | 33 | 39 | 45 | 52 |
| | $d_2$ | — | 10 | 12 | 16 | 20 | 24 | 28 | 30 | 37 | 44 | 56 | 66 | 78 | 92 |
| | $h$ | — | 1 | 1.6 | 1.6 | 2 | 2.5 | 2.5 | 3 | 3 | 4 | 4 | 5 | 8 | 8 |
| GB/T 96—2002 (A级和C级) | $d_1$ | 4.3 | 5.6 | 6.4 | 8.4 | 10.5 | 13 | 15 | 17 | 22 | 26 | 33 | 39 | 45 | 52 |
| | $d_2$ | 12 | 15 | 18 | 24 | 30 | 37 | 44 | 50 | 60 | 72 | 92 | 110 | 125 | 145 |
| | $h$ | 1 | 1.2 | 1.6 | 2 | 2.5 | 3 | 3 | 4 | 5 | 6 | 8 | 10 | 10 | |

注：A级适用于精装配系列，C级适用于中等装配系列。

### 附表 B-9　标准型弹簧垫圈(摘自 GB/T 93—2002)

（单位:mm）

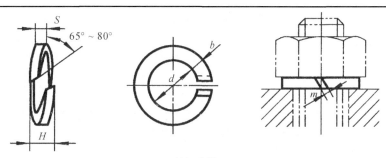

标记示例

公称直径 16、材料为 65Mn 表面氧化的标准弹簧垫圈:

垫圈　GB/T 93　16

| 公称直径(螺纹规格) | | 4 | 5 | 6 | 8 | 10 | 12 | 16 | 20 | 24 | 30 |
|---|---|---|---|---|---|---|---|---|---|---|---|
| $d$ | min | 4.1 | 5.1 | 6.1 | 8.1 | 10.2 | 12.2 | 16.2 | 20.2 | 24.5 | 30.5 |
| | max | 4.4 | 5.4 | 6.68 | 8.68 | 10.9 | 12.9 | 16.9 | 21.04 | 25.5 | 31.5 |
| $S,b$ | 公称 | 1.1 | 1.3 | 1.6 | 2.1 | 2.6 | 3.1 | 4.1 | 5 | 6 | 7.5 |
| | min | 1 | 1.2 | 1.5 | 2 | 2.45 | 2.95 | 3.9 | 4.8 | 5.8 | 7.2 |
| | max | 1.2 | 1.4 | 1.7 | 2.2 | 2.75 | 3.25 | 4.3 | 5.2 | 6.2 | 7.8 |
| $H$ | min | 2.2 | 2.6 | 3.2 | 4.2 | 5.2 | 6.2 | 8.2 | 10 | 12 | 15 |
| | max | 2.75 | 3.25 | 4 | 5.25 | 6.5 | 7.75 | 10.25 | 12.5 | 15 | 18.75 |
| $m \leqslant$ | | 0.55 | 0.65 | 0.8 | 1.05 | 1.3 | 1.55 | 2.05 | 2.5 | 3 | 3.75 |

### 附表 B-10　普通平键　键和键槽的剖面尺寸(摘自 GB/T 1095—2003)、 普通平键形式及尺寸(摘自 GB/T 1096—2003)

（单位:mm）

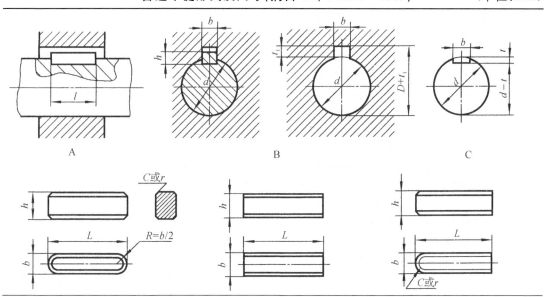

## 续表

标记示例

圆头普通平键(A型)、$b=18,h=11,L=100$；GB/T 1096—2003　键 18×11×100

平头普通平键(B型)、$b=18,h=11,L=100$；GB/T 1096—2003　键 B18×11×100

单圆头普通平键(C型)、$b=18,h=11,L=100$；GB/T 1096—2003　键 C18×11×100

| 键 | | | 键槽 | | | | | | | | | | | |
|---|---|---|---|---|---|---|---|---|---|---|---|---|---|---|
| 公称直径 $d$ | 公称尺寸 $b×h$ | 长度 $L$ | 宽度 $b$ | | | | | | 深度 | | | | 半径 $r$ | |
| | | | 公称尺寸 $b$ | 极限偏差 | | | | | 轴 $t$ | | 毂 $t_1$ | | | |
| | | | | 较松键连接 | | 一般键连接 | | 较紧键连接 | | | | | | |
| | | | | 轴 H9 | 毂 D10 | 轴 N9 | 毂 JS9 | 轴和毂 P9 | 公称 | 偏差 | 公称 | 偏差 | 最大 | 最小 |
| >10~12 | 4×4 | 8~45 | 4 | +0.030 +0.000 | +0.078 +0.030 | −0.000 −0.030 | ±0.015 | −0.012 −0.042 | 2.5 | +0.1 0 | 1.8 | +0.1 0 | 0.08 | 0.16 |
| >12~17 | 5×5 | 10~56 | 5 | | | | | | 3.0 | | 2.3 | | | |
| >17~22 | 6×6 | 14~70 | 6 | | | | | | 3.5 | | 2.8 | | 0.16 | 0.25 |
| >22~30 | 8×7 | 18~90 | 8 | +0.036 +0.000 | +0.098 +0.040 | −0.000 −0.036 | ±0.018 | −0.015 −0.051 | 4.0 | | 3.3 | | | |
| >30~38 | 10×8 | 22~110 | 10 | | | | | | 5.0 | | 3.3 | | | |
| >38~44 | 12×8 | 28~140 | 12 | | | | | | 5.0 | | 3.3 | | | |
| >44~50 | 14×9 | 36~160 | 14 | +0.043 +0.003 | +0.120 +0.050 | −0.003 −0.043 | ±0.0215 | −0.018 −0.061 | 5.5 | +0.2 0 | 3.8 | +0.2 0 | 0.25 | 0.40 |
| >50~58 | 16×10 | 45~180 | 16 | | | | | | 6.0 | | 4.3 | | | |
| >58~65 | 18×11 | 50~200 | 18 | | | | | | 7.0 | | 4.4 | | | |
| >65~75 | 20×12 | 56~220 | 20 | +0.052 +0.002 | +0.149 +0.065 | −0.052 −0.052 | ±0.062 | −0.002 −0.074 | 7.5 | | 4.9 | | | |
| >75~85 | 22×14 | 63~250 | 22 | | | | | | 9.0 | | 5.4 | | 0.40 | 0.60 |
| >85~95 | 25×14 | 70~280 | 25 | | | | | | 9.0 | | 5.4 | | | |
| >95~110 | 28×16 | 80~320 | 28 | | | | | | 10.0 | | 6.4 | | | |

注：(1)键宽 $b$ 的极限偏差为 h9，键高 $h$ 的极限偏差为 h11，键长 $L$ 的极限偏差为 h14。

(2)$(d-t)$ 和 $(d+t_1)$ 两组组合尺寸的极限偏差按相应的 $t$ 和 $t_1$ 的极限偏差选取，但 $(d-t)$ 极限偏差应取负号(—)。

(3)$l$ 系列：6~22(2进位)，25,28,32,36,40,45,50,56,63,70,80,90,100,110,125,140,160。

### 附表 B-11　圆柱销　不淬硬钢和奥氏体不锈钢(摘自 GB/T 119.1—2000)、圆柱销　淬硬钢和马氏体不锈钢(摘自 GB/T 119.2—2000)

(单位：mm)

末端形状，由制造者确定

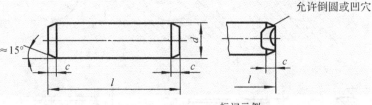

标记示例

公称直径 $d=6$ mm、公差为 m6、公称长度 $l=30$ mm、材料为钢、不经淬火、不经表面处理的圆柱销：

销　GB/T 119.1　6m6×30

公称直径 $d=6$ mm、公差为 m6、公称长度 $l=30$ mm、材料为钢、普通淬火(A型)、表面氧化处理的圆柱销：

销　GB/T 119.2　6×30

续 表

| $d$(公称) | | 1.5 | 2 | 2.5 | 3 | 4 | 5 | 6 | 8 |
|---|---|---|---|---|---|---|---|---|---|
| $c\approx$ | | 0.3 | 0.35 | 0.4 | 0.5 | 0.63 | 0.8 | 1.2 | 1.6 |
| $l$(商品长度范围) | GB/T 119.1 | 4～16 | 6～20 | 6～24 | 8～30 | 8～40 | 10～50 | 12～60 | 14～80 |
| | GB/T 119.2 | 4～16 | 5～20 | 6～24 | 8～30 | 10～40 | 12～50 | 14～60 | 18～80 |
| $d$(公称) | | 10 | 12 | 16 | 20 | 25 | 30 | 40 | 50 |
| $c\approx$ | | 2 | 2.5 | 3 | 3.5 | 4 | 5 | 6.3 | 8 |
| $l$(商品长度范围) | GB/T 119.1 | 18～95 | 22～140 | 26～180 | 35～200 以上 | 50～200 以上 | 60～200 以上 | 80～200 以上 | 95～200 以上 |
| | GB/T 119.2 | 22～100 以上 | 26～100 以上 | 40～100 以上 | 50～100 以上 | — | — | — | — |
| $l$(系列) | | 3,4,5,6,8,10,12,14,16,18,20,22,24,26,28,30,32,35,40,45,50,55,60,65,70, 75,80,85,90,95,100,120,140,160,180,200,… | | | | | | | |

注:(1)公称直径 $d$ 的公差:GB/T 119.1—2000 规定为 m6 和 h8,GB/T 119.2—2000 仅有 m6。其他公差由供需双方协议。

(2)GB/T 119.2—2000 中淬硬钢按淬火方法不同,分为普通淬火(A 型)和表面淬火(B 型)。

(3)公称长度大于 200 mm,按 20 mm 递增。

### 表 B - 12　圆锥销(摘自 GB/T 117—2000)　　　(单位:mm)

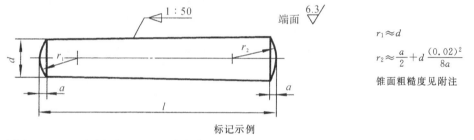

$r_1\approx d$

$r_2\approx \dfrac{a}{2}+d\dfrac{(0.02)^2}{8a}$

锥面粗糙度见附注

标记示例

公称直径 $d=6$ mm、公称长度 $l=30$ mm、材料为 35 钢、热处理硬度 28～38HRC、表面氧化处理的 A 型圆锥销:

销　GB/T 117　6×30

| $d$(公称) | 0.6 | 0.8 | 1 | 1.2 | 1.5 | 2 | 2.5 | 3 | 4 | 5 |
|---|---|---|---|---|---|---|---|---|---|---|
| $a\approx$ | 0.08 | 0.1 | 0.12 | 0.16 | 0.2 | 0.25 | 0.3 | 0.4 | 0.5 | 0.63 |
| $l$(商品长度范围) | 4～8 | 5～12 | 6～16 | 6～20 | 8～24 | 10～35 | 10～35 | 12～45 | 14～55 | 18～60 |
| $d$(公称) | 6 | 8 | 10 | 12 | 16 | 20 | 25 | 30 | 40 | 50 |
| $a\approx$ | 0.8 | 1 | 1.2 | 1.6 | 2 | 2.5 | 3 | 4 | 5 | 6.3 |
| $l$(商品长度范围) | 22～90 | 22～120 | 26～160 | 32～180 | 40～200 以上 | 45～200 以上 | 50～200 以上 | 55～200 以上 | 60～200 以上 | 65～200 以上 |
| $l$(系列) | 2,3,4,5,6,8,10,12,14,16,18,20,22,24,26,28,30,32,35,40,45,50,55,60,65,70,75,80,85,90, 95,100,120,140,160,180,200,… | | | | | | | | | |

注:(1)公称直径 $d$ 的公差规定为 h10,其他公差如 a11,c11 和 f8 由供需双方协议。

(2)圆锥销有 A 型和 B 型。A 型为磨削,锥面表面粗糙度 $Ra=0.8\ \mu m$,B 型为切削或冷镦,锥面表面粗糙度 $Ra=3.2\ \mu m$。

(3)公称长度大于 200 mm,按 20 mm 递增。

## 附表 B - 13　开口销(GB/T 191—2000)摘编　　　　（单位:mm）

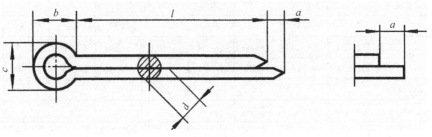

标记示例

公称规格为 5 mm、公称长度 l＝50 mm、材料为 Q215 或 Q235、不经表面处理的开口销:

销　GB/T 91　5×50

| 公称规格 | | 0.6 | 0.8 | 1 | 1.2 | 1.6 | 2 | 2.5 | 3.2 |
|---|---|---|---|---|---|---|---|---|---|
| d | max | 0.5 | 0.7 | 0.9 | 1.0 | 1.4 | 1.8 | 2.3 | 2.9 |
| | min | 0.4 | 0.6 | 0.8 | 0.9 | 1.3 | 1.7 | 2.1 | 2.7 |
| a | max | 1.6 | 1.6 | 1.6 | 2.50 | 2.50 | 2.50 | 2.50 | 3.2 |
| b≈ | | 2 | 2.4 | 3 | 3 | 3.2 | 4 | 5 | 6.4 |
| c | max | 1.0 | 1.4 | 1.8 | 2.0 | 2.8 | 3.6 | 4.6 | 5.8 |
| 适用的直径 | 螺栓 ＞ | — | 2.5 | 3.5 | 4.5 | 5.5 | 7 | 9 | 11 |
| | 螺栓 ≤ | 2.5 | 3.5 | 4.5 | 5.5 | 7 | 9 | 11 | 14 |
| | U形销 ＞ | — | 2 | 3 | 4 | 5 | 6 | 8 | 9 |
| | U形销 ≤ | 2 | 3 | 4 | 5 | 6 | 8 | 9 | 12 |
| 商品长度范围 | | 4～12 | 5～16 | 6～20 | 8～25 | 8～32 | 10～40 | 12～50 | 14～63 |
| 公称规格 | | 4 | 5 | 6.3 | 8 | 10 | 13 | 16 | 20 |
| d | max | 3.7 | 4.6 | 5.9 | 7.5 | 9.5 | 12.4 | 15.4 | 19.3 |
| | min | 3.5 | 4.4 | 5.7 | 7.3 | 9.3 | 12.1 | 15.1 | 19.0 |
| a | max | 4 | 4 | 4 | 4 | 6.30 | 6.30 | 6.30 | 6.30 |
| b≈ | | 8 | 10 | 12.6 | 16 | 20 | 26 | 32 | 40 |
| c | max | 7.4 | 9.2 | 11.8 | 15.0 | 19.0 | 24.8 | 30.8 | 38.5 |
| 适用的直径 | 螺栓 ＞ | 14 | 20 | 27 | 39 | 56 | 80 | 120 | 170 |
| | 螺栓 ≤ | 20 | 27 | 39 | 56 | 80 | 120 | 170 | — |
| | U形销 ＞ | 12 | 17 | 23 | 29 | 44 | 69 | 110 | 160 |
| | U形销 ≤ | 17 | 23 | 29 | 44 | 69 | 110 | 160 | — |
| 商品长度范围 | | 18～80 | 22～100 | 32～125 | 40～160 | 45～200 | 71～250 | 112～280 | 160～280 |
| l(系列) | | 4,5,6,8,10,12,14,16,18,20,22,25,28,32,36,40,45,50,56,63,71,80,90,100,<br>112,125,140,160,180,200,224,250,280 | | | | | | | |

注:(1)公称规格等于开口销孔的直径。对销孔直径推荐的公差为:公称规格≤1.2:H13;公称规格＞1.2:H14,根据供需
　　双方协议,允许采用公称规格为 3 mm,6 mm 和 12 mm 的开口销。

　　(2)用于铁道和在 U 形销中开口销承受交变横向力的场合,推荐使用的开口销规格应较本表规定的加大一档。

## 附表 B - 14　滚动轴承

深沟球轴承

（GB/T 276—1994）

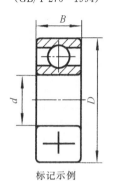

标记示例

滚动轴承 6212 GB/T 276—1994

圆锥滚子轴承

（GB/T 297—1994）

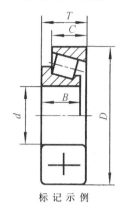

标 记 示 例

滚动轴承 30213 GB/T 297—1994

推力球轴承

（GB/T 301—1995）

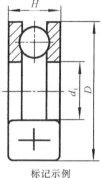

标记示例

滚动轴承 51304 GB/T 301—1995

| 轴承型号 | 尺寸/mm | | | 轴承型号 | 尺寸/mm | | | | | 轴承型号 | 尺寸/mm | | | |
|---|---|---|---|---|---|---|---|---|---|---|---|---|---|---|
| | $d$ | $D$ | $B$ | | $d$ | $D$ | $B$ | $C$ | $T$ | | $d$ | $D$ | $H$ | $d_{1min}$ |
| 尺寸系列(02) | | | | 尺寸系列(02) | | | | | | 尺寸系列(12) | | | | |
| 6202 | 15 | 35 | 11 | 30203 | 17 | 40 | 12 | 11 | 13.25 | 51202 | 15 | 32 | 12 | 17 |
| 6203 | 17 | 40 | 12 | 30204 | 20 | 47 | 14 | 12 | 15.25 | 51203 | 17 | 35 | 12 | 19 |
| 6204 | 20 | 47 | 14 | 30205 | 25 | 52 | 15 | 13 | 16.25 | 51204 | 20 | 40 | 14 | 22 |
| 6205 | 25 | 52 | 15 | 30206 | 30 | 62 | 16 | 14 | 17.25 | 51205 | 25 | 47 | 15 | 27 |
| 6206 | 30 | 62 | 16 | 30207 | 35 | 72 | 17 | 15 | 18.25 | 51206 | 30 | 52 | 16 | 32 |
| 6207 | 35 | 72 | 17 | 30208 | 40 | 80 | 18 | 16 | 19.75 | 51207 | 35 | 62 | 18 | 37 |
| 6208 | 40 | 80 | 18 | 30209 | 45 | 85 | 19 | 16 | 20.75 | 51208 | 40 | 68 | 19 | 42 |
| 6209 | 45 | 85 | 19 | 30210 | 50 | 90 | 20 | 17 | 21.75 | 51209 | 45 | 73 | 20 | 47 |
| 6210 | 50 | 90 | 20 | 30211 | 55 | 100 | 21 | 18 | 22.75 | 51210 | 50 | 78 | 22 | 52 |
| 6211 | 55 | 100 | 21 | 30212 | 60 | 110 | 77 | 19 | 23.75 | 51211 | 55 | 90 | 25 | 57 |
| 6212 | 60 | 110 | 22 | 30213 | 65 | 120 | 23 | 20 | 24.75 | 51212 | 60 | 95 | 26 | 62 |
| 尺寸(03) | | | | 尺寸系列(03) | | | | | | 尺寸系列(13) | | | | |
| 6302 | 15 | 42 | 13 | 30302 | 15 | 42 | 13 | 11 | 14.25 | 51304 | 20 | 47 | 18 | 22 |
| 6303 | 17 | 47 | 14 | 30303 | 17 | 47 | 14 | 12 | 15.25 | 51305 | 25 | 52 | 18 | 27 |
| 6304 | 20 | 52 | 15 | 30304 | 20 | 52 | 15 | 13 | 16.25 | 51306 | 30 | 60 | 21 | 32 |
| 6305 | 25 | 62 | 17 | 30305 | 25 | 62 | 17 | 15 | 18.25 | 51307 | 35 | 68 | 24 | 37 |
| 6306 | 30 | 72 | 19 | 30306 | 30 | 72 | 19 | 16 | 20.75 | 51308 | 40 | 78 | 26 | 42 |
| 6307 | 35 | 80 | 21 | 70307 | 35 | 80 | 21 | 18 | 22.75 | 51309 | 45 | 85 | 28 | 47 |
| 6308 | 40 | 90 | 23 | 30308 | 40 | 90 | 23 | 20 | 25.25 | 51310 | 50 | 95 | 31 | 52 |
| 6309 | 45 | 100 | 25 | 30309 | 45 | 100 | 25 | 22 | 27.25 | 51311 | 55 | 105 | 35 | 57 |
| 6310 | 50 | 110 | 27 | 30310 | 50 | 110 | 27 | 23 | 29.25 | 51312 | 60 | 110 | 35 | 62 |
| 6311 | 55 | 120 | 29 | 30311 | 55 | 120 | 29 | 25 | 31.5 | 51313 | 65 | 115 | 36 | 67 |
| 6312 | 60 | 130 | 31 | 30312 | 60 | 130 | 31 | 26 | 33.5 | 51314 | 70 | 125 | 40 | 72 |

# 附录C 极限与配合

附表 C-1 标准公差数值(GB/T 1800.3—1999)　　　　（单位:μm）

| 基本尺寸/mm | 公差等级 | | | | | | | | | | | | | | | | | | |
|---|---|---|---|---|---|---|---|---|---|---|---|---|---|---|---|---|---|---|---|
| | IT01 | IT0 | IT1 | IT2 | IT3 | IT4 | IT5 | IT6 | IT7 | IT8 | IT9 | IT10 | IT11 | IT12 | IT13 | IT14 | IT15 | IT16 | IT17 | IT18 |
| >3~6 | 0.4 | 0.6 | 1 | 1.5 | 2.5 | 4 | 5 | 8 | 12 | 18 | 30 | 48 | 75 | 120 | 180 | 300 | 480 | 750 | 1 200 | 1 800 |
| >6~10 | 0.4 | 0.6 | 1 | 1.5 | 2.5 | 4 | 6 | 9 | 15 | 22 | 36 | 58 | 90 | 150 | 220 | 360 | 580 | 900 | 1 500 | 2 200 |
| >10~18 | 0.5 | 0.8 | 1.2 | 2 | 3 | 5 | 8 | 11 | 18 | 27 | 43 | 70 | 110 | 180 | 270 | 430 | 700 | 1 100 | 1 800 | 2 700 |
| >18~30 | 0.6 | 1 | 1.5 | 2.5 | 4 | 6 | 9 | 13 | 21 | 33 | 52 | 84 | 130 | 210 | 330 | 520 | 840 | 1 300 | 2 100 | 3 300 |
| >30~50 | 0.6 | 1 | 1.5 | 2.5 | 4 | 7 | 11 | 16 | 25 | 39 | 62 | 100 | 160 | 250 | 390 | 620 | 1 000 | 1 600 | 2 500 | 3 900 |
| >50~80 | 0.8 | 1.2 | 2 | 3 | 5 | 8 | 13 | 19 | 30 | 46 | 74 | 120 | 190 | 300 | 460 | 740 | 1 200 | 1 900 | 3 000 | 4 600 |
| >80~120 | 1 | 1.5 | 2.5 | 4 | 6 | 10 | 15 | 22 | 35 | 54 | 87 | 140 | 220 | 350 | 540 | 870 | 1 400 | 2 200 | 3 500 | 5 400 |

附表 C-2 轴的极限偏差(GB/T 1800.4—1999 摘编)　　　　（单位:μm）

| 基本尺寸/mm | | a | b | | c | | | d | | | | e | | |
|---|---|---|---|---|---|---|---|---|---|---|---|---|---|---|
| 大于 | 至 | 11 | 11 | 12 | 9 | 10 | 11 | 8 | 9 | 10 | 11 | 7 | 8 | 9 |
| — | 3 | −270 / −330 | −140 / −300 | −140 / −240 | −60 / −85 | −60 / −100 | −60 / −120 | −20 / −34 | −20 / −45 | −20 / −60 | −20 / −80 | −14 / −24 | −14 / −28 | −14 / −39 |
| 3 | 6 | −270 / −345 | −140 / −215 | −140 / −260 | −70 / −100 | −70 / −118 | −70 / −145 | −30 / −48 | −30 / −60 | −30 / −78 | −30 / −105 | −20 / −32 | −20 / −38 | −20 / −50 |
| 6 | 10 | −280 / −370 | −150 / −240 | −150 / −300 | −80 / −116 | −80 / −138 | −80 / −170 | −40 / −62 | −40 / −76 | −40 / −98 | −40 / −130 | −25 / −40 | −25 / −47 | −25 / −61 |
| 10 | 14 | −290 / −400 | −150 / −260 | −150 / −330 | −95 / −138 | −95 / −165 | −95 / −205 | −50 / −77 | −50 / −93 | −50 / −120 | −50 / −160 | −32 / −50 | −32 / −59 | −32 / −75 |
| 14 | 18 | −290 / −400 | −150 / −260 | −150 / −330 | −95 / −138 | −95 / −165 | −95 / −205 | −50 / −77 | −50 / −93 | −50 / −120 | −50 / −160 | −32 / −50 | −32 / −59 | −32 / −75 |
| 18 | 24 | −300 / −430 | −160 / −290 | −160 / −370 | −110 / −162 | −110 / −194 | −110 / −240 | −65 / −98 | −65 / −117 | −65 / −149 | −65 / −195 | −40 / −61 | −40 / −73 | −40 / −92 |
| 24 | 30 | −300 / −430 | −160 / −290 | −160 / −370 | −110 / −162 | −110 / −194 | −110 / −240 | −65 / −98 | −65 / −117 | −65 / −149 | −65 / −195 | −40 / −61 | −40 / −73 | −40 / −92 |
| 30 | 40 | −310 / −470 | −170 / −330 | −170 / −420 | −120 / −182 | −120 / −220 | −120 / −280 | −80 / −119 | −80 / −142 | −80 / −180 | −80 / −240 | −50 / −75 | −50 / −89 | −50 / −112 |
| 40 | 50 | −320 / −480 | −180 / −340 | −180 / −430 | −130 / −192 | −130 / −230 | −130 / −290 | −80 / −119 | −80 / −142 | −80 / −180 | −80 / −240 | −50 / −75 | −50 / −89 | −50 / −112 |
| 50 | 65 | −340 / −530 | −190 / −380 | −190 / −490 | −140 / −214 | −140 / −260 | −140 / −330 | −100 / −146 | −100 / −174 | −100 / −220 | −100 / −290 | −60 / −90 | −60 / −106 | −60 / −134 |
| 65 | 80 | −360 / −550 | −200 / −390 | −200 / −500 | −150 / −224 | −150 / −270 | −150 / −340 | −100 / −146 | −100 / −174 | −100 / −220 | −100 / −290 | −60 / −90 | −60 / −106 | −60 / −134 |
| 80 | 100 | −380 / −600 | −220 / −440 | −220 / −570 | −170 / −257 | −170 / −310 | −170 / −390 | −120 / −174 | −120 / −207 | −120 / −260 | −120 / −340 | −72 / −107 | −72 / −126 | −72 / −159 |
| 100 | 120 | −410 / −630 | −240 / −460 | −240 / −590 | −180 / −267 | −180 / −320 | −180 / −400 | −120 / −174 | −120 / −207 | −120 / −260 | −120 / −340 | −72 / −107 | −72 / −126 | −72 / −159 |

续　表

| 基本尺寸/mm | | a | b | | c | | | d | | | | e | | |
|---|---|---|---|---|---|---|---|---|---|---|---|---|---|---|
| 大于 | 至 | 11 | 11 | 12 | 9 | 10 | 11 | 8 | 9 | 10 | 11 | 7 | 8 | 9 |
| 120 | 140 | −460 | −260 | −260 | −200 | −200 | −200 | | | | | | | |
| | | −710 | −510 | −660 | −300 | −360 | −450 | | | | | | | |
| 140 | 160 | −520 | −280 | −280 | −210 | −210 | −210 | −145 | −145 | −145 | −145 | −85 | −85 | −85 |
| | | −770 | −530 | −680 | −310 | −370 | −460 | −208 | −245 | −305 | −395 | −125 | −148 | −185 |
| 160 | 180 | −580 | −310 | −310 | −230 | −230 | −230 | | | | | | | |
| | | −830 | −560 | −710 | −330 | −390 | −480 | | | | | | | |
| 180 | 200 | −660 | −340 | −340 | −240 | −240 | −240 | | | | | | | |
| | | −950 | −630 | −800 | −355 | −425 | −530 | | | | | | | |
| 200 | 225 | −740 | −380 | −380 | −260 | −260 | −260 | −170 | −170 | −170 | −170 | −100 | −100 | −100 |
| | | −1 030 | −670 | −840 | −375 | −445 | −550 | −242 | −285 | −355 | −460 | −146 | −172 | −215 |
| 225 | 250 | −820 | −420 | −420 | −280 | −280 | −280 | | | | | | | |
| | | −1 110 | −710 | −880 | −395 | −465 | −570 | | | | | | | |
| 250 | 280 | −920 | −480 | −480 | −300 | −300 | −300 | −190 | −190 | −190 | −190 | −110 | −110 | −110 |
| | | −1 240 | −800 | −1 000 | −430 | −510 | −620 | −271 | −320 | −400 | −510 | −162 | −191 | −240 |
| 280 | 315 | −1 050 | −540 | −540 | −330 | −330 | −330 | | | | | | | |
| | | −1 370 | −860 | −1 060 | −460 | −540 | −650 | | | | | | | |
| 315 | 355 | −1 200 | −600 | −600 | −360 | −360 | −360 | −210 | −210 | −210 | −210 | −125 | −125 | −125 |
| | | −1 560 | −960 | −1 170 | −500 | −590 | −720 | −299 | −350 | −440 | −570 | −182 | −214 | −265 |
| 355 | 400 | −1 350 | −680 | −680 | −400 | −400 | −400 | | | | | | | |
| | | −1 710 | −1 040 | −125 | −540 | −630 | −760 | | | | | | | |
| 400 | 450 | −1 500 | −760 | −760 | −440 | −440 | −440 | −230 | −230 | −230 | −230 | −135 | −135 | −135 |
| | | −1 900 | −1 160 | −139 | −595 | −600 | −840 | −327 | −385 | −480 | −630 | −198 | −232 | −290 |
| 450 | 500 | −1 650 | −840 | −840 | −480 | −480 | −480 | | | | | | | |
| | | −2 050 | −1 240 | −1 470 | −635 | −730 | −880 | | | | | | | |

| 基本尺寸/mm | | f | | | | | g | | | h | | | | | | | |
|---|---|---|---|---|---|---|---|---|---|---|---|---|---|---|---|---|---|
| 大于 | 至 | 5 | 6 | 7 | 8 | 9 | 5 | 6 | 7 | 5 | 6 | 7 | 8 | 9 | 10 | 11 | 12 |
| | 3 | −6 | −6 | −6 | −6 | −6 | −2 | −2 | −2 | 0 | 0 | 0 | 0 | 0 | 0 | 0 | 0 |
| | | −10 | −12 | −16 | −20 | −31 | −6 | −8 | −12 | −4 | −6 | −10 | −14 | −25 | −40 | −60 | −100 |
| 3 | 6 | −10 | −10 | −10 | −10 | −10 | −4 | −4 | −4 | 0 | 0 | 0 | 0 | 0 | 0 | 0 | 0 |
| | | −15 | −18 | −22 | −28 | −40 | −9 | −12 | −16 | −5 | −8 | −12 | −18 | −30 | −48 | −75 | −120 |
| 6 | 10 | −13 | −13 | −13 | −13 | −13 | −5 | −5 | −5 | 0 | 0 | 0 | 0 | 0 | 0 | 0 | 0 |
| | | −19 | −22 | −28 | −35 | −49 | −11 | −14 | −20 | −6 | −9 | −15 | −22 | −36 | −58 | −90 | −150 |
| 10 | 14 | −16 | −16 | −16 | −16 | −16 | −6 | −6 | −6 | 0 | 0 | 0 | 0 | 0 | 0 | 0 | 0 |
| 14 | 18 | −24 | −27 | −34 | −43 | −59 | −14 | −17 | −24 | −8 | −11 | −18 | −27 | −43 | −70 | −110 | −180 |
| 18 | 24 | −20 | −20 | −20 | −20 | −20 | −7 | −7 | −7 | 0 | 0 | 0 | 0 | 0 | 0 | 0 | 0 |
| 24 | 30 | −29 | −33 | −41 | −53 | −72 | −16 | −20 | −28 | −9 | −13 | −21 | −33 | −52 | −84 | −130 | −210 |

续表

| 基本尺寸/mm | | f | | | | | g | | | h | | | | | | | |
|---|---|---|---|---|---|---|---|---|---|---|---|---|---|---|---|---|---|
| 大于 | 至 | 5 | 6 | 7 | 8 | 9 | 5 | 6 | 7 | 5 | 6 | 7 | 8 | 9 | 10 | 11 | 12 |
| 30 | 40 | −25 | −25 | −25 | −25 | −25 | −9 | −9 | −9 | 0 | 0 | 0 | 0 | 0 | 0 | 0 | 0 |
| 40 | 50 | −36 | −41 | −50 | −64 | −87 | −20 | −25 | −34 | −11 | −16 | −25 | −39 | −62 | −100 | −160 | −250 |
| 50 | 65 | −30 | −30 | −30 | −30 | −30 | −10 | −10 | −10 | 0 | 0 | 0 | 0 | 0 | 0 | 0 | 0 |
| 65 | 80 | −43 | −49 | −60 | −76 | −104 | −23 | −20 | −40 | −13 | −19 | −30 | −46 | −74 | −120 | −190 | −300 |
| 80 | 100 | −36 | −36 | −36 | −36 | −36 | −12 | −19 | −19 | 0 | 0 | 0 | 0 | 0 | 0 | 0 | 0 |
| 100 | 120 | −51 | −58 | −71 | −90 | −123 | −27 | −34 | −47 | −15 | −22 | −3S | −54 | −87 | −140 | −220 | −350 |
| 120 | 140 | −43 | −43 | −43 | −43 | −43 | −14 | −14 | −14 | 0 | 0 | 0 | 0 | 0 | 0 | 0 | 0 |
| 140 | 160 | | | | | | | | | | | | | | | | |
| 160 | 180 | −61 | −68 | −83 | −106 | −143 | −32 | −39 | −54 | −18 | −25 | −40 | −63 | −100 | −160 | −250 | −400 |
| 180 | 200 | −50 | −50 | −50 | −50 | −50 | −15 | −15 | −15 | 0 | 0 | 0 | 0 | 0 | 0 | 0 | 0 |
| 200 | 225 | | | | | | | | | | | | | | | | |
| 225 | 250 | −70 | −79 | −96 | −122 | −165 | −35 | −44 | −61 | −20 | −90 | −46 | −72 | −115 | −185 | −290 | −400 |
| 250 | 280 | −56 | −56 | −56 | −56 | −56 | −17 | −17 | −17 | 0 | 0 | 0 | 0 | 0 | 0 | 0 | 0 |
| 280 | 315 | −79 | −88 | −108 | −137 | −186 | −40 | −49 | −69 | −23 | −32 | −52 | −81 | −130 | −210 | −320 | −520 |
| 315 | 355 | −62 | −62 | −62 | −62 | −62 | −18 | −18 | −13 | 0 | 0 | 0 | 0 | 0 | 0 | 0 | 0 |
| 355 | 400 | −87 | −98 | −119 | −151 | −202 | −43 | −54 | −75 | −25 | −36 | −57 | −89 | −140 | −230 | −360 | −570 |
| 400 | 450 | −68 | −68 | −68 | −68 | −68 | −20 | −20 | −20 | 0 | 0 | 0 | 0 | 0 | 0 | 0 | 0 |
| 450 | 500 | −95 | −108 | −131 | −165 | −223 | −47 | −60 | −83 | −27 | −40 | −63 | −97 | −155 | −250 | −400 | −630 |

| 基本尺寸/mm | | js | | | k | | | m | | | n | | | p | | |
|---|---|---|---|---|---|---|---|---|---|---|---|---|---|---|---|---|
| 大于 | 至 | 5 | 6 | 7 | 5 | 6 | 7 | 5 | 6 | 7 | 5 | 6 | 7 | 5 | 6 | 7 |
| | 3 | 2 | ±3 | ±5 | +4 / 0 | +6 / 0 | +10 / 0 | +6 / +2 | +8 / +2 | +12 / +2 | +8 / +4 | +10 / +4 | +14 / +4 | +1.0 / +6 | +12 / +6 | +16 / +6 |
| 3 | 6 | 2.5 | ±4 | ±6 | +6 / +1 | +9 / +1 | +13 / +1 | +9 / +4 | +12 / +4 | +16 / +4 | +13 / +8 | +16 / +8 | +20 / +8 | +17 / +12 | +20 / +12 | +24 / +12 |
| 6 | 10 | ±3 | ±4.5 | ±7 | +7 / +1 | +10 / +1 | +16 / +1 | +12 / +6 | +15 / +6 | +21 / +6 | +16 / +10 | +19 / +10 | +25 / +10 | +21 / +15 | +24 / +15 | +30 / +15 |
| 10 | 14 | ±4 | ±5.5 | ±9 | +9 / +1 | +12 / +1 | +19 / +1 | +15 / +7 | +18 / +7 | +25 / +7 | +20 / +12 | +23 / +12 | +30 / +12 | +26 / +18 | +29 / +18 | +36 / +18 |
| 14 | 18 | | | | | | | | | | | | | | | |
| 18 | 24 | ±4.5 | ±6.5 | ±10 | +11 / +2 | +15 / +2 | +23 / +2 | +17 / +8 | +21 / +8 | +29 / +8 | +24 / +15 | +28 / +15 | +36 / +15 | +31 / +22 | +35 / +22 | +43 / +22 |
| 24 | 30 | | | | | | | | | | | | | | | |
| 30 | 40 | ±5.5 | ±8 | ±12 | +13 / +2 | +18 / +2 | +27 / +2 | +20 / +9 | +25 / +9 | +34 / +9 | +28 / +17 | +33 / +17 | +42 / +17 | +37 / +26 | +42 / +26 | +51 / +26 |
| 40 | 50 | | | | | | | | | | | | | | | |

续表

| 基本尺寸/mm | | js | | | k | | | m | | | n | | | p | | |
|---|---|---|---|---|---|---|---|---|---|---|---|---|---|---|---|---|
| 大于 | 至 | 5 | 6 | 7 | 5 | 6 | 7 | 5 | 6 | 7 | 5 | 6 | 7 | 5 | 6 | 7 |
| 50 | 65 | ±6.5 | ±9.5 | ±15 | +15<br>+2 | +21<br>+2 | +32<br>+2 | +24<br>+11 | +30<br>+11 | +41<br>+11 | +33<br>+20 | +39<br>+20 | +50<br>+20 | +45<br>+32 | +51<br>+32 | +62<br>+32 |
| 65 | 80 | | | | | | | | | | | | | | | |
| 80 | 100 | ±7.5 | ±11 | ±17 | +18<br>+3 | +25<br>+3 | +38<br>+3 | +28<br>+13 | +35<br>+13 | +48<br>+13 | +38<br>+23 | +45<br>+23 | +58<br>+23 | +52<br>+37 | +59<br>+37 | +72<br>+37 |
| 100 | 120 | | | | | | | | | | | | | | | |
| 120 | 140 | ±9 | ±12.5 | ±20 | +21<br>+3 | +28<br>+3 | +43<br>+3 | +33<br>+15 | +40<br>+15 | +55<br>+15 | +45<br>+27 | +52<br>+27 | +67<br>+27 | +61<br>+43 | +68<br>+43 | +83<br>+43 |
| 140 | 160 | | | | | | | | | | | | | | | |
| 160 | 180 | | | | | | | | | | | | | | | |
| 180 | 200 | ±10 | ±14.5 | ±23 | +24<br>+4 | +33<br>+4 | +50<br>+4 | +37<br>+17 | +46<br>+17 | +63<br>+17 | +51<br>+31 | +60<br>+31 | +77<br>+31 | +70<br>+50 | +70<br>+00 | +96<br>+50 |
| 200 | 225 | | | | | | | | | | | | | | | |
| 225 | 250 | | | | | | | | | | | | | | | |
| 250 | 280 | ±11.5 | ±16 | ±26 | +27<br>+4 | +36<br>+4 | +56<br>+4 | +43<br>+20 | +52<br>+20 | +72<br>+20 | +57<br>+34 | +66<br>+34 | +86<br>+34 | +79<br>+56 | +88<br>+56 | +106<br>+56 |
| 280 | 315 | | | | | | | | | | | | | | | |
| 315 | 355 | ±12.5 | ±18 | ±28 | +29<br>+4 | +40<br>+4 | +61<br>+4 | +46<br>+21 | +57<br>+21 | +78<br>+21 | +62<br>+37 | +73<br>+37 | +94<br>+37 | +87<br>+62 | +98<br>+62 | +119<br>+62 |
| 355 | 400 | | | | | | | | | | | | | | | |
| 400 | 450 | ±13.5 | ±20 | ±31 | +32<br>+5 | +45<br>+5 | +68<br>+5 | +50<br>+23 | +63<br>+23 | +86<br>+23 | +67<br>+40 | +80<br>+40 | +103<br>+40 | +95<br>+68 | +108<br>+68 | +131<br>+68 |
| 450 | 500 | | | | | | | | | | | | | | | |

| 基本尺寸/mm | | r | | | s | | | f | | | u | | v | x | y | z |
|---|---|---|---|---|---|---|---|---|---|---|---|---|---|---|---|---|
| 大于 | 至 | 5 | 6 | 7 | 5 | 6 | 7 | 5 | 6 | 7 | 6 | 7 | 6 | 6 | 6 | 6 |
| | 3 | +14<br>+10 | +16<br>+10 | +20<br>+10 | +18<br>+14 | +20<br>+14 | +24<br>+14 | — | — | — | +24<br>+18 | +28<br>+18 | | +26<br>+20 | | +32<br>+26 |
| 3 | 6 | +20<br>+15 | +23<br>+15 | +27<br>+15 | +24<br>+19 | +27<br>+19 | +31<br>+19 | — | — | — | +31<br>+23 | +35<br>+23 | | +36<br>+28 | | +43<br>+35 |
| 6 | 10 | +25<br>+19 | +28<br>+19 | +34<br>+19 | +29<br>+23 | +32<br>+23 | +38<br>+23 | — | — | — | +37<br>+28 | +43<br>+28 | | +43<br>+34 | | +51<br>+42 |
| 10 | 14 | +31<br>+23 | +34<br>+23 | +41<br>+23 | +36<br>+28 | +30<br>+28 | +46<br>+28 | — | — | — | +44<br>+33 | +51<br>+33 | | +51<br>+40 | | +61<br>+50 |
| 14 | 18 | | | | | | | | | | | | +50<br>+39 | +56<br>+45 | | +71<br>+60 |
| 18 | 24 | +37<br>+28 | +41<br>+28 | +49<br>+28 | +44<br>+35 | +48<br>+35 | +56<br>+35 | — | — | — | +54<br>+41 | +62<br>+41 | +60<br>+47 | +67<br>+54 | +76<br>+63 | +86<br>+73 |
| 24 | 30 | | | | | | | +50<br>+41 | +54<br>+41 | +62<br>+41 | +61<br>+48 | +69<br>+48 | +68<br>+55 | +77<br>+64 | +88<br>+75 | +101<br>+88 |
| 30 | 40 | +45<br>+34 | +50<br>+34 | +59<br>+34 | +54<br>+43 | +59<br>+43 | +68<br>+43 | +59<br>+48 | +64<br>+48 | +73<br>+48 | +76<br>+60 | +85<br>+60 | +84<br>+68 | +96<br>+80 | +110<br>+94 | +128<br>+112 |
| 40 | 50 | | | | | | | +65<br>+54 | +70<br>+54 | +79<br>+54 | +86<br>+70 | +95<br>+70 | +97<br>+81 | +113<br>+97 | +130<br>+114 | +152<br>+136 |

续表

| 基本尺寸/mm | | r | | | s | | | f | | | u | | v | x | y | z |
|---|---|---|---|---|---|---|---|---|---|---|---|---|---|---|---|---|
| 大于 | 至 | 5 | 6 | 7 | 5 | 6 | 7 | 5 | 6 | 7 | 6 | 7 | 6 | 6 | 6 | 6 |
| 50 | 65 | +54/+41 | +60/+41 | +71/+41 | +66/+53 | +72/+53 | +83/+53 | +79/+66 | +85/+66 | +96/+66 | +106/+87 | +117/+87 | +121/+102 | +141/+122 | +163/+144 | +191/+172 |
| 65 | 80 | +56/+43 | +62/+43 | +73/+43 | +72/+59 | +78/+59 | +89/+59 | +88/+75 | +94/+75 | +105/+75 | +121/+102 | +132/+102 | +139/+120 | +165/+146 | +193/+174 | +229/+210 |
| 80 | 100 | +66/+51 | +73/+51 | +86/+51 | +86/+71 | +93/+71 | +106/+71 | +106/+91 | +113/+91 | +126/+91 | +146/+124 | +159/+124 | +168/+146 | +200/+178 | +236/+214 | +280/+258 |
| 100 | 120 | +69/+54 | +76/+54 | +89/+54 | +94/+79 | +101/+79 | +114/+79 | +119/+104 | +126/+104 | +139/+104 | +166/+144 | +179/+144 | +194/+172 | +232/+210 | +276/+254 | +332/+310 |
| 120 | 140 | +81/+63 | +88/+63 | +103/+63 | +110/+92 | +117/+92 | +132/+92 | +140/+122 | +147/+122 | +162/+122 | +195/+170 | +210/+170 | +227/+202 | +273/+248 | +325/+300 | +390/+365 |
| 140 | 160 | +83/+65 | +90/+65 | +105/+65 | +118/+100 | +125/+100 | +140/+100 | +152/+134 | +159/+134 | +174/+134 | +215/+190 | +230/+190 | +253/+228 | +305/+280 | +365/+340 | +440/+415 |
| 160 | 180 | +86/+68 | +93/+68 | +108/+68 | +126/+108 | +133/+108 | +148/+108 | +164/+146 | +171/+146 | +186/+146 | +235/+210 | +250/+210 | +277/+252 | +335/+310 | +405/+380 | +490/+465 |
| 180 | 200 | +97/+77 | +106/+77 | +123/+77 | +142/+122 | +151/+122 | +168/+122 | +186/+166 | +195/+166 | +212/+166 | +265/+236 | +282/+236 | +313/+284 | +379/+350 | +454/+425 | +549/+520 |
| 200 | 225 | +100/+80 | +109/+80 | +126/+80 | +150/+130 | +159/+130 | +176/+130 | +200/+180 | +209/+180 | +226/+180 | +287/+258 | +304/+258 | +339/+310 | +414/+385 | +449/+470 | +604/+575 |
| 225 | 250 | +104/+84 | +113/+84 | +130/+84 | +160/+140 | +169/+140 | +186/+140 | +216/+196 | +225/+196 | +242/+196 | +313/+284 | +330/+284 | +369/+340 | +454/+425 | +549/+520 | +669/+640 |
| 250 | 280 | +117/+94 | +126/+91 | +146/+94 | +181/+158 | +190/+158 | +210/+158 | +241/+218 | +250/+218 | +270/+218 | +347/+315 | +367/+315 | +417/+385 | +507/+475 | +612/+580 | +742/+710 |
| 280 | 315 | +121/+98 | +130/+98 | +150/+98 | +198/+170 | +202/+170 | +222/+170 | +263/+240 | +272/+240 | +292/+240 | +382/+350 | +402/+350 | +457/+425 | +557/+525 | +682/+650 | +822/+790 |
| 315 | 355 | +133/+108 | +144/+108 | +165/+108 | +215/+190 | +226/+190 | +247/+190 | +293/+268 | +304/+268 | +325/+268 | +426/+390 | +447/+390 | +511/+475 | +626/+590 | +766/+730 | +936/+900 |
| 355 | 400 | +139/+114 | +150/+114 | +171/+114 | +233/+208 | +244/+208 | +265/+208 | +319/+294 | +330/+294 | +351/+294 | +471/+435 | +492/+485 | +56/+530 | +696/+660 | +856/+820 | +1 036/+1 000 |
| 400 | 450 | +153/+126 | +166/+126 | +189/+126 | +259/+232 | +272/+232 | +295/+232 | +357/+330 | +370/+330 | +393/+330 | +530/+490 | +553/+490 | +635/+595 | +780/+740 | +980/+920 | +1 140/+1 100 |
| 450 | 500 | +159/+132 | +172/+132 | +195/+132 | +279/+252 | +292/+252 | +315/+252 | +387/+360 | +400/+360 | +423/+360 | +580/+540 | +603/+540 | +700/+660 | +860/+820 | +1 040/+1 000 | +1 290/+1 250 |

### 附表 C-3　孔的极限偏差(GB/T 1800.4—1999 摘编)　　　(单位:$\mu m$)

| 基本尺寸/mm | | A | B | | C | | D | | | | E | | F | | | |
|---|---|---|---|---|---|---|---|---|---|---|---|---|---|---|---|---|
| 大于 | 至 | 11 | 11 | 12 | 11 | 12 | 8 | 9 | 10 | 11 | 8 | 9 | 6 | 7 | 8 | 9 |
| | 3 | +330/+270 | +200/+140 | +240/+140 | +120/+60 | +160/+60 | +34/+20 | +45/+20 | +60/+20 | +80/+20 | +28/+14 | +39/+14 | +12/+6 | +16/+6 | +20/+6 | +31/+6 |
| 3 | 6 | +345/+270 | +215/+140 | +260/+140 | +145/+70 | +190/+70 | +48/+30 | +60/+30 | +78/+30 | +105/+30 | +38/+20 | +50/+20 | +18/+10 | +22/+10 | +28/+10 | +40/+10 |

## 续 表

| 基本尺寸/mm | | A | B | | C | | D | | | | E | | F | | | |
|---|---|---|---|---|---|---|---|---|---|---|---|---|---|---|---|---|
| 大于 | 至 | 11 | 11 | 12 | 11 | 12 | 8 | 9 | 10 | 11 | 8 | 9 | 6 | 7 | 8 | 9 |
| 6 | 10 | +370 | +240 | +300 | +170 | +230 | +62 | +76 | +98 | +130 | +47 | +61 | +22 | +28 | +35 | +49 |
| | | +280 | +150 | +150 | +80 | +80 | +40 | +40 | +40 | +40 | +25 | +25 | +13 | +13 | +13 | +13 |
| 10 | 14 | +400 | +260 | +330 | +205 | +275 | +77 | +93 | +120 | +160 | +59 | +75 | +27 | +34 | +43 | +59 |
| 14 | 18 | +290 | +150 | +150 | +95 | +95 | +50 | +50 | +50 | +50 | +32 | +32 | +16 | +16 | +16 | +16 |
| 18 | 24 | +430 | +290 | +370 | +240 | +320 | +98 | +117 | +149 | +195 | +73 | +92 | +33 | +41 | +53 | +72 |
| 24 | 30 | +300 | +160 | +160 | +110 | +110 | +65 | +65 | +65 | +65 | +40 | +40 | +20 | +20 | +20 | +20 |
| 30 | 40 | +470 | +330 | +420 | +280 | +370 | | | | | | | | | | |
| | | +310 | +170 | +170 | +120 | +120 | +119 | +142 | +180 | +240 | +89 | +112 | +41 | +50 | +64 | +87 |
| 40 | 50 | +480 | +340 | +430 | +290 | +380 | +80 | +80 | +80 | +80 | +50 | +50 | +25 | +25 | +25 | +25 |
| | | +320 | +180 | +180 | +130 | +130 | | | | | | | | | | |
| 50 | 65 | +530 | +380 | +490 | +330 | +440 | | | | | | | | | | |
| | | +340 | +190 | +190 | +140 | +140 | +146 | +174 | +220 | +290 | +106 | +134 | +49 | +60 | +76 | +104 |
| 65 | 80 | +550 | +390 | +500 | +340 | +450 | +100 | +100 | +100 | +60 | +60 | +60 | +30 | +30 | +30 | +30 |
| | | +360 | +200 | +200 | +150 | +150 | | | | | | | | | | |
| 80 | 100 | +600 | +440 | +570 | +390 | +520 | | | | | | | | | | |
| | | +380 | +220 | +220 | +170 | +170 | +174 | +207 | +260 | +340 | +126 | +159 | +58 | +71 | +90 | +123 |
| 100 | 120 | +630 | +460 | +590 | +400 | +530 | +120 | +120 | +120 | +120 | +72 | +72 | +36 | +36 | +36 | +36 |
| | | +410 | +240 | +240 | +180 | +180 | | | | | | | | | | |
| 120 | 140 | +710 | +510 | +660 | +450 | +600 | | | | | | | | | | |
| | | +460 | +260 | +260 | +200 | +200 | | | | | | | | | | |
| 140 | 160 | +770 | +530 | +680 | +460 | +610 | +208 | +245 | +305 | +395 | +148 | +185 | +68 | +83 | +106 | +143 |
| | | +520 | +280 | +280 | +210 | +210 | +145 | +145 | +145 | +145 | +85 | +85 | +43 | +43 | +43 | +43 |
| 160 | 180 | +830 | +560 | +710 | +480 | +630 | | | | | | | | | | |
| | | +580 | +310 | +310 | +230 | +230 | | | | | | | | | | |
| 180 | 200 | +950 | +630 | +800 | +530 | +700 | | | | | | | | | | |
| | | +660 | +340 | +340 | +240 | +240 | | | | | | | | | | |
| 200 | 225 | +1 030 | +670 | +840 | +550 | +720 | +242 | +285 | +355 | +460 | +172 | +215 | +79 | +96 | +122 | +165 |
| | | +740 | +380 | +380 | +260 | +260 | +170 | +170 | +170 | +170 | +100 | +100 | +50 | +50 | +00 | +50 |
| 225 | 250 | +1 110 | +710 | +880 | +570 | +740 | | | | | | | | | | |
| | | +820 | +420 | +420 | +280 | +280 | | | | | | | | | | |
| 250 | 280 | +1 240 | +800 | +1 000 | +620 | +820 | | | | | | | | | | |
| | | +920 | +480 | +480 | +300 | +300 | +271 | +320 | +400 | +510 | +191 | +240 | +88 | +108 | +137 | +186 |
| 280 | 315 | +1 370 | +860 | +1 060 | +650 | +850 | +190 | +190 | +190 | +190 | +110 | +110 | +56 | +56 | +56 | +56 |
| | | +1 050 | +540 | +540 | +330 | +330 | | | | | | | | | | |
| 315 | 355 | +1 560 | +960 | +1 170 | +720 | +930 | +299 | | | | | | | | | |
| | | +1 200 | +600 | +600 | +360 | +360 | +299 | +350 | +440 | +570 | +214 | +265 | +98 | +119 | +151 | +202 |
| 355 | 400 | +1 710 | +1 040 | +1 250 | +760 | −970 | +210 | +210 | +210 | +210 | +125 | +125 | +62 | +62 | +62 | +62 |
| | | +1 350 | +680 | +680 | +400 | +400 | | | | | | | | | | |
| 400 | 450 | +1 900 | +1 160 | +1 390 | +840 | +1 070 | | | | | | | | | | |
| | | +1 500 | +760 | +760 | +440 | +440 | +327 | +385 | +480 | +630 | +232 | +290 | +108 | +131 | +165 | +232 |
| 450 | 500 | +2 050 | +1 240 | +1 470 | +880 | +1 110 | +230 | +230 | +230 | +230 | +135 | +135 | +68 | +68 | +68 | +68 |
| | | +1 650 | +840 | +840 | +480 | +488 | | | | | | | | | | |

## 续 表

| 基本尺寸/mm 大于 | 至 | G6 | G7 | H6 | H7 | H8 | H9 | H10 | H11 | H12 | E6 | E7 | E8 | K6 | K7 | K8 |
|---|---|---|---|---|---|---|---|---|---|---|---|---|---|---|---|---|
| | 3 | +8/+2 | +12/+2 | +6/0 | +10/0 | +14/0 | +25/0 | +40/0 | +60/0 | +100/0 | ±3 | ±5 | ±7 | 0/−6 | 0/−10 | 0/−14 |
| 3 | 6 | +12/+4 | +16/+4 | +8/0 | +12/0 | +18/0 | +30/0 | +48/0 | +75/0 | +120/0 | ±4 | ±6 | ±9 | +2/−6 | +3/−9 | +5/−13 |
| 6 | 10 | +14/+5 | +20/+5 | +9/0 | +15/0 | +22/0 | +36/0 | +58/0 | +90/0 | +150/0 | ±4.5 | ±7 | ±11 | +2/−7 | +5/−10 | +6/−16 |
| 10 | 14 | +17/+6 | +12/+6 | +11/0 | +48/0 | +27/0 | +43/0 | +70/0 | +110/0 | +180/0 | ±5.5 | ±9 | ±13 | +2/−0 | +6/−17 | +8/−19 |
| 14 | 18 | +17/+6 | +12/+6 | +11/0 | +48/0 | +27/0 | +43/0 | +70/0 | +110/0 | +180/0 | ±5.5 | ±9 | ±13 | +2/−0 | +6/−17 | +8/−19 |
| 18 | 24 | +20/+7 | +28/+7 | +13/0 | +21/0 | +33/0 | +52/9 | +84/0 | +130/0 | +210/0 | ±6.5 | ±10 | ±16 | +2/−11 | +6/−15 | +10/−23 |
| 24 | 30 | +20/+7 | +28/+7 | +13/0 | +21/0 | +33/0 | +52/9 | +84/0 | +130/0 | +210/0 | ±6.5 | ±10 | ±16 | +2/−11 | +6/−15 | +10/−23 |
| 30 | 40 | +25/+9 | +34/+9 | +16/0 | +25/0 | +30/0 | +62/0 | +100/0 | +160/0 | +250/0 | ±8 | ±12 | ±19 | +3/−13 | +7/−18 | +12/−27 |
| 40 | 50 | +25/+9 | +34/+9 | +16/0 | +25/0 | +30/0 | +62/0 | +100/0 | +160/0 | +250/0 | ±8 | ±12 | ±19 | +3/−13 | +7/−18 | +12/−27 |
| 50 | 65 | +29/+10 | +40/+10 | +19/0 | +30/0 | +46/0 | +74/0 | +120/0 | +190/0 | +300/0 | ±9.5 | ±15 | ±23 | +4/−15 | +9/−21 | +14/−32 |
| 65 | 80 | +29/+10 | +40/+10 | +19/0 | +30/0 | +46/0 | +74/0 | +120/0 | +190/0 | +300/0 | ±9.5 | ±15 | ±23 | +4/−15 | +9/−21 | +14/−32 |
| 80 | 100 | +34/+12 | +47/+12 | +22/0 | +35/0 | +54/0 | +87/0 | +140/0 | +220/0 | +350/0 | ±11 | ±17 | ±27 | +4/−18 | +10/−25 | +16/−38 |
| 100 | 120 | +34/+12 | +47/+12 | +22/0 | +35/0 | +54/0 | +87/0 | +140/0 | +220/0 | +350/0 | ±11 | ±17 | ±27 | +4/−18 | +10/−25 | +16/−38 |
| 120 | 140 | +39/+14 | +54/+14 | +25/0 | +40/0 | +63/0 | +100/0 | +160/0 | +250/0 | +400/0 | ±12.5 | ±20 | ±31 | +4/−21 | +12/−28 | +20/−43 |
| 140 | 160 | +39/+14 | +54/+14 | +25/0 | +40/0 | +63/0 | +100/0 | +160/0 | +250/0 | +400/0 | ±12.5 | ±20 | ±31 | +4/−21 | +12/−28 | +20/−43 |
| 160 | 180 | +39/+14 | +54/+14 | +25/0 | +40/0 | +63/0 | +100/0 | +160/0 | +250/0 | +400/0 | ±12.5 | ±20 | ±31 | +4/−21 | +12/−28 | +20/−43 |
| 180 | 200 | +44/+15 | +61/+15 | +29/0 | +46/0 | +72/0 | +115/0 | +185/0 | +290/0 | +460/0 | ±14.5 | ±23 | ±36 | +5/−24 | +13/−33 | +22/−50 |
| 200 | 225 | +44/+15 | +61/+15 | +29/0 | +46/0 | +72/0 | +115/0 | +185/0 | +290/0 | +460/0 | ±14.5 | ±23 | ±36 | +5/−24 | +13/−33 | +22/−50 |
| 225 | 250 | +44/+15 | +61/+15 | +29/0 | +46/0 | +72/0 | +115/0 | +185/0 | +290/0 | +460/0 | ±14.5 | ±23 | ±36 | +5/−24 | +13/−33 | +22/−50 |
| 250 | 280 | +49/+17 | +60/+17 | +32/0 | +52/0 | +81/0 | +130/0 | +210/0 | +320/0 | +520/0 | ±16 | ±26 | ±40 | +5/−27 | +16/−36 | +25/−56 |
| 280 | 315 | +49/+17 | +60/+17 | +32/0 | +52/0 | +81/0 | +130/0 | +210/0 | +320/0 | +520/0 | ±16 | ±26 | ±40 | +5/−27 | +16/−36 | +25/−56 |
| 315 | 355 | +54/+18 | +75/+18 | +36/0 | +57/0 | +89/0 | +140/0 | +230/0 | +360/0 | +570/0 | ±18 | ±28 | ±44 | +7/−29 | +17/−40 | +28/−61 |
| 355 | 400 | +54/+18 | +75/+18 | +36/0 | +57/0 | +89/0 | +140/0 | +230/0 | +360/0 | +570/0 | ±18 | ±28 | ±44 | +7/−29 | +17/−40 | +28/−61 |
| 400 | 450 | +60/+20 | +83/+20 | +40/0 | +63/0 | +97/0 | +155/0 | +250/0 | +400/0 | +630/0 | ±20 | ±31 | ±48 | +8/−32 | +18/−45 | +29/−68 |
| 450 | 500 | +60/+20 | +83/+20 | +40/0 | +63/0 | +97/0 | +155/0 | +250/0 | +400/0 | +630/0 | ±20 | ±31 | ±48 | +8/−32 | +18/−45 | +29/−68 |

| 基本尺寸/mm 大于 | 至 | M6 | M7 | M8 | N6 | N7 | N8 | P6 | P7 | R6 | R7 | S6 | S7 | T6 | T7 | U7 |
|---|---|---|---|---|---|---|---|---|---|---|---|---|---|---|---|---|
| | 3 | −2/8 | −2/−12 | −2/−16 | −4/−10 | −4/−14 | −4/−18 | −6/−12 | −6/−16 | −10/−16 | −10/−20 | −14/−20 | −14/−24 | — | — | −18/−28 |
| 3 | 6 | −1/−0 | 0/−12 | +2/−16 | −5/−13 | −4/−16 | −2/−20 | −9/−17 | −8/−20 | −12/−20 | −11/−23 | −16/−24 | −15/−27 | — | — | −19/−31 |
| 6 | 10 | −3/−12 | 0/−15 | +1/−21 | −7/−16 | −4/−19 | −3/−25 | −12/−21 | −9/−24 | −16/−25 | −13/−28 | −20/−29 | −17/−32 | — | — | −22/−37 |
| 10 | 14 | −4/−15 | 0/−18 | +2/−25 | −9/−20 | −5/−23 | −3/−30 | −15/−26 | −11/−29 | −20/−31 | −16/−34 | −25/−36 | −21/−39 | — | — | −26/−44 |
| 14 | 18 | −4/−15 | 0/−18 | +2/−25 | −9/−20 | −5/−23 | −3/−30 | −15/−26 | −11/−29 | −20/−31 | −16/−34 | −25/−36 | −21/−39 | — | — | −26/−44 |

## 续　表

| 基本尺寸/mm | | M | | | N | | | P | | R | | S | | T | | U |
|---|---|---|---|---|---|---|---|---|---|---|---|---|---|---|---|---|
| 大于 | 至 | 6 | 7 | 8 | 6 | 7 | 8 | 6 | 7 | 6 | 7 | 6 | 7 | 6 | 7 | 7 |
| 18 | 24 | −4 / −17 | 0 / −21 | +4 / −29 | −11 / −24 | −7 / −28 | −3 / −36 | −18 / −31 | −14 / −35 | −24 / −37 | −20 / −41 | −31 / −44 | −27 / −48 | — | — | −33 / −54 |
| 24 | 30 | −4 / −17 | 0 / −21 | +4 / −29 | −11 / −24 | −7 / −28 | −3 / −36 | −18 / −31 | −14 / −35 | −24 / −37 | −20 / −41 | −31 / −44 | −27 / −48 | −37 / −50 | −33 / −54 | −40 / −61 |
| 30 | 40 | −4 / −20 | 0 / −25 | +5 / −34 | −12 / −28 | −8 / −33 | −3 / −42 | −21 / −37 | −17 / −42 | −29 / −45 | −25 / −50 | −38 / −54 | −34 / −59 | −43 / −59 | −39 / −64 | −51 / −76 |
| 40 | 50 | −4 / −20 | 0 / −25 | +5 / −34 | −12 / −28 | −8 / −33 | −3 / −42 | −21 / −37 | −17 / −42 | −29 / −45 | −25 / −50 | −38 / −54 | −34 / −59 | −49 / −65 | −45 / −70 | −61 / −86 |
| 50 | 65 | −5 / −24 | 0 / −30 | +5 / −41 | −14 / −33 | −9 / −39 | −4 / −50 | −26 / −45 | −21 / −51 | −35 / −54 | −30 / −60 | −47 / −66 | −42 / −72 | −60 / −79 | −55 / −85 | −76 / −106 |
| 65 | 80 | −5 / −24 | 0 / −30 | +5 / −41 | −14 / −33 | −9 / −39 | −4 / −50 | −26 / −45 | −21 / −51 | −37 / −56 | −32 / −62 | −53 / −72 | −48 / −78 | −69 / −88 | −64 / −94 | −9 / −121 |
| 80 | 100 | −6 / −28 | 0 / −35 | +6 / −48 | −16 / −38 | −10 / −45 | −4 / −58 | −30 / −52 | −24 / −59 | −44 / −66 | −38 / −73 | −64 / −86 | −50 / −93 | −84 / −106 | −78 / −113 | −111 / −146 |
| 100 | 120 | −6 / −28 | 0 / −35 | +6 / −48 | −16 / −38 | −10 / −45 | −4 / −58 | −30 / −52 | −24 / −59 | −47 / −69 | −41 / −76 | −72 / −94 | −66 / −101 | −97 / −119 | −91 / 126 | −131 / −166 |
| 120 | 140 | −8 / −33 | 0 / −40 | +8 / −55 | −20 / −45 | −12 / −52 | −4 / −67 | −36 / −61 | −28 / −68 | −56 / −81 | −48 / 88 | −85 / −110 | −77 / −117 | −115 / −140 | −107 / −147 | −155 / −195 |
| 140 | 160 | −8 / −33 | 0 / −40 | +8 / −55 | −20 / −45 | −12 / −52 | −4 / −67 | −36 / −61 | −28 / −68 | −58 / −83 | −50 / −90 | −93 / −118 | −85 / −125 | −127 / −152 | −119 / −159 | −175 / −215 |
| 160 | 180 | −8 / −33 | 0 / −40 | +8 / −55 | −20 / −45 | −12 / −52 | −4 / −67 | −36 / −61 | −28 / −68 | −61 / −86 | −53 / −93 | −101 / −126 | −93 / −133 | −139 / −164 | −131 / −171 | −195 / −235 |
| 180 | 200 | −8 / −3 | 0 / −46 | +9 / −63 | −22 / −51 | −14 / −60 | −5 / −77 | −41 / −70 | −33 / −79 | −68 / −97 | −60 / −106 | −113 / −142 | −105 / −151 | −157 / −186 | −149 / −195 | −219 / −265 |
| 200 | 225 | −8 / −3 | 0 / −46 | +9 / −63 | −22 / −51 | −14 / −60 | −5 / −77 | −41 / −70 | −33 / −79 | −71 / −100 | −63 / −109 | −121 / −150 | −113 / −159 | −171 / −200 | −163 / −209 | −241 / −287 |
| 225 | 250 | −8 / −3 | 0 / −46 | +9 / −63 | −22 / −51 | −14 / −60 | −5 / −77 | −41 / −70 | −33 / −79 | −75 / −104 | −67 / −113 | −131 / −160 | −123 / −169 | −187 / −216 | −179 / −225 | −267 / −313 |
| 250 | 280 | −9 / −41 | 0 / −52 | +9 / −72 | −25 / −57 | −14 / −66 | −5 / −86 | −47 / −79 | −36 / −88 | −85 / −117 | −74 / −126 | −149 / −181 | −138 / −100 | −209 / −241 | −198 / −250 | −295 / −347 |
| 280 | 315 | −9 / −41 | 0 / −52 | +9 / −72 | −25 / −57 | −14 / −66 | −5 / −86 | −47 / −79 | −36 / −88 | −89 / −121 | −78 / −130 | −161 / −193 | −150 / −202 | −231 / −263 | −220 / −272 | −330 / −382 |
| 315 | 355 | −10 / −46 | 0 / −57 | +11 / −78 | −26 / −62 | −16 / −73 | −5 / −94 | −51 / −87 | −41 / −90 | −97 / −133 | −87 / −144 | −179 / −215 | −169 / −226 | −257 / −293 | −247 / −304 | −369 / −426 |
| 355 | 400 | −10 / −46 | 0 / −57 | +11 / −78 | −26 / −62 | −16 / −73 | −5 / −94 | −51 / −87 | −41 / −90 | −103 / −139 | −93 / −150 | −197 / −233 | −187 / −20 | −283 / −319 | −273 / −330 | −414 / −471 |
| 400 | 450 | −10 / −50 | 0 / −63 | +11 / −86 | −27 / −67 | −17 / −80 | −6 / −103 | −55 / −95 | −45 / −108 | −113 / −153 | −103 / −166 | −219 / −259 | −209 / −272 | −317 / −357 | −307 / −370 | −467 / −530 |
| 450 | 500 | −10 / −50 | 0 / −63 | +11 / −86 | −27 / −67 | −17 / −80 | −6 / −103 | −55 / −95 | −45 / −108 | −119 / −159 | −109 / −172 | −239 / −279 | −229 / −292 | −347 / −387 | −337 / −400 | −517 / −580 |

# 附录 D　常用材料及热处理

## 附表 D-1　金属材料

| 标准 | 名称 | 牌号 | | 应用举例 | 说明 |
|---|---|---|---|---|---|
| GB 700—88 | 碳素结构钢 | Q215 | A级 | 金属结构件、拉杆、套圈、铆钉、螺栓、短轴、心轴、凸轮（载荷不大的）、垫圈、渗碳零件及焊接件 | "Q"为碳素结构钢屈服点"屈"字的汉语拼音首位字母，后面数字表示屈服点数值。如Q235表示碳素结构钢屈服点为 235 N/mm²。<br>新旧牌号对照：<br>Q215——A2<br>Q235——A3<br>Q275——A5 |
| | | | B级 | | |
| | | Q235 | A级 | 金属结构件，心部强度要求不高的渗碳或氢化零件、吊钩、拉杆、套圈、气缸、齿轮、螺栓、螺母、连杆、轮轴、楔、盖及焊接件 | |
| | | | B级 | | |
| | | | C级 | | |
| | | | D级 | | |
| | | Q275 | | 轴、轴销、刹车杆、螺母、螺栓、垫圈、连杆、齿轮及其他强度较高的零件 | |
| GB 699—88 | 优质碳素钢 | 10F<br>10 | | 用作拉杆、卡头、垫圈、铆钉及焊接零件 | 牌号的两位数字表示碳的平均质量分数，45 号钢即表示碳的质量分数为 0.45%；<br>碳的质量分数不大于 0.25% 的碳钢属于低碳钢（渗碳钢）；<br>碳的质量分数在（0.25～0.6%）的碳钢属于中碳钢（调质钢）；<br>碳的质量分数大于 0.6% 的碳钢属于高碳钢；<br>沸腾钢在牌号后加符号"F"；<br>锰的质量分数较高的钢，必须加注化学元素符号"Mn" |
| | | 15F<br>15 | | 用于受力不大和韧性较高的零件、渗碳零件以及紧固件（如螺栓、螺钉）、法兰盘等 | |
| | | 35 | | 用于制造曲轴、转轴、轴销、杠杆、连杆、螺栓、螺母、垫圈、飞轮（多在正火、调质下使用） | |
| | | 45 | | 用作要求综合机械性能高的各种零件，通常经正火或调质处理后使用，用于制造轴、齿轮、齿条、链轮、螺栓、螺母、销钉、键、拉杆等 | |
| | | 65 | | 用于制造弹簧、弹簧垫圈、凸轮、轧辊等 | |
| | | 15Mn | | 制作心部机械性能要求较高且需渗碳的零件 | |
| | | 65Mn | | 用作要求耐磨性高的圆盘、衬板、齿轮、花键轴、弹簧等 | |
| GB 3077—88 | 合金结构钢 | 30Mn2 | | 起重机行车轴、变速箱齿轮、冷镦螺栓及较大截面的调质零件 | 钢中加入一定量的合金元素，提高了钢的力学性能和耐磨性，也提高了钢淬火性，保证金属在较大截面上获得高的力学性能 |
| | | 20Gr | | 用于要求心部强度较高、承受磨损、尺寸较大的渗碳零件，如齿轮、齿轮轴、蜗杆、凸轮、活塞销等，也用于速度较大、中等冲击的调质零件 | |
| | | 40Gr | | 用于受变载、中速、中载、强烈磨损而无很大冲击的重要零件，如重要的齿轮、轴、曲轴、连杆、螺栓、螺母 | |
| | | 35SiMn | | 可代替 40Gr 用于中小型轴类、齿轮等零件，以及 430℃ 以下的重要紧固件等 | |
| | | 20GrMnTi | | 韧性均高，可代替镍铬钢用于承受高速、中速或重载荷，以及冲击、磨损等重要零件，如渗碳齿轮、凸轮等 | |

## 续表

| 标准 | 名称 | 牌号 | 应用举例 | 说明 |
|---|---|---|---|---|
| GB 5676—85 | 铸铁 | ZG230-450 | 轧机机架、铁道车辆摇枕、侧梁、铁锌台、机座、箱体、锤轮、450℃以下的管路附件等 | "ZG"为铸钢汉语拼音的首位字母,后面数字表示屈服点和抗拉强度。例如,ZG230-450表示屈服点为230 N/mm²、抗拉强度为450 N/mm² |
| | | ZG310-570 | 联轴器、齿轮、气缸、轴、机架、齿圈等 | |
| GB 9439—88 | 灰铸铁 | HT150 | 用于小负荷和对耐磨性无特殊要求的零件,如端盖、外罩、手轮、一般机床底座、床身及其复杂零件、滑台、工作台和低压管件等 | "HT"为灰铸铁的汉语拼音的首位字母,后面的数字表示抗拉强度。例如,HT200表示抗拉强度为200 N/mm² |
| | | HT200 | 用于中等负荷和对耐磨性有一定要求的零件,如机床床身、立柱、飞轮、气缸、泵体、轴承座、活塞、齿轮箱、阀体 | |
| | | HT250 | 用于中等负荷和对耐磨性有一定要求的零件,如阀壳、油缸、气缸、联轴器、机体、齿轮、齿轮箱外壳、飞轮、衬套、凸轮、轴承座、活塞等 | |
| | | HT300 | 用于受力大的齿轮、床身导轨、车床卡盘、剪床床身、压力机的床身、凸轮、高压油缸、液压泵和滑阀壳体、冲模模体等 | |
| GB 1176—87 | 5-5-5锡青铜 | ZCuSn5Ph5Zn5 | 耐磨性和耐腐蚀性均好,易加工,铸造性和气密性较好。用于较高负荷、中等滑动速度下工作的耐磨、耐蚀零件,如轴瓦、衬套、缸套、油塞、离合器、涡轮等 | "Z"为铸造汉语拼音的首位字母,各化学元素后面的数字表示该元素含量的百分数。例如,ZCuAl10Fe3表示含Al 8.511%,含Fe(2～4)%,其余为Cu的铸造铝青铜 |
| | 10-3铝青铜 | ZCuAl10Fe3 | 机械性能高,耐磨性、耐蚀性、抗氧化性、可焊接性好,不易钎焊,大型铸件自700℃空冷可防止变脆。可用于制造强度高、耐磨、耐蚀的零件,如涡轮、轴承、衬套、管嘴、耐热管配件等 | |
| | 25-6-3-3铝青铜 | ZCuZn25Al6Fe3Mn3 | 有很高的力学性能,铸造性良好,耐蚀性较好,有应力腐蚀开裂倾向,可以焊接。适用于高强耐磨零件,如桥梁支撑板、螺母、螺杆、耐磨板、滑块和蜗轮等 | |
| | 58-2-2锰青铜 | ZCu58Mu2Pb2 | 有较高的力学性能和耐蚀性,耐磨性较好,切削性良好。可用于一般用途的构件,船舶仪表等使用的外型简单的铸件,如套筒、衬套轴瓦、滑块等 | |
| GB 1173—86 | 铸造铝合金 | ZL102 ZL202 | 耐磨性为中上等,用于制造负荷不大的薄壁零件 | ZL102表示含硅(10～13)%,余量为铝的铝硅合金;ZL202表示含铜(9～11)%,余量为铝的铝铜合金 |
| GB 3190—82 | 硬铝 | YL12 | 焊接性能好,适用于制作中等强度的零件 | YL12表示含铜(3.8～4.9)%、含镁(1.2～1.8)%、含锰(0.3～0.9)%、余量为铝的硬铝 |
| GB 3190—82 | 工业纯铝 | L2 | 适于制作贮槽、塔、热交换器、防止污染及深冷设备等 | L2表示含杂质不大于0.4%的工业纯铝 |

附表 D - 2　非金属材料

| 标准 | 名称 | 牌号 | 应用举例 | 说明 |
|---|---|---|---|---|
| GB 539—83 | 耐油石棉橡胶板 | | 有厚度 0.4～3 m 的 10 种规格 | 航空发动机的煤油、润滑油及冷气系统结合处的密封衬垫材料 |
| GB 3574—85 | 耐酸碱橡胶板 | 2707 3807 2709 | 较高硬度 中等硬度 | 具有耐酸碱性能,在温度为－30～60℃的 20%浓度的酸碱液体中工作,适用于冲制密封性能较好的垫圈 |
| | 耐油橡胶板 | 3707 3807 3709 3809 | 较高硬度 | 在一定温度的机油、变压器油汽油等介质中工作,适用于冲制各种形状的垫圈 |
| | 耐热橡胶板 | 4708 4808 4710 | 较高硬度 中等硬度 | 在温度为－30～100℃,且压力不大的条件下的热空气、蒸汽介质中工作,适用于冲制各种垫圈和隔热垫板 |

附表 D - 3　常用的热处理和表面处理名词解释

| 名词 | 代号(牌号)及标注示例 | 说明 | 应用 |
|---|---|---|---|
| 退火 | Th | 将钢件加热到适当温度,保温一段时间,然后缓慢冷却(一般在炉中冷却) | 用来消除铸、锻、焊零件的内应力,降低硬度,便于切削加工,细化金属晶粒,改善组织,增加韧性 |
| 正火 | Z | 将钢件加热到临界温度以上 30～50℃,保温一段时间,然后在空气中冷却,冷却速度比退火快 | 用来处理低碳和中碳结构钢及渗碳零件,使其组织细化,增加强度与韧性,减小内应力,改善切削性能 |
| 淬火 | C C48——淬火回火 45～50HRC | 将钢件加热到临界温度以上某一温度,保温一段时间,然后在水、盐水或油中(个别材料在空气中)急速冷却,使其得到高的硬度 | 用来提高钢的硬度和强度极限,但淬火后会引起内应力,使钢变脆,所以淬火后必须回火 |
| 回火 | 回火 | 回火是将淬硬的钢件加热到临界点以下的某一温度,保温一段时间,然后冷却到室温 | 用来消除淬火后的脆性和内应力,提高钢的塑性和冲击韧性 |
| 调质 | T T235——调质至 22～250HB | 淬火后在 450～650℃下进行高温回火,称为调质 | 用来使钢获得高的韧性和足够的强度。重要的齿轮、轴及丝杠等零件必须调质处理 |

续 表

| 名词 | | 代号（牌号）及标注示例 | 说明 | 应用 |
|---|---|---|---|---|
| 表面淬火 | 火焰淬火 | H54<br>火焰淬火后，回火至 52～58HRC | 用火焰或高频电流将零件表面迅速加热至临界温度以上，急速冷却 | 使零件表面获得高硬度，而心部保持一定的韧性，使零件既耐磨又能承受冲击。表面淬火常用来处理齿轮等 |
| | 高频淬火 | G54<br>高频淬火后，回火至 50～55HRC | | |
| 渗碳淬火 | | S0.5 - C59（渗碳层深 0.5，淬火硬度 56～62HRC） | 在渗碳剂中将钢件加热到 900～950℃，保温一定时间，将碳渗入钢表面，深度约为 0.5～2 mm，再淬火后回火 | 增加钢件的耐磨性能、表面强度、抗拉强度及疲劳极限。适用于低碳、中碳结构钢的中小型零件 |
| 氮化 | | D0.3 - 900<br>氮化深度为 0.3，硬度大于 850HV | 氮化是在 500～600℃ 通入氨的炉子内加热，向钢的表面渗入氮原子的过程。氮化层为 0.025～0.8 mm，氮化时间需要 40～50 h | 增加钢件的耐磨性能、表面硬度、疲劳极限和抗蚀能力。适用于合金钢、碳钢、铸铁件，如机床主轴、丝杠及在潮湿碱水和燃烧气体介质的环境中工作的零件 |
| 氰化 | | Q59<br>氰化淬火后，回火至 56～62HRC） | 在 820～860℃ 炉内通入碳和氮，保温 1～2 h，使钢件的表面同时渗入碳、氮原子，可得到 0.2～0.5 mm 的氰化层 | 增加表面硬度、耐磨性、疲劳强度和耐蚀性。用于要求硬度高、耐磨的中小型薄片零件和刀具等 |
| 时效 | | 时效处理 | 低温回火之后、精加工之前，加热到 100～160℃，保持 10～40 h。对铸件也可用天然时效（放在露天中 1 年以上） | 使工件消除内应力和稳定形状，用于量具、精密丝杆、床身导轨、床身等 |
| 发蓝发黑 | | 发蓝或发黑 | 将金属零件放在很浓的碱和氧化剂溶液中加热氧化，使金属表面形成一层氧化铁组成的保护薄膜 | 防腐蚀、美观，用于一般连接的标准件和其他电子零件 |
| 硬度 | | HB（布氏硬度） | 材料抵抗硬的物体压入其表面的能力称为"硬度"。根据测定的方法不同，可分为布氏硬度、洛氏硬度和维氏硬度。<br>硬度的测定是检验材料经热处理后的力学性能 | 用于退火、正火、调质的零件及铸件的硬度检验 |
| | | HRC（洛氏硬度） | | 用于经淬火、回火及表面渗碳、渗氮等处理的零件硬度检验 |
| | | HV（维氏硬度） | | 用于薄层硬化零件的硬度检验 |

# 参 考 文 献

[1]  高远.建筑装饰制图与识图[M].2版.北京:机械工业出版社,2007.

[2]  西安交通大学工程画教研室.画法几何及工程制图[M].4版.北京:高等教育出版社,2009.

[3]  宋胜伟,李文燕.机械制图[M].北京:电子工业出版社,2011.

[4]  罗爱玲,张四聪.工程制图[M].2版.西安:西安交通大学出版社,2016.

[5]  刘甦,太良平.室内装饰工程制图[M].修订版.北京:中国轻工业出版社,2005.

[6]  西北工业大学.机械制图[M].3版.西安:西北工业大学出版社,2008.

[7]  谭建荣,张树有,陆国栋,等.图学基础教程[M].北京:高等教育出版社,2000.

[8]  董晓英.现代工程图学[M].北京:清华大学出版社,2009.

[9]  李勇.技术制图国家标准应用指南[M].北京:中国标准出版社,2008.

[10]  国家质量监督检查检疫总局.机械制图[S].北京:中国标准出版社,2004.